BEAUTY CHROMATOLOGY

미용색채학

구민사

저자 약력

임 주 이

- 차 의과학대학원 뷰티 보건학 박사
- 차 의과학대학원 의학과 겸임교수
- 원광디지털대학교 겸임교수
- 청운대학교 겸임교수
- 한국미용기술교육협회 회장
- 컬러리스트 & 컬러애널리스트
- 일본 PCCS 국제 퍼스널 컬러 뷰티컨설턴트 & 교육강사
- 모블링 토탈뷰티 김포 구래역 본점 대표원장
- 맞춤형 컬러 페이스 디자인 컨설턴트 교육강사
- 맞춤형 왁싱 디자인 컨설턴트 교육강사
- 모블링 왁싱 국제 강사 마스터
- 미용색채전문가
- 모블링 코스메틱 대표
- 모블링 토탈뷰티 대표
- 모블링 왁싱 대표
- 국제무역사

미용색채학

초 판 인 쇄 | 2020년 10월 5일
초 판 발 행 | 2020년 10월 15일
개정1판발행 | 2022년 6월 10일
개정2판발행 | 2025년 3월 31일

저 자 | 임주이
발 행 인 | 조규백
발 행 처 | 도서출판 구민사
(07293) 서울시 영등포구 문래북로 116, 604호(문래동 3가 46, 트리플렉스)
전 화 | (02) 701-7421~2
팩 스 | (02) 3273-9642
홈 페 이 지 | www.kuhminsa.co.kr
신 고 번 호 | 제 2012-000055호(1980년 2월 4일)

I S B N | 979-11-6875-539-0 (93590)
정 가 | 33,000원

머리말

색채는 고대철학에서 부터 시작하여 심리학적인 부분을 주축으로 미용, 사회, 디자인, 영화, 의학, 교육 등 여러 가지 분야에서 활용되고 있다.

색은 빛을 통해서 모든 사물을 볼 수 있는 인간이 태어나서 받은 감사한 빛의 선물이라고 할 수 있다.

인간은 색을 통해서 서로간의 소통이 가능하며, 우리의 삶에 있어 보고 느끼고 생각하고 행동하는 것 즉 색의 지각을 매일 시감각인 눈을 통해서 물체 사물을 보고 오감과의 소통을 하고 있다.

최근 색채가 다양한 산업분야에서 광범위하게 사용되면서 색에 대한 관심이 높아지고 있다.

미용 산업 분야에서는 퍼스널컬러 진단을 통한 "나만의 컬러를 찾자" 즉, 퍼스널컬러, 나자신과 고객 또는 그 중 상대방에게 가장 잘 어울리는 색을 찾아 개인이 가지고 있는 단점을 보완하고 장점을 극대화하는 머리끝에서 발끝까지의 멋진 이미지메이킹을 통해 미용전문가들은 고객에게 자신감을 부여해 주고 심리적으로도 안정을 주어 행복한 삶을 영위할 수 있도록 만들어 주고 있다.

헤어디자이너는 퍼스널컬러 진단을 통한 염색시술 및 스타일링 시술에, 네일디자이너는 퍼스널컬러 진단과 컬러심리테라피를 통한 어울리는 색과 지금 현재 고객의 마음에 필요한 내면의 에너지 컬러를 파악하며 맞춤형 고객 컬러 시술을 메이크업디자이너는 퍼스널컬러와 TPO에 어울리는 색을 선정 시술이 가능하며, 스킨디자이너 즉 피부관리사는 고객의 내면과 외면의 색을 파악 좀 더 심신이 편안해지는 관리가 가능하다.

1968년 우리나라는 먼셀(Munsell) 색채시스템을 채택 2002년부터 한국산업관리 공단에서 컬러리스트 국가기능사자격증 시험을 시행하고 있다.

컬러리스트는 맛있는 음식을 조리하 듯, 색을 만드는 도구를 활용 색의 조리와 배합을 통해 맛있는 색을 만들어 각 산업분야에 전문적으로 관리하고 제안하는 일을 하는 직업 즉 색채 전문가이다.

이책은 총 14강으로 구성하여 컬러리스트 시험을 준비하는 분들을 위한 색의 지각, 색채체계, 색채관리, 색채디자인, 색채심리 및 컬러리스트 산업기사 예상문제 등의 내용과 미용인들을 위한 미용색채학 내용까지 담아보았다. 매우 광범위한 학문 분야라서 담아야 할 내용들이 많아 의욕이 앞서 부족한 점이 많을것으로 사료되나 앞으로 끊임없는 노력으로 책의 완성도를 채워나갈 것이다.

마지막으로 색의 도구를 활용하여 아름다움을 디자인하는 미용전문가들이 이책을 통하여 색과 색채에 대한 전반적인 이해와 미용 디자인에 응용할 수 있는 퍼스널컬러, 색채 심리 요법에 대한 전문가로 거듭나기를 바라며, 나자신에게도 색채를 통한 심리적인 안정, 가치와 소중함, 그 인식을 새롭게 하고 그 원리를 이해 분석하여 색을 이해하고 이를 활용함으로 우리의 삶을 더욱 풍요롭고 행복하게 만들었으면 하며, 이 책의 출판을 위하여 열의를 보여주신 구민사 조규백 대표님과 직원분들께 감사를 드리며, 이책을 기다려 주신 나의 사랑하는 제자들에게 감사하고 싶고, 이 교재를 통하여 색채에 대한 내용을 공유하고 싶다.

미용색채학 저자 **임주이**

Contents

Chapter 01

빛과 색

Chapter 02

색지각의 원리

Chapter 03

색채 체계의 이해

Chapter 04

색명 체계 및 색채와 문화

Chapter 05 색채 조화론과 배색

Chapter 06 색채 관리의 이해

Chapter 07 색채 디자인의 이해

Chapter 08 색채 심리의 이해

Contents

Chapter 09

퍼스널 컬러의 이해

Chapter 10

퍼스널 컬러와 미용색채의 활용

Chapter 11

패션 코디네이션 및 컬러 심리 파워

Contents

Chapter 12

컬러 심리 생활 코디네이션

Chapter 13

미용색채학 실습

Chapter 14

미용색채학 예상 문제

미용색채학

BEAUTY CHROMATOLOGY

CHAPTER 01

빛과 색

제 01 강

색과 색채의 정의

1 색과 색채지각의 정의

① 색(色)은 본래 '안색, 풍경, 모습, 모양' 등을 의미하는 한자어로 우리말로는 '빛' 또는 '빛깔'로 쓰이고, 영어로는 'Color', 독일어로는 'Farbe', 프랑스어로는 'Couleur' 등으로 표기되며, 영어 Color의 고어는 'colos'로 '덮다, 가리다'의 의미를 갖는다.

② 색이란 빛의 스펙트럼 현상에 의해 구성되어 인지되는 광학적 현상으로 빛을 흡수하고 반사하는 결과로 나타나는 사물의 밝고 어두움이나 빨강, 파랑, 노랑 등의 물리적 현상을 말하며, 색은 다양한 성격을 가지며, 사람의 눈에 빛을 통해 가장 먼저 인식되고 감각되어 뇌에서 지각하는 심리적인 현상을 동반하는 것으로 빛은 우리 눈에 보이지 않고 빛이 물체에 부딪혀서 분광을 통해 우리 눈에 보이는 것을 색이라 한다.

③ 우리 생활의 모든 것들이 색이며, 색채 한가운데서 인간은 색채와 같이 생활하고 있다. 색채는 합리적인 세계이며, 동시에 비합리적인 세계, 과학의 세계이며, 비 과학의 세계, 이성에 의하기도 하며, 감성에 의하기도 한다.

④ 색채 지각이란 인간이 외부환경으로부터 외부대상의 여러 가지 정보 중 색채를 파악하는 것으로 빛이 없다면 색은 존재하지 않으며 색을 지각할 수도 없게 된다.

물리적 자극 빛 → **감각기관** 눈(망막) → **감각신경** 시신경 → **대뇌** 시각령

2 색채의 정의

색이 물리적 현상으로서의 빛이 감각기관인 눈을 통해 지각되는 동시에 심리적인 경험 효과를 가리키는 현상으로 정의되며, 색채는 무채색과 유채색이 있으며, 색채는 외적인(물리적, 화학적) 특성과 내적인(생리적, 심리적) 현상으로도 정의한다.

1) 색채의 외적인 양상

① **물리적 색채학 :** 빛의 반사, 투과 등의 빛의 현상을 물리적 광학적으로 규명한다.

② **화학적 색채학 :** 색료의 화학적 성분, 분자구조, 착색, 색료 합성방법과 그 성질에 따른 화학적 변화를 기자재를 활용하여 규명한다.

2) 색채의 내적인 양상

① **생리학적 색채 :** 인체 내부에서 일어나는 광화학적 색채 현상이며, 빛을 받아들여 뇌에서 인식하는 과정에 관한 연구를 말한다.

② **심리·물리학적 색채 :** 색의 3속성을 받아들여 반응하는 자극과 반응의 관계를 말한다.

3) 색채 연구분야

① 화학 분야(물질의 구조와 성질을 연구하는 학문)

색의 물질을 구성하고 있는 분자구조의 특징으로 안료나 염료 같은 물질의 화학적 요소로 인해 눈에 반사, 투과되어 색이 형성되는 것으로 조색, 색좌표, 도료의 종류와 특정 색소 등을 개발하는 학문이다.

② 물리학 분야(자연의 물리적 성질과 현상을 연구하는 학문)

색은 물체에 닿는 빛 파장의 반사, 흡수, 투과로 인한 가시광선 영역 내에서의 방사 에너지(물체에서 방출하는 전자기파)의 자극으로 광원, 반사광, 투과광 등 에너지 분포의 양상과 자극 정도를 기자재를 활용하여 규명한다.

③ 심리학 분야(인간의 심리를 연구하는 학문)

인간의 심리적인 정신 기제의 작용에 영향을 주는 색채를 인간의 감성, 연상, 기억 등의 심리적 활동을 연구하는 학문이다,

④ 생리학 분야(생물을 연구하는 학문)

색은 눈에서 대뇌로 연결된 신경계통에서 일어나는 전기화학적 작용이라 정의하며, 생리적, 심리적 현상으로 시감각의 일종을 이해하는 우리 몸의 조직과 연관성을 연구하는 학문이다.

색	색채	색채 지각
시 지각으로서 빛의 지각현상 즉 지각되어 지는 색, 빛의 색(light, 색광), 물체의 색(color, 색료)	물리적 현상으로서의 빛이 눈을 통해 지각되거나 지각현상과 같은 경험 효과 심리현상, 무채색/유채색	인간이 외부환경으로부터 외부대상의 여러 가지 정보 중에서 색채를 파악하는 것

제 02 강 빛과 색

1 빛과 색의 관계

① 인간은 눈을 통하여 자신의 외부 세계를 지각한다는 것은 모두 빛에 의한 현상이다. 눈앞에 아무리 아름다운 꽃이 있어도 암실 속처럼 빛이 없는 곳에서는 색은 물론이고 형태조차도 볼 수가 없다. 색을 지각하기 위해서는 빛이 없으면 안 된다. 색은 빛의 소산이며 빛은 색의 모체이며, 빛이 지상의 만물에 비출 때 일부는 흡수되어 열로 변한다. 그러나 흡수되지 않고 반사된 빛의 일부는 우리들의 눈에 들어와서 밝기와 색을 느끼게 하며, 색은 빛이 인간의 눈에 자극될 때 생기는 시 감각(빛이 망막을 자극)의 일종으로 시 감각에 의해 인간은 색을 지각하게 된다. 빛이 눈에 망막에 자극을 주면 빛 에너지가 전기화학적 에너지로 바뀌어 대뇌로 전달되어 개인의 주관적 경험을 바탕으로 신호와 정보를 해석한다.

② 색을 지각한다는 것은 인간은 시각적인 지각 능력을 통해 눈으로 색을 보고, 인식하고, 느끼고 서로 다른 색감을 경험한다.

③ 일반적으로 인간이 빛이라고 생각하는 태양광선 속에는 여러 가지 색광이 포함되어 있으며, 연속하는 파장의 순서로 나누어 볼 수 있다. 또한 우리의 눈을 지각하는 빛을 각 파장 별로 방사에너지를 측정하면 색의 성분을 알 수 있다.

④ 빛이 물체에 닿았을 때 가시광선이 분해되어 반사 현상으로 물체의 색이 감지되는 것으로 태양, 형광등, 전구, 네온사인, TV, 컴퓨터 모니터에서 나오는 빛은 우리가 직접 광원을 쳐다보는 경위이며, 우리가 보는 대부분의 빛은 물체에 의해서 반사율에 따라 보여주는 것으로 무채색은 여러 가지 파장을 고르게 반사하는 데 반해 유채색은 일부 파장만을 강하게 반사하면서 특유의 색을 가진다.

⑤ 지구상에는 약 7,500가지의 색 이름이 있고, 인간은 약 200만 가지의 색을 변별할 수 있으며, 빛이 물체에 닿아 모두 반사하면 물체의 표면은 흰색을 띠며, 반대로 거의 모든 빛을 흡수하면 검정을 띄게 되며, 반사되는 파장은 물체의 반사율에 의해 결정한다.

⑥ 인간이 색을 지각하기 위해서는 빛(광원), 물체와 눈, 즉 색채를 지각할 수 있는 색채지각의 3요소가 필요하며, 이 세 가지 중 한 개의 지각요소라도 빠질 경우 인간은 색을 지각할 수 없게 된다.

The 알아보기

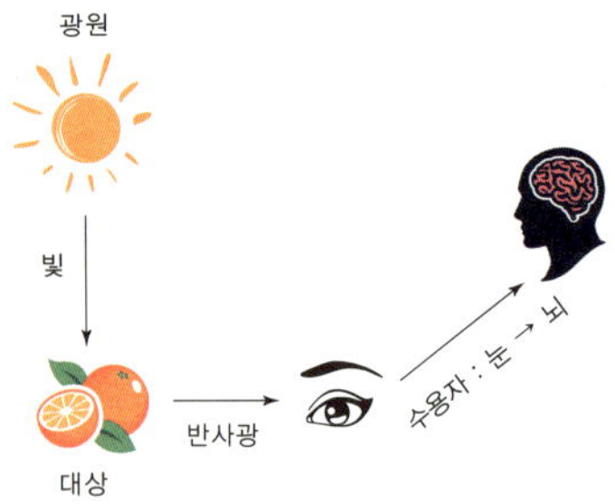

색채 지각의 3요소
- 가시광선(광원)
- 광선을 투과 반사할 수 있는 물체
- 광선을 지각할 수 있는 인간의 눈

2 광원

① 색은 빛에 의해 결정되므로 광원에 따라 같은 색도 달라 보이며, 국제적으로 이러한 색의 혼돈을 막기 위해 표준광을 결정하여 사용한다.

② 우리 삶의 주변에는 많은 광원들이 존재하며, 광원들의 특성에 따라 같은 색이 다르게 보인다.

③ 백열전구 아래서는 노랑, 주황, 빨강 등 난색 계열의 색채가 아름답게 보이고, 파랑이나 녹색과 같은 한색은 칙칙해 보이면서 색채 고유의 시원한 느낌이 저하된다.

표준 광	광원에 따라 색이 다르게 보이기 때문에 정확한 색의 측정을 위해 표준 광을 정해서 사용하며, 국제적으로 국제조명위원회(CIE)에 의한 표준 광을 사용한다.
광원	광원의 특성에 따라 같은 색도 다르게 보인다.
태양광선	모든 영역의 파장이 골고루 물체에 분광되어 물체의 색을 그대로 재현한다.
백열등	장파장 계열의 빛을 물체에 방출하여 물체에 붉은 색이 가미되어 보인다.
형광등	단파장 계열의 빛을 물체에 방출하여 물체에 푸른색이 가미되어 보인다.

3 물체 색과 광원의 관계

노란색의 물체는 약 550nm파장의 빛을 많이 반사하고 500nm 이하의 빛은 흡수하는 특성이 있으며, 물체를 노랗게 보이게 한다. 이 물체를 백열등 아래서 보면 550nm 이상의 장파장의 빛을 충분히 반사해 노란색이 더욱 선명하고 뚜렷하게 보이며, 반면 550nm 이상의 분광복사가 거의 없는 형광등 아래서 노란색의 물체를 보면 형광등에서 풍부하게 방출되는 단파장의 빛(파랑, 녹색 등)은 물체가 흡수해 버리고 정작 잘 반사시키는 장파장의 빛(노랑, 주황, 빨강 등)은 거의 없기 때문에 이 물체의 색채는 매우 칙칙해 보이게 된다.

The 알아보기

① 빛은 파장의 길이에 따라 여러 가지 색상을 가진다.
② 한국산업규격 KS A 0064에서 빛의 정의는 시각계에서 생기는 밝기 및 색의 지각이며, 인간의 눈에 들어와 시 감각을 일으킨다.
③ 이와 같이 빛이 사물에 비춰져 인간의 눈이 색을 식별하게 되는 것이며, 인간이 볼 수 있는 빛의 영역인 가시광선은 자외선과 적외선 사이에 위치한다.

4 빛의 스펙트럼

① 17세기 영국의 물리학자인 뉴턴(Isaac Newton)은 1666년 빛은 파장에 굴절하는 각도가 다르다는 성질을 이용하여 프리즘(prism)을 통한 분광실험(혼합광인 백색광을 분석)을 통해 일곱 가지의 색 즉 가시광선 스펙트럼 색대를 얻을 수 있었다.

② 뉴턴은 빛은 프리즘을 사용하여 각 빛의 파장에 따라서 굴절하는 각도가 다르다는 성질을 이용하여 태양광선을 파장이 긴 쪽부터 빨강, 주황, 노랑, 초록(녹색), 파랑, 남색, 보라로 구성된 연속적으로 띠로 나누는 분광실험에 성공하였으며, 이 무지개 색이 파장 순으로 나눈 빛의 배열을 스펙트럼(Spectrum)이라고 하며, 굴절률(빛이 꺾이는 각도의 정도)이 다르기 때문에 나타나는 현상으로, 가장 굴절이 심한 곳은 보라색으로서 가시광선은 장파장, 중파장, 단파장으로 나뉜다.

③ 보통 빛이라고 말하는 것은 방사되는 수많은 전자파 중에서 우리의 눈으로 지각되는 전자기파의 영역 고유의 색을 띠게 하는 빛 가시광선을 의미하며, 그 가시광선의 파장범위는 약 380~780nm(나노미터)의 범위에 있다. 우리 눈의 시각색소가 가시광선 외의 파장을 흡수하지 못하기 때문에 육안으로 볼 수 있는 부분이 가시광선(Visible Light)이다. 780nm 이상의 파장이 되면 열선으로 알려진 적외선(빨간색 바깥쪽의 색)과 라디오에 사용되는 전파기파이며, 380nm 이하의 파장이 되면 주로 살균효과 및 의료분야에 사용되는 자외선(보라색 바깥쪽의 색)과 감마선, X선 등이 된다.

④ 가시광선 파장 중 기장 시감도(파장에 따라 빛 밝기가 다르게 느껴지는 정도)가 높은 우리 눈에 가장 밝게 느끼는 최대 시감도의 파장범위는 555nm 황 초록이다.

The 알아보기

빛의 파장범위에 따른 순서	감마선-X선-자외선(UV)-가시광선-적외선(IR)-극 초단파(UHF, 마이크로파, 라디오파)
빛의 파장단위	nm(나노미터), ㎛(마이크로미터), Å (옹스트롬)
자외선(Ultra violet)	1801년 요한 빌헬름 리터에 의해 발견, UV-A(멜라닌색소자극), UV-B(비타민D 합성, 인체나 물속 공기층 등에 깊숙이 침투하기 어려운 파장이므로 피부 화상을 유발), UVC(세균, 바이러스의 DNA를 파괴하여 소독과 살균용으로 사용)가 있다.
적외선(Infra-Red)	허쉘이 발견, 열을 전달하는 열선으로 치료기 등에 사용된다.
색상별 파장범위	가장 짧은 색은 보라색(단파장, 380nm), 가장 긴 색은 빨간색(장파장, 780nm)이다.
원적외선 FIR	세포조직 활성화, 온열효과, 신진대사촉진
근적외선 NIR	혈액순환개선, 근육이완, 피로회복, 살균, 소독 효과

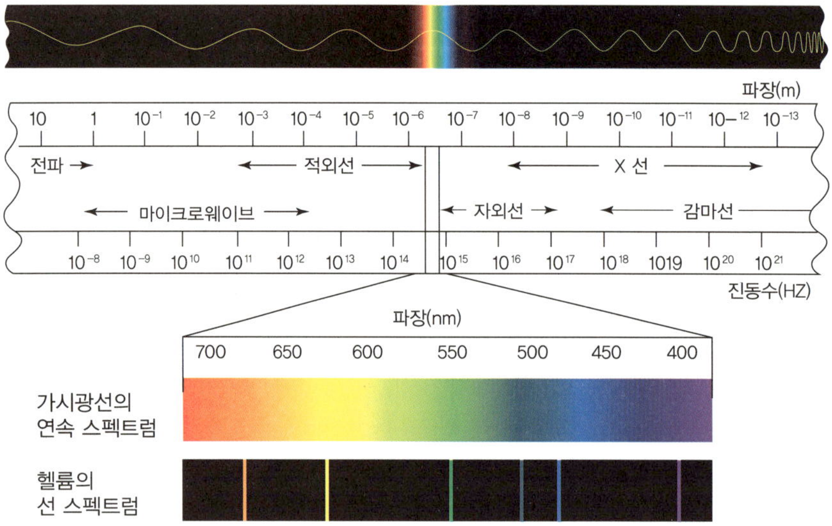

[그림 1-1] 전자기파의 빛의 파장]

5 빛에 대한 학설

빛이 파동이냐 입자냐의 논란은 많았으며, 17세기에는 빛의 입자설과 파동설이 서로 대립, 18세기에는 뉴턴의 주장에 힘입어 입자설이 인정받게 된다.

① 파동설(wave theory)

17세기 호이겐스(Huygens, Christian)에 의해 처음 기초가 잡혔고 19세기에 들어와서 토마스 영과 프레넬에 의해 파동설이 확립되었다. 파동설은 빛이 특정한 매질을 통해 전파되는 파동(물결의 움직임, 즉 주기적인 진동에 의해 퍼져가는 현상)이라 주장하며, 뉴턴의 입자설과 달리 빛의 성질인 회절을 설명할 수 있는데, 회절은 파동에서만 일어나기 때문이다.

② 입자설(particulate theory)

뉴턴은 빛을 입자(물질을 구성하고 있는 작은 물체)의 흐름이라 주장했는데, 빛의 성질인 직진, 반사, 굴절은 설명할 수 있으나 파동의 대표적인 성질인 간섭과 회절은 설명하지 못했다.

③ **광양자설**(light quantum theory)

아인슈타인은 빛은 광전자(빛에 의해 튀어 나오는 전자)의 불연속성 흐름이라고 주장하며, 입자설과 파동설이 가진 모순을 설명했다.

④ **전자기파설**

맥스웰은 빛은 전자기파(전기장과 자기장이 시간에 따라 변할 때 발생하는 파동)의 일종으로 전자기파의 존재를 이론적으로 유도하여 그 속도가 광속도(빛의 속도)와 일치한다는 사실을 발견하였다.

파동설	호이겐스
입자설	뉴턴
광양자설	아인슈타인
전자기파설	맥스웰

6 색채 현상(빛의 현상)

빛은 전자파의 일종으로 방사에너지이며 파장과 파동으로 전해지며, 빛에는 각각의 성질이 존재한다. 빛은 단색광의 집합체로 광원에서 빛이 물체(고체, 액체, 기체)에 닿을 때 물체의 성질에 따라 흡수되고 나머지는 반사되고 투과된다. 가시광선의 파장은 반사, 흡수, 투과 등의 현상이 일어나며, 물체의 색을 지각할 수 있는 것은 특정한 파장의 빛을 반사하기 때문이다. 이외에 굴절, 간섭, 산란, 회절 등의 성질을 가지는데 이를 빛의 현상, 즉 색채 현상이라고 한다. 이러한 빛의 현상 등에 의해 눈에 자극이 생겨 뇌에 전달되면서 색을 인식하게 된다.

1) 반사

인간이 물체의 색을 지각할 수 있는 것은 특정한 파장의 빛을 반사하는 성질 때문이다. 말 그대로 빛이 물체에 닿아 반사되는 성질로 반사는 물체의 색을 결정하는 중요한 요소이다. 태양광뿐 아니라 인공조명 등 다른 파장을 가진 빛이 존재하므로 물체의 특성에 따라 어떠한 종류의 빛이 물체에 닿는지 중요하며, 그때 반사의 범위 및 흡수와 투과의 범위에 따라 반사율이 정해진다. 흡수와 반사를 적당히 할 때 표면 색은 회색이 된다. 반사율은 빛이 물체에 닿았을 때 흡수, 투과된 빛과 반사되는 빛의 비율을 의미하는데 85~100% 반사는 흰색, 3% 미만의 반사는 검은색이 된다. 반사의 종류에는 매끄러운 평면에 입사한 빛이 정반대의 단일방향으로만 고르게 반사되는 정반사와 사방으로 흩어지며 확산되는 난반사가 있으며, 어떤 파장에서 특정한 빛만을 강하게 반사하는 선택반사와 입사된 빛을 100% 반사하는 전반사가 있다.

2) 흡수

빛이 생성되어 일부는 반사와 흡수를 하는데 흡수를 통해 빛이 소멸된다. 빛을 가장 이상적으로 흡수하는 물질을 흑체라 하며, 실제적으로는 일부 파장에 의해 선택적으로 흡수되고 반사하게 된다. 그러므로 100% 빛을 모두 흡수하면 검정이어야 하나 실질적으로는 검정에 가까운 색으로 보여 진다.

태양 아래 야외로 나가게 되면 자신이나 다른 사람들의 그림자를 볼 수 있는데, 이는 빛이 부딪히는 우리의 몸이 빛을 흡수하기 때문에 생기는 것으로, 빛이 생성되어 일부는 반사와 흡수를 하는데, 흡수를 통해 빛이 소멸된다.

3) 투과

공기나 물 또는 유리와 같은 투명한 재질의 물체는 대부분의 빛을 통과시키는데, 이를 빛의 투과라고 한다. 장애물에 빛이 비치거나 액체가 스미면서 통과하는 현상으로 투과 색은 색을 가지고 있는 유리 또는 셀로판지, 신호등 등에서 찾아볼 수 있으며 빛의 파장범위가 변하지 않고 매질을 통과하는 색을 말한다. 빛이 반사하거나 흡수하는 것은 어떠한 빛도 통과하지 못하는 불투명 물체에서 나타나는 현상이다.

4) 굴절

공기 속의 빛이 선택적으로 반사가 일어나는 동시에 흡수되며 그 경계 면에서 빛의 방향을 바꿀 때 일어나는 현상을 말한다. 주로 빛이나 소리의 파동 등에서 볼 수 있다. 렌즈 등은 빛의 굴절현상을 이용하는 것으로, 광학기계의 중요한 부분을 차지한다. 무지개는 공기 중의 수증기 입자에 빛이 입사할 경우 표면에서 일어나는 굴절현상에 의한 것이다. 빛의 파장이 길면 진동수가 작아 굴절률이 약하고, 파장이 짧으면 진동수가 커서 굴절률이 크다. 아지랑이, 돋보기, 무지개, 별의 반짝임 등이 있다.

[그림 1-2] 빛의 굴절

5) 간섭

간섭은 빛의 파동이 둘로 나누어진 후 다시 결합되는 현상으로 같은 파장의 빛이 입사되어 방향을 바꾸어 진행하다 다시 한곳으로 겹쳐져 일어나는 현상이다. 빛이 얇은 막을 비출 때 막의 바깥쪽 표면과 안쪽 표면에서 반사된 빛이 서로 간섭을 일으키게 되는 것으로, 공작새, 나비의 날개, 수막 위에 형성된 기름막, 진주조개, 비눗방울 등이 간섭 색의 예이다.

6) 산란

여러 방향으로 빛이 분산되어 퍼져나가는 현상으로, 빛이 나아가는 도중 대기 중 분자, 원자, 미립자 등과 충돌하게 되면 빛이 직진하지 못하고 진행방향을 바꾸어 사방으로 흩어지게 되는 현상이다.

빛의 산란은 대기 중에서 일어나며, 새벽, 맑은 날의 하늘, 저녁 노을, 먹구름 등 대기변화를 일으키는 것은 산란과 관계가 있다. 단파장의 청색 빛이 태양광 중 산란이 잘 되므로 청색 빛이 공기 층을 통과할 때 산란되고 장파장의 주황빛만이 투과되어 하늘이 더욱 푸르게 보이는 것이다. 날씨가 맑을 때 구름이 흰색으로 보이는 것은 구름 속에서 수증기 입자에 부딪쳐 산란이 여러 번 반복하여 일어나 반사율이 100%에 가까워지기 때문에 구름이 흰색으로 지각되는 것이다.

[그림 1-3] 빛의 산란

7) 분산

백색광은 프리즘을 통과시키면 일곱 가지 무지개 색상으로 나뉘어지는데 이는 각각의 단색광이 속도가 다르기 때문에 프리즘에 닿을 때 각각 다른 방향으로 굴절시킴으로써 보여지는 현상으로 이를 빛의 분산이라 한다.

8) 회절

파동이 진행하다가 장애물을 만나면 장애물의 뒤쪽까지 돌아 들어가며, 작은 틈새나 구멍을 만났을 때 그 구멍을 뚫고 나가면서 사방으로 퍼져 나가는데, 이와 같은 현상을 회절현상이라고 한다. 산란과 간섭의 복합현상이기도 하며, CD 표면 색, 곤충 날개 색 등에서 볼 수 있다.

[그림 1-4] 빛의 회절

제 03 강

색의 분류

1 색의 일반적 분류

색에는 빛의 색(light, 색광)과 물체의 색(color, 색료)이 있다. 물체의 색을 색채라고 하는데, 색채에는 무채색과 유채색이 있다.

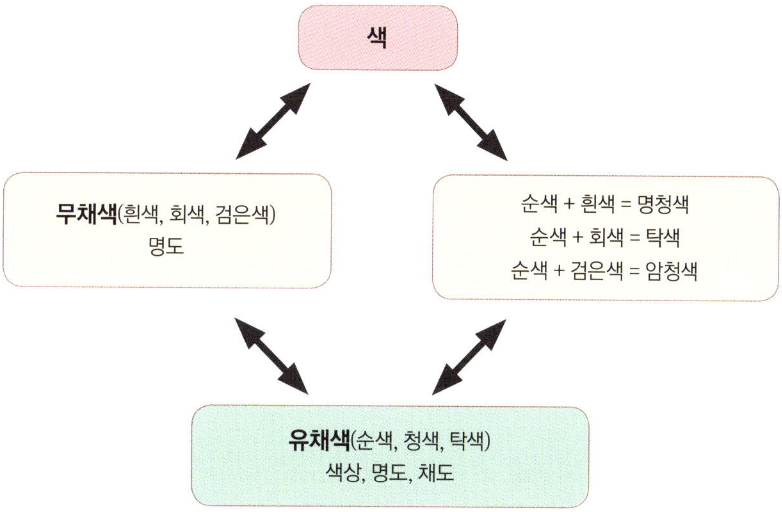

[표 1-1] 색의 분류와 색의 3속성과의 관계

1) 유채색(有彩色, chromatic color)

① 색상, 명도, 채도가 모두 존재하는 색이다.

② 흰색, 회색, 검은색을 제외한 모든 색, 즉 무채색을 제외한 모든 색을 말한다.

③ 물체의 색 중에서 색상이 있는것으로 무채색(흰색,회색,검은색)을 제외한 모든 것을 뜻하며, 개개의 유채색은 색상, 명도, 채도로 분류하고 색감각을 가지고 있는 모든색을 말한다.

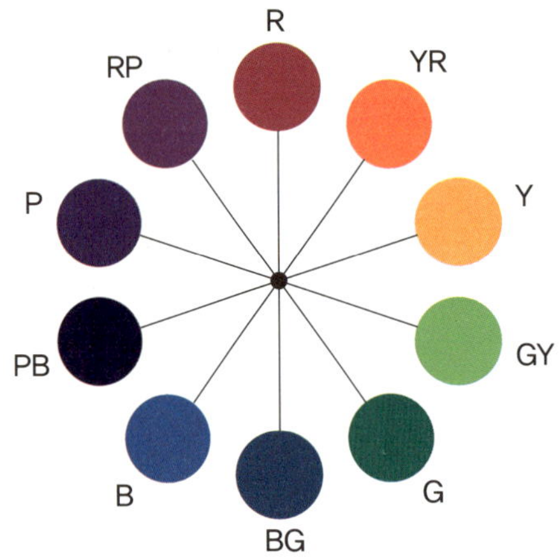

[그림 1-5] 색의 색생환 / 유채색

2) 무채색(無彩色, achromatic color)

① "채도가 없다"는 것을 의미한다.

② 채도가 없기 때문에 색상이 존재하지 않는다.

③ 흰색, 회색, 검은색 등의 명도만 존재하며, 빛이 반사율에 의해 결정된다.

④ 빛의 3원색인 빨강·파랑·녹색을 혼합하면 +백색광이 되어 무색의 빛이 되며, 완전한 어둠에서는 색을 전혀 느끼지 못하므로 빛에서는 흰색과 검은색이란 색은 현실에서 존재하지 않으나 물체에 닿아 반사하여 우리 눈에 보이는 흰색·회색·검은색은 색으로 존재하여 보인다.

⑤ 이러한 색은 빨간색·파란색 등 유채색과 같이 채도의 속성을 지니고 있지 않은 채도가 0인 상태를 의미한다.

⑥ 색상(Hue)과 색이 진하고 엷음을 나타내는 포화도인 채도(Chroma)는 없고 밝고 어둡기의 나타내는 포화도인 명도(Value)만 있는 경우를 말한다. 즉, 흑색 → 회색 → 백색에 이르는 물체(物體)의 색(色)을 말한다.

무채색

유채색

[그림 1-6] 명도의 표시/무채색

3) 원색

① 어떠한 혼합 즉 어떠한 색을 섞어도 만들 수 없는 독립된 색으로 어떠한 색으로 분리할 수 없는 색으로 세가지 기본적인 색을 삼원색이라고 한다. 색료의 삼원색에는 마젠타(Magenta), 노랑(Yellow), 시안(Cyan)의 3색이 있다. 많은 사람들이 빨강을 원색이라고 생각하는데 빨강은 원색의 노랑과 자주를 섞어서 만들어진 색이다. 모든 색은 3원색으로써 다 만들 수 있다. 그러나 섞는 색 수를 늘릴수록 색은 어둡고 흐려지며, 3원색을 똑같은 양으로 섞으면 검정에 가까운 회색이 된다.

② 빛의 3원색은 빨강(Red), 초록(Green), 파랑(Blue), 색료의 3원색은 마젠타(Magenta), 시안(Cyan), 노랑(Yellow)이 있다.

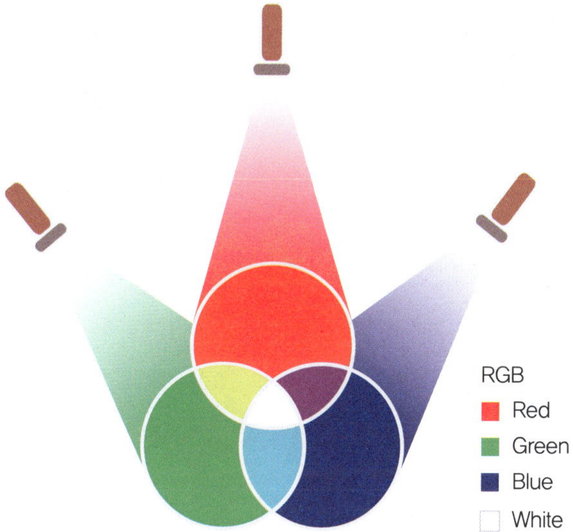

[그림 1-7] 빛의 3원색(빨강, 초록, 파랑)

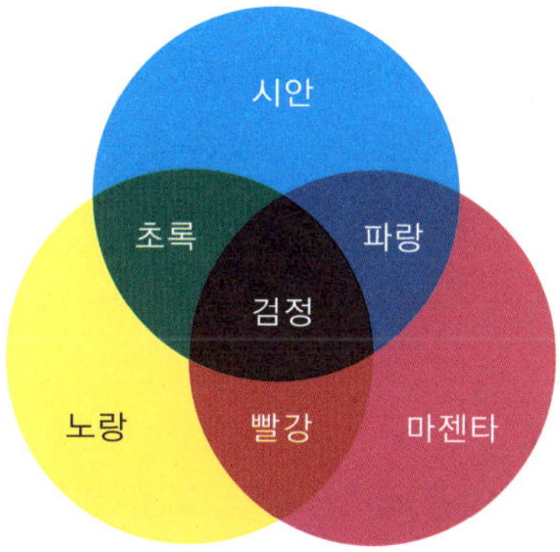

[그림 1-8] 색료의 3원색(마젠타, 시안, 노랑)

4) 색상환

가시광선에서 보이는 빨강에서 보라까지의 색을 연결고리를 지어 환으로 만든 것으로 색상에 따라 계통적으로 색을 둥글게 연결 지어 배열한 것이다.

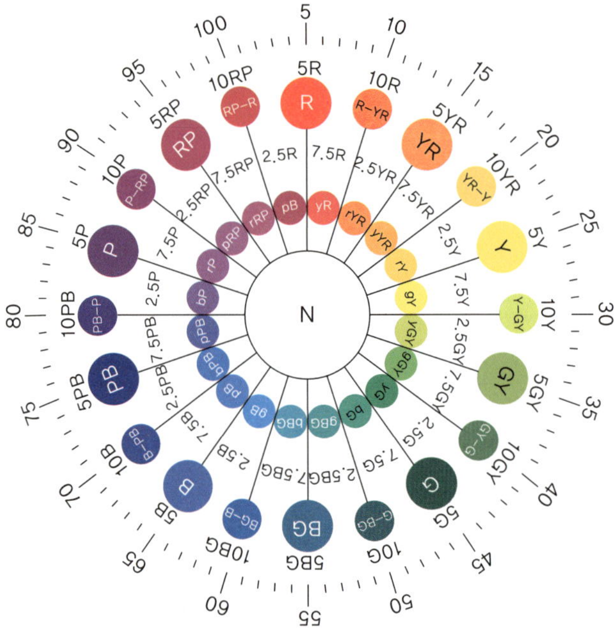

[그림 1-9] 먼셀의 20 색상환

5) 보색

① 색상환에서 서로 마주보는 위치에 있는 색을 서로 보색관계에 있다고 하며, 각각의 보색이라고 한다.

② 보색관계에 있는 두 색의 혼합, 색광 혼합의 경우는 백색(광)으로, 색료 혼합의 경우는 검정에 가까운 색이 된다. 모든 2차색은 그 색에 포함되지 않은 원색과 보색관계에 있다. 보색은 색상환에서 서로 마주보는 위치에 있어, 빨강·초록, 노랑·파랑과 같이 동시에 존재하지 않는 반대색 관계를 말한다.

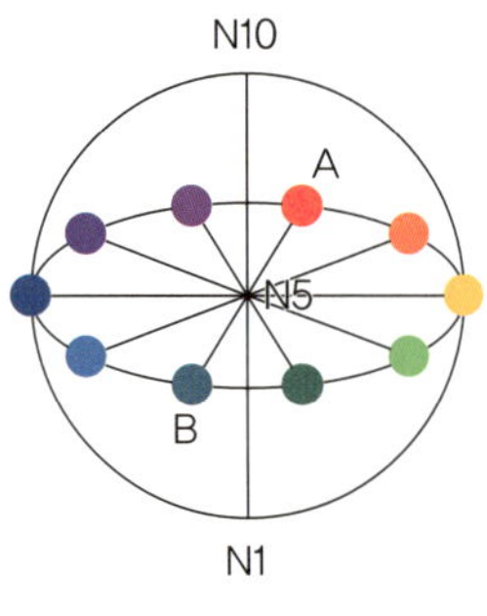

[그림 1-10] 보색

6) 순색

색료의 3원색(마젠타, 노랑, 시안) 중 2색을 섞어서 만들어지는 색을 말한다. 2색의 비율에 따라 빨강, 주황, 연두, 녹색, 보라 등의 색이 만들어지며, 흰색, 회색, 검은색인 무채색을 조금도 함유하지 않은 색이다.

2 색의 3속성

1) 색상(Hue)

① 빨강, 노랑, 파랑 등과 같이 다른 색과 구별되는 색의 고유한 명칭을 말한다.

② 유채색에만 존재하며, 무채색에는 색상이 존재하지 않는다.

③ 광파장의 차이에 따라 변하는 색채의 위치로서, 색의 감각으로 구별하는 색의 속성 또는 색의 명칭을 말한다.

먼셀의 색상환은 색상의 기본색(빨강, 노랑, 초록, 파랑, 보라)과 그 중간색(주황,연두,청록,남색,자주)을 합쳐 만든 10 색상환이라고 하며, 그외 20색상환, 40색상환이 있다.

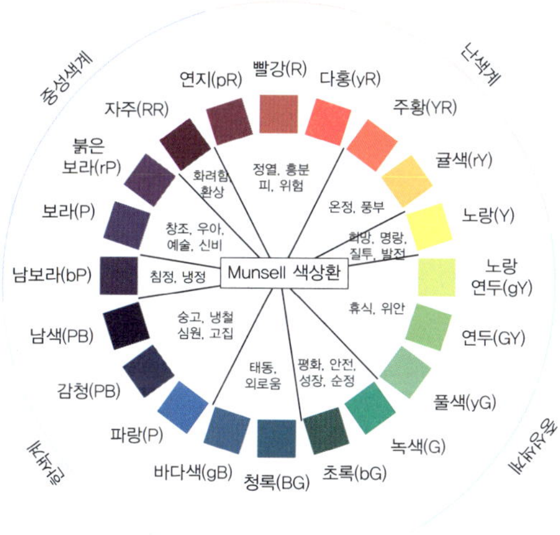

[그림 1-11] 색상(Hue) / 먼셀의 색상환

2) 명도(Value, lightness)

① 색의 밝고 어두운 정도, 즉 색의 밝기의 감각을 척도화한 것이다.

② 인간은 500단계의 명도를 구분할 수 있고, 검정(명도 0)에서 하양(명도 10)까지 11단계로 나누어지며, 빛이 입사했을 때 물체 표면율의 반사율이 100%인 완전반사를 "하양", 100% 흡수할 경우를 "검정"이라고 한다.

③ 유채색에도 하양과 검정이 혼색되어 단계구분을 할 수 있는 명도가 있다.

④ 먼셀에서는 벨류(Value)라 하며 이상적인 하양을 10, 이상적인 검정을 0으로 하여 단계를 구분한다.

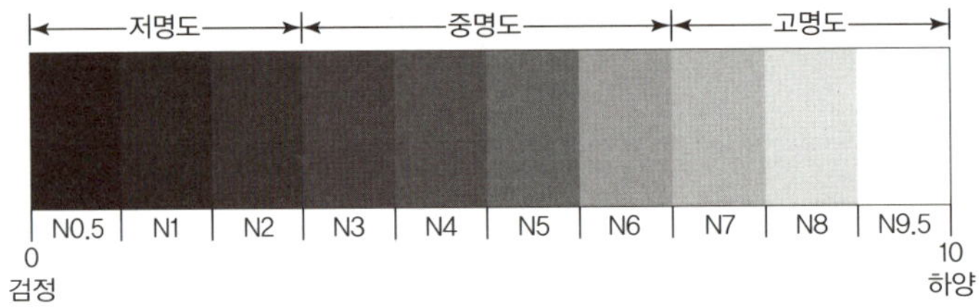

[그림 1-12] 명도의 단계

3) 채도(Chroma, Saturation)

① 색의 순도(색상이 포함된 양이지만 시각적으로 얼마나 잘 보이는가를 나타내는 정도)로 색이 선명하거나 맑고 탁한 정도를 말하며, 순색으로 반사율이 높은 색이 채도이다.

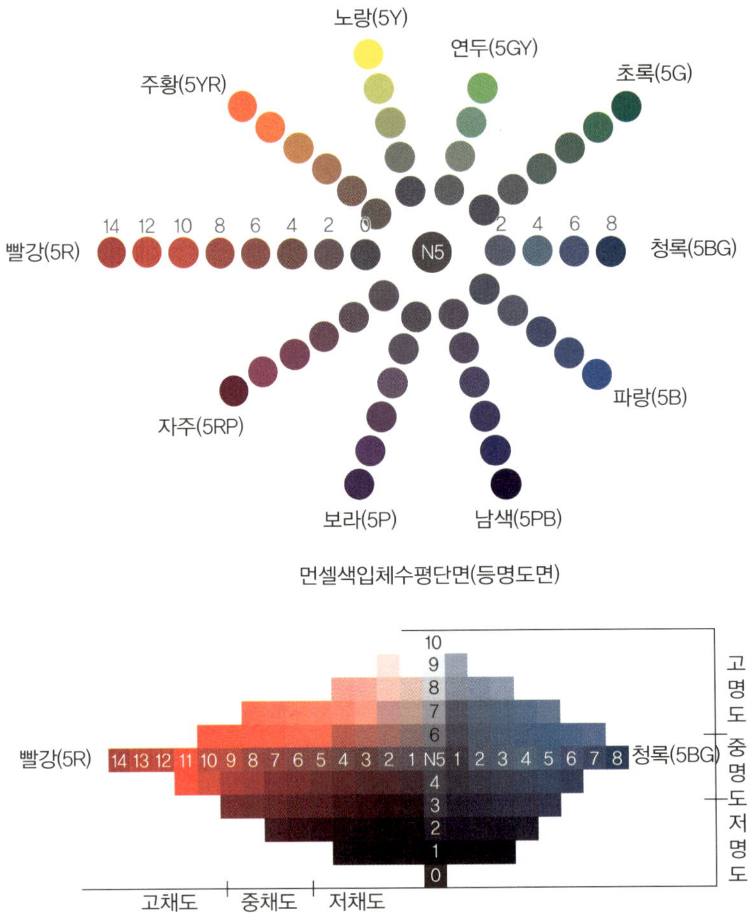

[그림 1-13] 채도의 단계

② 인간은 20단계의 채도를 구분할 수 있으며, 유채색에만 있고, 무채색에는 없다.

③ 광파장의 차이에 따라 변하는 색채의 위치로서, 색의 감각으로 구별하는 색으로 색상에서 채도가 가장 높은 색을 순색이라고 하며, 순색에 무채색이 혼합되면 색의 순도가 떨어지며 채도는 낮아진다. 실 예로 진한 빨강과 같은 원색은 채도가 매우 높은 색이지만 흰색이 섞이면 비율에 따라 진분홍, 분홍, 연분홍으로 변화되며, 점점 채도가 떨어지게 된다.

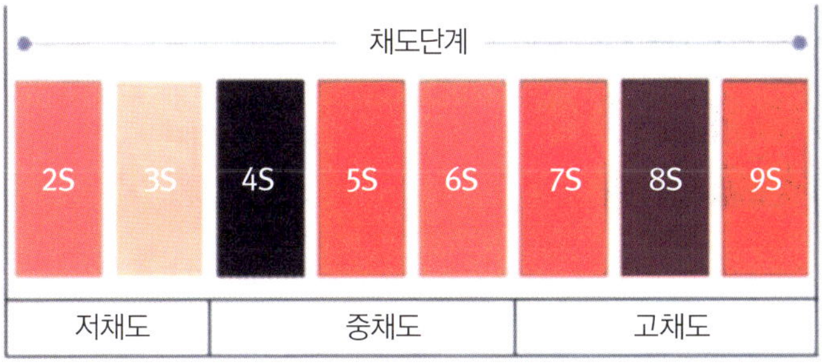

[그림 1-14] 채도포화도 S(Saturation : 포화도 숫자가 최고로 높으면 순색을 의미한다)

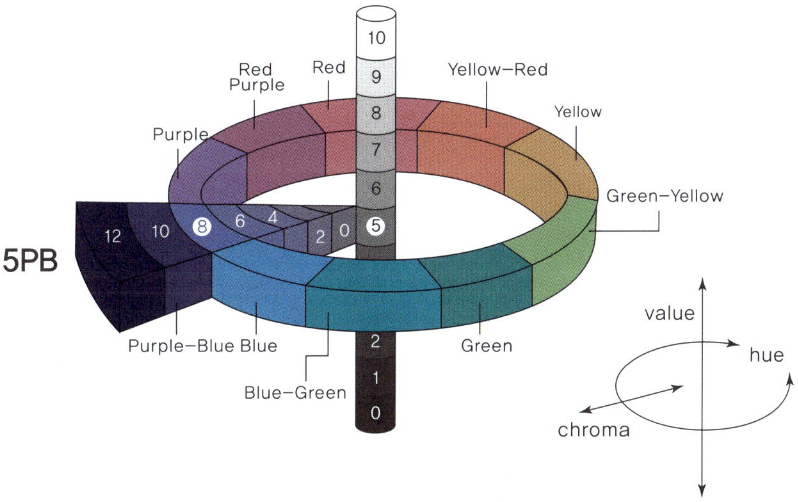

[그림 1-15] 색의 3속성(색상, 명도, 채도)

4) 색조(톤, tone)

명도와 채도의 복합 기능을 말하며, 색상과는 관계하지 않는다. 색의 명암의 강약이나 색의 맑고 탁한 정도로서 명도와 채도에 의해 결정된다.

- **순색** : 무채색이 섞이지 않은 가장 채도가 높은 색

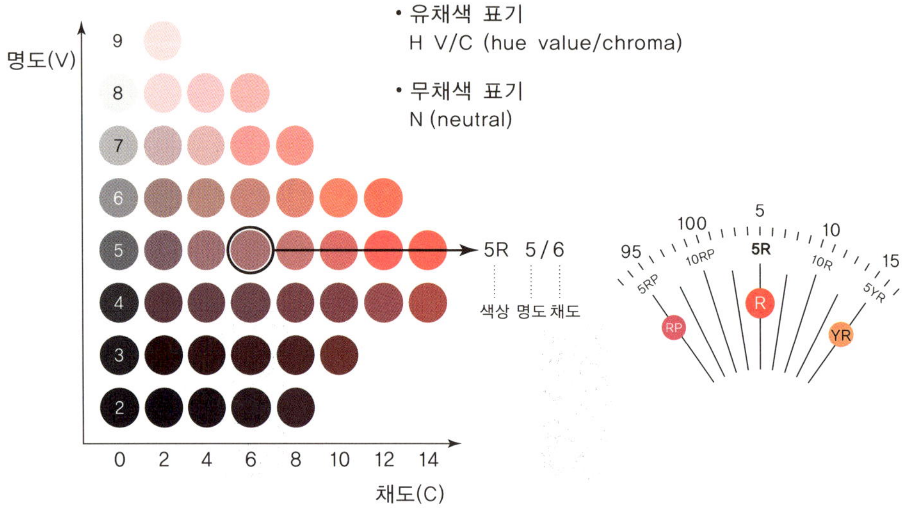

[그림 1-16] 먼셀의 20 색상환

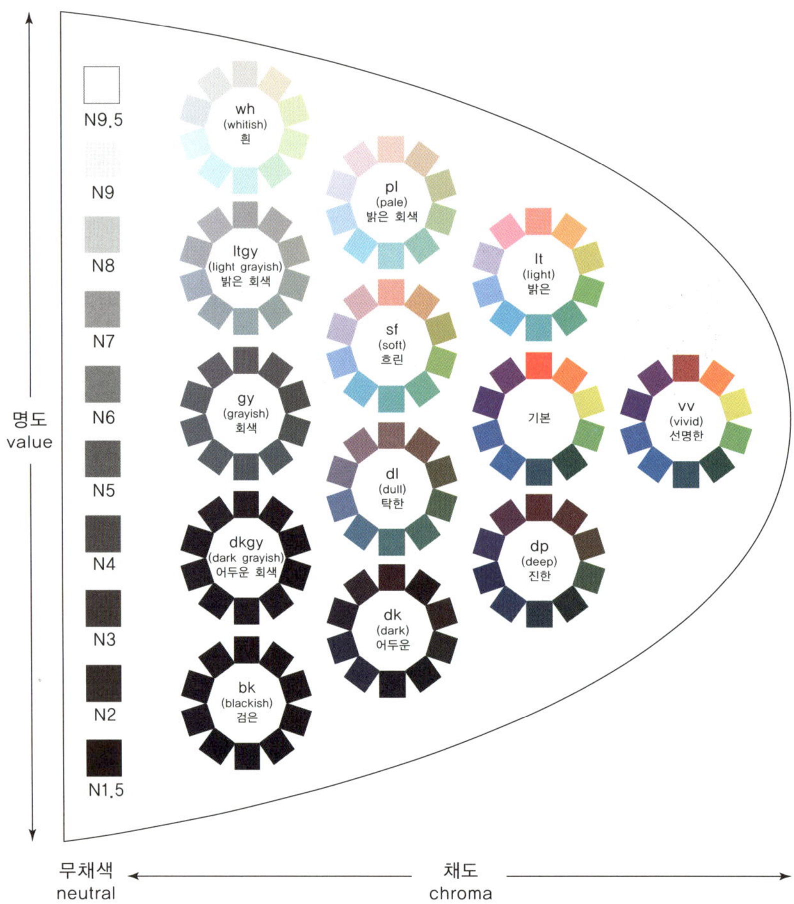

[그림 1-17] 색조(톤) : 명도와 채도의 복합 기능

- **명청색** : 순색에 흰색을 섞은 명도가 높은 색
- **암청색** : 순색에 검은색을 섞은 명도가 낮은 어두운 색
- **탁색** : 순색에 회색을 섞은 색

The 알아보기

색조와 색도의 구분
① 색조 : 명도와 채도를 동시에 고려한 색지각의 속성을 의미
② 색도 : 명도를 제외한 색상과 채도의 혼합개념을 의미

3 색의 물리적 분류

빛의 성질인 반사, 흡수, 투과, 굴절, 회절, 산란, 간섭 등의 현상에 의해서 시·공간에 나타나는데 그 빛의 현상에 따라 분류한 것을 최초로 시도한 사람은 독일의 심리학자 카츠(David Katz, 1884~1953)의 빛에 따른 현상학적 관찰을 토대로 분류한 것이다.

1) **광원색**(illuminate color)

광원(빛의 근원)이 스스로 빛을 내고 있는 동안의 색으로 색의 삼속성 중 색상과 채도로만 표현하며, 전구나 불꽃처럼 발광을 통해 보이는 색이다.

2) **물체색**(object color)

① 물체가 스스로 빛을 발광하지 못하는 색으로 빛, 즉 광원으로부터 받은 반사에 의해 시·공간에 나타나는 색으로, 즉 표면 색과 투과되는 투과 색을 총칭해 물체 색이라 한다.

② 평면색과 달리 거리감, 재질, 형태에 따라 다르게 지각되며, 물체가 빛을 반사·흡수하면서 고유의 색을 가지고 있는 것처럼 보인다. 이는 물체마다 고유한 반사율을 가지고 있기 때문이며, 이를 분광반사율(spectral reflection factor)이라 하며, 그림물감, 염료, 도료가 물체 색에 속한다.

The 알아보기

분광반사율
물체 색이 스펙트럼 효과에 의해 빛을 반사하는 각 파장별(단색광) 세기를 말하며, 물체의 색은 표면에서 반사되는 빛의 각 파장별 분광분포(빛의 프리즘에 통과되면서 파장별로 분광된 색의 양을 그래프로 표시한 것)에 따라 여러 가지 색을 띄게 되며, 조명에 따라 다양한 분광반사율이 나타난다. 밝을수록 반사율이 높고 채도가 높을수록 차이가 크다. 반사율은 색채시료의 특성에 따라 다르게 나타난다.

3) 표면색(surface color)

① 물체 색으로 스스로 빛을 내는 것이 아니라 물체의 표면에서 빛이 반사되어 나타나는 물체 표면의 색으로 외부의 빛을 받아 반사된 빛의 색으로 사물의 질감이나 상태를 알 수 있도록 하는 색이다.

② 불투명한 정도를 가진 물체의 표면에서 느낄 수 있다.

③ 거리감, 질감, 방향감, 위치감, 입체감 등을 확인할 수 있다.

4) 평면색(면색, 개구색, film color)

① 색 자극(눈에 들어와 유채색 또는 무채색의 감각을 일으키는 가시복사) 외에 질감, 반사, 그림자의 영향을 받지 않으며, 거리감이 불확실하고 입체감이 없는 색을 말한다.

② 부드럽고 순수한 색만 있는 느낌, 거리감, 물체감, 입체감은 거의 지각되지 않기 때문에 어떤 사물의 상태와는 거의 무관하며, 푸른 하늘처럼 순수하게 색 자체만 보이는 원초적인 색이다.

[그림 1-18] 평면 색

5) 공간색(volume color)

투명한 유리 또는 병 속의 일정한 부피가 있는 공간에 컬러워터를 통해 어떤 물체를 볼 때 그 물체까지의 3차원 공간에 색이 충만한 것처럼 보이는 색이다. 색의 존재감이 느껴지는 용적색(공간색)으로 유리병 속 액체 또는 얼음 그리고 수영장의 물색 등이 이에 속한다.

[그림 1-19] 공간색

6) 경영색(거울색, mirrored color)

① 거울에 비친 물체를 볼 때 거울 고유의 색을 지각하여 통과해 보이는 대상물의 색을 말한다.

② 거울과 같은 불투명한 물질의 광면에 비친 물체의 표면에 나타나는 완전 반사에 가까운 색을 말한다.

7) 투명면색(transparent cotton color)

① 필터가 시야보다 작아 필터 가장자리가 보일 때 나타난다.

② 필터의 색은 3차원 공간 전체가 아닌 필터 면에서만 나타난다.

8) 투명표면색(transparent surface color)

① 필터가 한쪽 눈의 시야 전체를 가릴 때 나타난다.

② 컬러필터로 보이는 시야와 원래대로 보이는 시야가 합쳐져 물체 표면에 속한 색처럼 보이는 것이다.

9) 광택(luster)

① 100% 정반사될 때 나타난다.

② 부분적인 반사광 밝기가 그 물체 표면 색보다 밝은 경우 표면지각 시 부분적 방해를 받는 것과 같은 색을 말한다.

10) 광휘(bright light)

① 불투명한 유리나 종이의 뒤 쪽에서 강한 빛이 비춰질 때의 색이다.

11) 작열(burning)

① 단순히 표면에서만 광휘가 느껴지는 것이 아니라 물체 표면뿐 아니라 내부 전체에 광휘를 지니고 있는 느낌을 준다.

The 알아보기

카츠(D.katz)의 색의 현상학적 특성
독일의 심리학자 카츠는 편견 없이 직관적으로 색을 관찰하여 나타나는 방식을 9종류로 분류했는데, 이러한 것을 현상학적 관찰(피실험자가 자신의 지각이나 경험을 묘사하는 것)이라 한다. 색을 나타내는 방식은 면색, 표면색, 공간색, 투명면색, 경영색, 광택, 광휘, 작열 등이 있다고 주장했다.

제 04 강 눈의 구조와 특성

1 눈의 구조

① 눈은 빛의 강약 또는 파장을 받아들여 뇌에 감각을 전달하는 감각기관으로 인간의 눈은 카메라의 구조와 기능이 비슷하다. 빛은 눈의 구조 중 동공 - 각막 - 홍채 - 수정체 - 망막 - 시신경 - 대뇌로 전달되어 사물 또는 색을 지각하게 된다.

② 눈의 구조에서 눈꺼풀은 카메라의 렌즈뚜껑에 해당되고 우리 눈을 보호하며, 각막은 카메라의 렌즈역할로서 빛의 굴절, 초점을 만들며, 동공은 눈으로 빛이 들어가는 구멍, 홍채는 빛의 강약에 따라 동공의 크기를 조절하여 눈으로 들어오는 빛의 양을 조절 카메라의 조리개 역할을, 수정체는 카메라의 렌즈 역할로서 핀트를 조절하여 가까운 곳의 사물을 볼 때는 수정체가 두꺼워지며, 먼 곳의 사물을 볼 때는 수정체가 얇아진다. 섬모체는 수정체의 두께를 조절한다. 망막은 카메라의 필름 역할, 각막은 빛을 받아들이는 투명한 창문 역할을 하며, 흑백필름은 간상체, 컬러필름은 추상체의 역할이다.

눈	카메라	역할
눈꺼풀	렌즈 뚜껑	표면 보호 역할
각막	렌즈	빛의 굴절 / 초점맞추기
수정체	렌즈	초점 조절
홍채	조리개	빛의 양 조절 / 동공 크기 조절
망막	필름	흑백 필름 : 간상체, 컬러 필름 : 추상체

③ 각막과 수정체는 빛을 굴절시킴으로써 망막에 선명한 상을 맺히도록 한다.

④ 망막은 빛 에너지가 전기화학적 에너지로 변환되는 곳으로 망막의 가장 중심부에 작은 굴곡을 이루며 위치한 중심와(황반)는 시세포가 밀집해 있어 가장 선명한 상이 맺히는 부분으로 추상체가 밀집되어 있다.

⑤ 맹점은 빛을 구분하는 시세포가 없으며, 망막에서 뇌로 들어가는 시각신경이 모여 나가는 곳으로 어느 지점의 거리에서 색이나 형태, 상이 맺히지 않는 부분으로 상이 맺혀도 보이지 않고, 시신경

의 통로 역할을 한다.

⑥ 유리체는 초자체라고도 하며, 수정체 뒤에 있는 젤리 상태의 물질로 안구의 3/5를 차지하며, 망막에 광선을 통과시키고 눈의 모양을 유지하며, 망막을 눈의 벽에 밀착시키는 역할을 하며, 공막은 흰자위에 해당, 안구보호, 눈의 형태를 유지한다.

⑦ 맥락막은 검은색 색소가 있어 눈 속을 어둡게 하는 암실역할을 한다.

눈의 단면

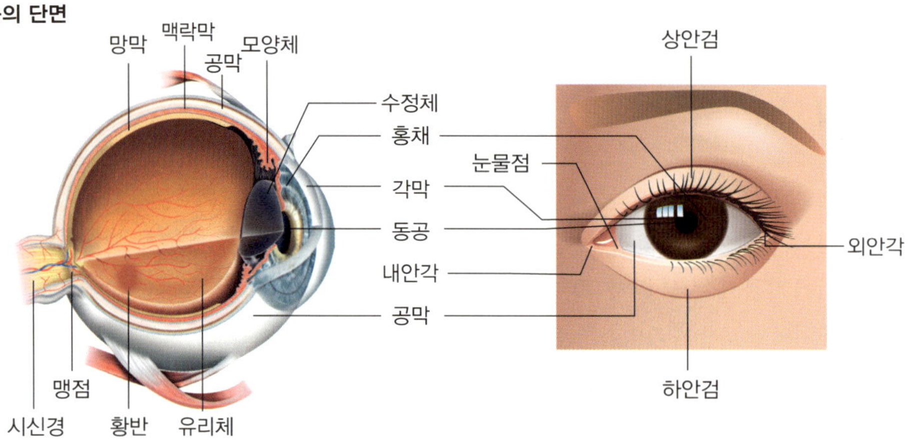

[그림 1-20] 눈의 구조와 시각의 성립 경로

2 눈의 특성

① 눈은 시각정보를 받아들이지만 분석은 하지 않는다.

② 사람은 코나 귀보다 주로 두 눈에 의해 환경을 알아보며, 눈을 통해 가장 많은 정보를 얻는다.

③ 사람이 눈을 떴을 때 지각할 수 있는 시각의 범위는 상하 약 130도, 좌우 약 190도이며, 사람의 눈으로 색상 200가지, 명도 500가지, 채도 20가지 즉 200만 개 정도 색을 인식할 수 있다.

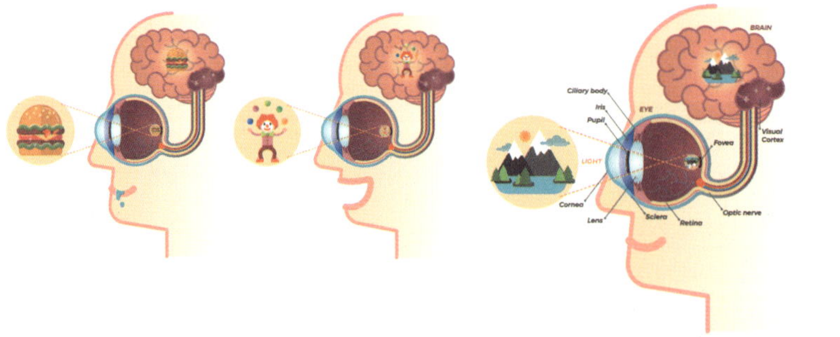

[그림 1-21] 눈의 구조와 색채 지각 경로

3 시세포

시세포는 빛의 자극을 받아들이는 감각세포이다. 망막의 상이 망막에 있는 두 종류의 시세포에서 빛 에너지를 수용해 물체의 색을 분별하는데 망막에서 시신경 섬유를 거쳐 보내진 신호는 뇌세포를 자극한 결과로 색은 눈으로 지각한다기보다 뇌 속에서 지각한다고 볼 수 있다.

① **간상체(rod receptor, 간상세포, 막대세포, 야간 시)** : 간상체는 고강도 흑색필름이라고 할 수 있으며, 우리 눈의 구조 중 중심와로부터 20도 정도의 위치이고, 40도 정도를 벗어나면 추상체는 거의 존재하지 않아 밝기만을 감지하게 된다. 간상체는 망막의 주변부에 위치, 색의 지각이 아닌 흑색, 회색, 백색 등 명암만을 인식하며, 야행성으로 어두운 데서 잘 보이며, 색 분별을 못한다. 1억2,000만 개~1억3,000만 개가 존재하며, 간상체와 추상체의 파장별 민감도 곡선이 다른 이유는 흡수 스펙트럼의 차이 때문이며, 간상체가 주로 작용하는 경우의 색각 상태를 암순응시라고 하는데 주로 밤에 어두운 곳에서 작용하며, 간상체가 가장 민감하게 반응하는 파장은 청록색 500nm이다.

② **추상체(cone receptor, 원추세포, 원뿔세포, 주간 시)** : 추상체는 시세포 수가 600~700만 개가 존재하며, 정밀도가 높은 컬러필름이라고 할 수 있으며, 망막 주변부에 위치, 빛에 따라 다른 반응을 보이는 3가지의 추상체 장파장(L), 중파장(M), 단파장(S)이 존재한다. 추상체가 활동하는 상태를 명순 응시라고 하는데 주로 낮에 밝은 곳에서 작용하며, 색 혼합, 색 교정의 작업을 정확하게 한다.
추상체가 가장 민감하게 반응하는 파장은 황색 555nm이며, 단파장 추상체는 청추체로서 420nm(Blue), 중파장 추상체는 녹추체 530nm(Green), 장파장 추상체는 척추체로서 565nm(Red) 파장범위에 있다.

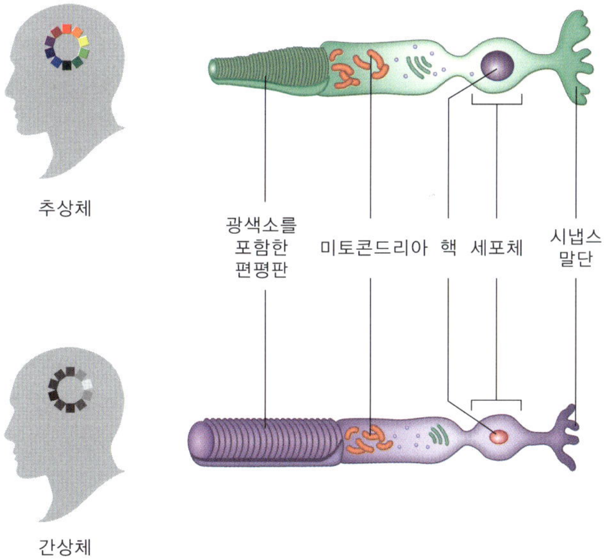

[그림 1-22] 시세포(간상체 / 추상체)

4 색각 이상(color blindness)

색각 이상은 색조, 색깔의 식별능력이 없는 상태 즉, 시력의 이상으로 인해 사물의 색상을 정상적으로 구분하지 못하는 증상으로 흔히 색맹 또는 색약이라고 하며, 전색맹과 부분색맹으로 구분한다.

① 전색맹은 전혀 색을 감각하지 못하는 상태이며, 흑백사진과 같이 명암만 느낄 수 있는데 이것은 추상체의 기능이 없고 간상체의 기능만 존재하기 때문이다.

② 부분색맹은 적록색맹과 청황색맹이 있는데 적록색맹이 더 많고, 적록색맹은 적색과 녹색, 회색을 구별하지 못하며, 청황색맹은 청색과 황색, 회색을 구별하지 못한다. 우리나라 선천적 색각 이상자의 비율은 대략 남성은 5%, 여성은 약 2% 정도로 조사되고 있다.

③ 인간은 고령화가 되면서 색각의 변화 중 노화에 따른 큰 변화는 수정체의 색소침착에 의해 누렇고 탁해지는 것과 황반 색소가 진해지는 것이다. 노화와 함께 인간은 색의 식별 능력 저하가 시작되고 20대가 가장 식별능력이 좋다.

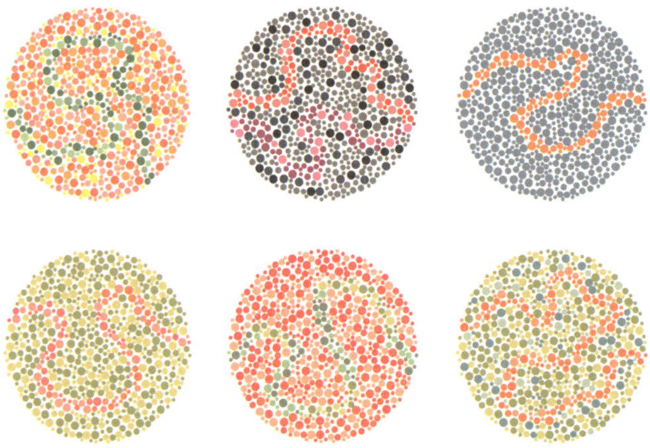

[그림 1-23] 색각 이상

미용색채학

BEAUTY CHROMATOLOGY

CHAPTER 02

색지각의 원리

제 01 강 색채 지각과 인간의 반응

인간의 눈은 색을 특정한 파장의 반사를 통해 빛의 자극을 받아 사물의 색채를 지각하는데 색상, 명도, 채도 즉, 색의 3속성과 생리적, 심리적 지각효과에 따라 색을 다르게 지각한다.

1 색채의 자극 및 지각과정

① 광학적 단계(빛이 눈에 입사되어 물체의 모양과 색 정보가 망막에 상으로 맺힘)

② 망막의 단계(망막에 맺힌 상이 시세포를 통해 신호로 변화되는 단계)

③ 대뇌 전달 단계(망막에서 맺힌 정보를 시신경과 대뇌로 전달하는 단계))

④ 인지 단계(전달된 정보를 통합하여 물체의 색으로 인지하는 단계)

2 빛에 대한 인간의 반응

1) 순응(adaption)

개체가 환경조건에 잘 적합하게 적응하는 현상 즉, 조명 조건이 변화함에 따라 수용기의 민감도가 변화하는 것을 말한다. 터널 출입구와 중심부의 조명설치 차이, 극장 등의 사례들이 명암순응 즉 시각기관의 특성을 고려하여 설계한 것이다.

① 명순응

- 어두운 곳에서 밝은 곳으로 갑자기 나왔을 때 시간이 지나면서 점차로 밝은 빛에 적응하며 민감도가 증가하여 빛에 적응하는 데 1~2초 정도 걸리며 추상체가 활동한다.
- 약 10Lux 이상에서는 추상체의 활동이 가능하기에 물체의 형태를 확실히 알 수 있다.
- 명소시에는 간상체는 활동하지 않고 추상체만 활동, 밝기 100cd/m^2 이상을 말한다.

② 암순응

- 명순응과는 반대로 밝은 곳에서 어두운 곳으로 갑자기 들어 갔을 때 어두운 빛에 적응하는 시각의 상태를 말하며, 30초 정도가 걸려야 주위 사물을 식별할 수 있는 현상이다.
- 간상체의 활동으로 밝은 장소에서 어두운 장소로 바뀔 때 민감도가 증가하는 현상이다.
- 암소시는 약10~20Lux 이하에서는 간상체만 활동하여 물체의 형태는 확실하지 않고 색각이 없고 명암만을 구별 할 수 있는 상태이고 밝기 1cd/m^2 미만을 의미한다.

③ 박명시

- 추상체와 간상체가 모두 활동하는 시기로 명소시(밝음에 적응하는 시점, 최대 시감도 555nm)와 암소시(어둠에 적응하는 시점, 최대 시감도 507nm)의 중간 정도의 밝기(100cd/m^2)에서 추상체와 간상체가 동시에 적응하여 시야가 흐려지는 시각상태를 의미하며 날이 저물어 어두움이 시작될 때 쉽게 찾아볼 수 있다.

④ 색순응

- 광원에 따라 물체의 색이 순간적으로 변해 달라 보일 수 있는데 그 차이를 적게 하는 눈의 자동조절 기능으로 물체 색이 바뀌어도 고유의 색으로 돌아오게 된다.

2) 색의 연색성

① 연색이란 조명이 물체 색을 보는데 영향을 미치는 현상으로, 동일한 물체 색이라도 광원의 분광에 따라 물체의 색이 다른 색으로 보이게 되는 현상을 말한다.
② 같은 색도의 물체라 할지라도 어떤 광원으로 보느냐에 따라 그 색감이 달라지는 현상을 말하며, 그 이유는 두 색의 분광반사도 차이 때문이다.

3) 색의 항상성

주변의 빛의 밝기나 광원의 강도의 변화와 빛의 조건이 달라져도 물체의 색채가 변하지 않고 그대로 유지되는 색채감각을 말한다.

4) 에브니 효과

파장(색상)이 같아도 색의(순도)가 변함에 따라 색상도 변화하는 현상으로 같은 색상이라도 채도 차이에 따라 다른 색으로 지각되는 현상이다.

5) 푸르킨예 현상

① 1823년 체코의 생리학자 푸르킨예가 발견한 현상으로 밝은 빛에서 어두운 곳 즉 명소시에서 암소시로 갑자기 이동할 때 빨간색은 어둡게, 파란색은 밝게 보이는 현상이다. 그 이유는 간상체와 추상체 시각의 스펙트럼 민감도가 서로 다르기 때문이다.

② 빛의 세기가 약해지고 어두워지면 파장이 긴 빨간색이 가장 먼저 보이지 않게 되기에 낮에는 빨간 꽃이 잘 보이다가 밤에는 파란 꽃이 더 잘 보인다.
녹색, 비상계단 표시, 도로 게시판 등은 푸르킨예의 주목성, 명시성을 고려한 설계이다.

③ 추상체가 반응하지 않고 간상체가 반응하면서 생기는 현상으로 푸르킨예 현상이 발생하는 최대 시감도는 507~555nm이다.

④ 빛이 약할 경우 우리의 눈은 장파장보다 단파장의 빛에 대해 민감해진다.

[그림 2-1] 비상구 표시

6) 조건등색

분광반사율이 서로 다른 두 가지 색이 특정 조명 아래서 같은 색으로 보이는 현상으로 사람의 눈은 추상체의 세 가지 감지세포로 색을 보기에 분광 분포도에 따라 같은 색으로 보여 중간 톤의 색을 조색할 때 많이 나타난다.

7) 베졸드-브뤼케 현상

동일한 주파장의 색광도 강도를 변화시키면 색상이 다르게 보이거나 다른 유사한 색으로 보이게 되는 현상으로 초록의 경우 빛의 강도가 높아지면 파랑 쪽으로 보이고, 붉은 망에 들어간 귤의 색이 붉은 기미를 띠는 효과 등을 의미한다.

8) 잔상

망막이 강한 자극을 받게 되면 시세포의 중추에 전달되어 색 감각이 생기는 생리적 현상으로서 색 자극을 받았을 때 색 자극을 없애도 상이 그대로 남아있거나 반대되는 상이 남아 있는 현상을 말하며, 잔상의 출현은 원래 자극의 색, 관찰 시간, 크기에 의존한다.

① 정의 잔상

- 원래 감각과 같은 정도의 밝기나 색상을 띤 잔상을 말하며, 자극이 사라진 뒤에도 망막의 흥분상태가 계속 남아 있어 본래의 자극광과 동일한 밝기와 색을 그대로 느끼며, 부의 잔상보다 오랫동안 지속된다.
- TV, 영화에서 주로 볼 수 있는 현상으로 양성 잔상, 긍정적 잔상, 적극적 잔상, 등색 잔상이라고 한다.

② 부의 잔상

- 원래 감각과 반대되는 밝기나 색상을 띤 잔상을 말하며, 일반적으로 느끼는 잔상으로 소극적 잔상, 음성 잔상이라고 한다.
- 수술 도중 청록색이 아른거리는 이유이며, 음성잔상은 거의 원래 색상과의 보색관계로 나타나는 심리보색, 즉 보색잔상이라고 한다.

9) 색음현상

그림자 부분의 색과 보색잔상의 영향을 받아 보색이 함께 보이는 현상 즉 그림자 현상이라고 하며, 양초의 빨간빛에 의해 생기는 그림자가 보색인 청록색으로 보인다. 색을 띤 그림자라는 의미로 색음효과 또는 괴테현상이라고도 한다.

10) 주관색(페흐너-벤함 효과)

① 객관적으로는 무채색인데 시간과 빛의 세기에 의해 유채색으로 느껴지는 색을 말하며, 물리적인 현상이 아닌 심리적, 즉 주관적인 심리현상을 말한다.
② 흑백 패턴의 팽이를 회전시키면 엷지만 유채색 파랑, 노랑, 핑크가 느껴지는 현상이다.

11) 허먼 그리드 효과

검은색과 흰색 선이 교차되는 지점에서 회색점이 보이는 현상을 말한다.

12) 맥컬로 효과

맥컬로에 의해 발견된 효과, 대상의 위치에 따라 눈을 움직이면 보색 잔상이 이동하여 가는 현상으로 흑백의 가로줄과 세로줄이 그려진 점을 보면 첫 번째, 두 번째 그림에서 색상의 보색이 보인다.

[그림 2-2] 맥컬로 효과

13) 리프만 효과

색상차이가 크더라도 명도가 비슷하면 두색의 경계가 모호해져 명시성이 떨어지는 현상을 말한다.

14) 면적 효과

① 색 면의 면적이 커지면 명도와 채도가 상승한 것처럼 보이는 현상을 말한다.

② 눈으로 관찰이 어려운 상태에서 색 지각 혼란으로 인해 미세한 색들이 일반 색으로 인지되는 현상이다(흰색, 검정, 빨강, 초록4가지 색으로 좁혀짐).

제 02 강 색채 지각설

1 색채 지각설

사람의 시신경에 의해 색이 어떻게 인식하고 지각되는지를 연구하고 주장한 학설로서 색채지각설은 빛을 통해 색을 지각하게 되는 과정으로 색의 물리적, 심리적, 생리적 측면을 고려하여 색을 감지하는 것에 대한 원리로서 색채 지각설에 대한 논쟁은 지속적이다.

1) 영-헬름홀츠의 3원색설

① 영국의 "토마스 영"과 독일의 "헬름홀츠"는 우리 눈의 망막조직에 빛의 3원색 즉, R.G.B(빨강, 초록, 파랑)을 인지하는 각각의 색각 세포(추상체)가 있고, 색광을 감광하는 시신경 섬유가 망막조직에 있어 이 세포혼합들이 시신경을 통해 뇌에 전달되어 색지각을 할 수 있다는 가설에 대한 주장을 했다.

② 망막에서 각기 다른 스펙트럼 민감도를 가진 세 종류의 수용기를 발견하고 적색영역, 녹색영역, 청색영역에 극도의 감도를 갖는 3종의 기본색 식별 요소의 흥분 비율에 의해 생긴다고 주장했다.

③ 3원색설은 인체 해부학적으로 적색, 녹색, 적색 영역을 담당하는 R.G.B 색 식별요소를 증명하지 못한다는 것과 잔상과 보색현상을 설명할 수 없다는 단점이 있다.

2) 헤링의 4원색설(반대색설, 대응색설)

① 1872년 독일의 심리학자이자 생리학자인 "헤링"은 색을 본 후 반대의 잔상인 빨강-초록, 파랑-노랑, 검정-하양 물질이 서로 대립하는 3종류의 세가지 유형의 시세포가 있어 망막에 빛이 들어오면 분해(이화)와 합성(동화)작용에 의해 색을 지각할 수 있다고 주장하였다. 이는 심리적 보색 개념으로 반대색 설이라고 한다.

② 장파장의 빛 → 노랑-파랑, 빨강-녹색물질 분해 작용 : 노랑, 빨강

③ 단파장의 빛 → 노랑-파랑, 빨강-녹색물질 합성 작용 : 파랑, 녹색

④ 중파장의 빛 → 빨강-녹색물질 합성 작용 : 황록색

⑤ 검정-흰색 물질은 모든 파장에서 분해작용이 일어나며, 빨강, 녹색, 파랑의 자극이 동시에 생기면 합성, 분해작용으로 무채색으로 지각된다.

3) 혼합설

1964년 에드워드 맥니콜의 가설로서, 망막의 수용기 수준에서는 영-헬름홀츠의 3원색설과 일치하며, 시신경계와 뇌에서는 헤링의 반대색 설과 일치하는 두 가지 단계과정을 거쳐 색각이 일어난다는 가설이다.

제 03 강 색채혼합의 원리

1 색채 혼합의 원리

① 두 개 이상의 색광이나 색 필터, 색료(물감, 잉크, 안료, 페인트 등) 등을 혼합하여 다른 색채 감각을 일으키는 것을 색채혼합이라고 하며, 색의 혼합에 의해 만들어진 색을 혼합 색(color mixing)이라 한다.

② 어떠한 혼합으로도 만들 수 없는 기초색 즉, 독립적인 색, 더 이상 분해할 수 없는 원초적인 색을 원색이라고 한다. 빛의 3원색인 빨강(Red), 초록(Green), 파랑(Blue)과 물체의 색, 색료의 3원색인 시안(Cyan, 청록색), 마젠타(Magenta), 노랑(Yellow)이 있다.

③ 여러 가지 색을 사용 혼합하는 것을 혼색, 색의 혼합, 색채혼합이라 하고, 색채혼합에는 물리적 혼합(감법혼색, 가법혼색), 생리적 혼합(병치혼색에 의한 망막상의 중간혼색)이 있다.

④ 혼색은 색 자극이 변하면 색채감각도 변하게 된다는 대응관계에 근거한다.

⑤ 원색과 원색을 혼합한 것을 중간색이라고 하며, 2차색, 3차색 등으로 표현하며 3원색을 여러가지 비율로 혼합하면 무한한 색상을 만들 수 있다.

1) 가법혼합

① 빛의 혼합으로 빛의 3원색인 빨강(Red), 초록(Green), 파랑(Blue)을 혼합하는 것으로 그 혼합 결과는 더욱 밝아지고 맑아져서 플러스현상이라고 한다.

② 컬러모니터, 빔프로젝터, 무대조명, TV의 색 등에 사용된다.

③ 빛의 3원색의 혼색

- 빨강(Red)+초록(Green)+파랑(Blue)=흰색 광(하양, White)
- 빨강(Red)+초록(Green)=노랑(Yellow, 감법혼색 1차색)
- 초록(Green)+파랑(Blue)=시안(Cyan, 감법혼색 1차색)
- 파랑(Blue)+빨강(Red)=마젠타(Magenta, 감법혼색 1차색)

2) 감법혼합

① 색채의 혼합으로 색료의 3원색인 시안(Cyan, 청록색), 마젠타(Magenta), 노랑(Yellow)을 혼합하여 섞을수록 명도와 채도가 떨어져 기본 색보다 어두워지고 탁해지므로 마이너스 현상, 감법혼합이라고 한다.

② 컬러인쇄, 사진, 컬러 영화필름, 색유리판 겹침, 안료, 물감에 의한 색 재현 등에 사용한다.

③ 색료의 3원색의 혼색

- 시안(Cyan, 청록색)+마젠타(Magenta)+노랑(Yellow)=검정(Black)
- 시안(Cyan, 청록색)+마젠타(Magenta)=파랑(Blue, 가법혼합 1차색)
- 마젠타(Magenta)+노랑(Yellow)=빨강(Red, 가법혼합 1차색)
- 시안(Cyan, 청록색)+노랑(Yellow)=초록(Green, 가법혼합 1차색)

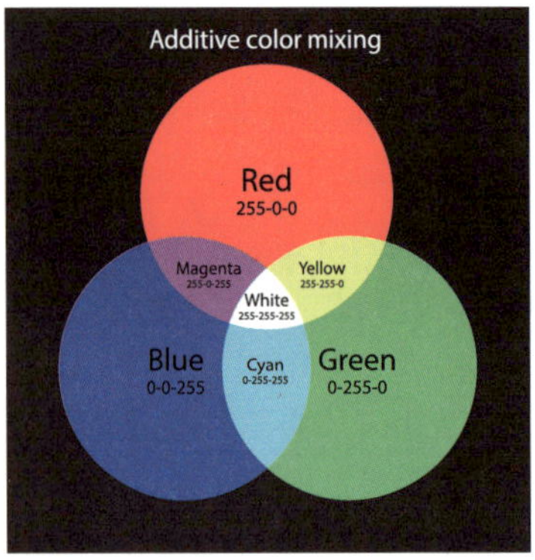

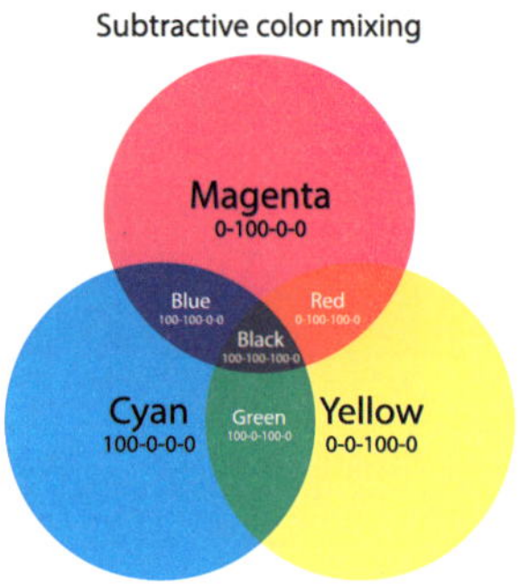

[그림 2-2] 가법혼합(빛의 혼합) / 감법혼합(색료(물체)의 혼합)

3) 중간혼색(병치혼색, 회전혼색)

[그림 2-3] 헤링본 직물(병치혼합의 예)

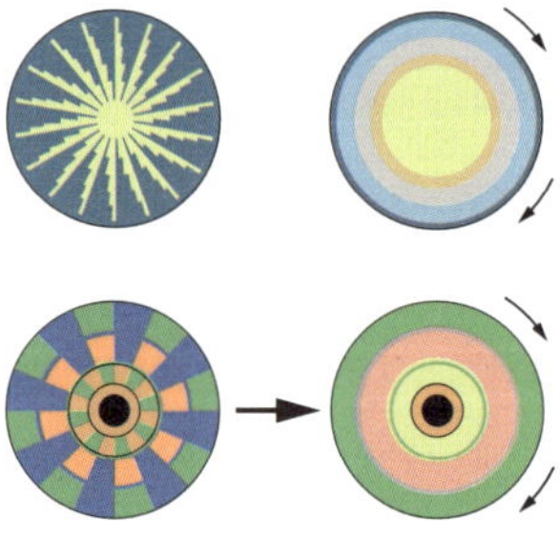

[그림 2-4] 회전혼합의 사례

① 눈의 망막에서 일어나는 착시적 혼합으로, 실제 색이 섞이는 것이 아니라 눈의 착시를 일으켜 혼합된 것처럼 보이는 심리적인 혼색으로 병치혼합과 회전혼합이 있다.

② 병치혼합은 선이 난 점이 서로 조밀하게 병치(나란히 놓이거나 동시에 설치)되어 인접색과 혼합하는 방식으로 19세기 신인상파의 점묘법, 모자이크, 직물의 색 등에 사용된다.

③ 회전혼합은 영국의 물리학자 맥스웰에 의해 실험하였으며, 팽이나 레코드 플레이어의 두 가지 색의 색표를 회전원판 위에 적당한 비례의 넓이로 붙여 빠른 속도로 회전시키면 우리 눈의 망막에서 혼색되어 하나의 색으로 보인다. 혼합된 색의 명도는 혼합 전 색들의 중간 명도로 색상은 중간색상이 되며, 면적비율에 따라 색상이 결정된다.

4) 동시 가법혼합

두 개 이상의 스펙트럼을 동시에 혼합한 결과를 혼색방법으로 무대조명 등에 속한다.

[그림 2-5] 무대조명(동시 가법혼합의 예)

5) 병치 가법혼합

선이 난 점이 서로 조밀하게 병치되어 인접색과 혼합하는 방식으로 컬러 모니터, 컬러TV화면 등이 병치 가법혼합 형식이다.

[그림 2-6] 컬러 모니터(병치 가법혼합의 예)

제 04 강 색채의 감각

1 색채의 지각적 특성

① 색채의 지각에서 우리 눈의 망막에서 일어나는 생리적인 현상과 뇌에 전달되는 신경과정에서 어떠한 색이 다른 색의 영향으로 실제와는 다른 색으로 보이는 현상을 보이는데 이를 색의 대비에 대한 지각적 특성이라고 하며, 색의 대비에는 동시 대비와 계시 대비로 나뉜다.

② 모든 색은 각각의 특성을 갖고 있지만, 서로 다른 색이 인접해 있을 경우 서로의 영향으로 색상·명도·채도 등이 실제와 다르게 지각된다.

1) 색의 대비

(1) 계시 대비

어떤 색을 잠시 계속 보다가 다른 색을 보면 먼저 본 색의 잔상의 영향을 받아 색이 달라 보이는 현상을 말하고 연속적으로 두 가지 이상의 색을 보았을 때 대비효과가 생기는 현상으로 빨간색 원을 놓고 얼마 동안 보다가 빨간색 원을 치우면 순간적으로 청록의 원이 나타나게 되는데 이러한 현상을 망막의 일시적 현상에 의해 나타나는 음성적 잔상이라고 한다.

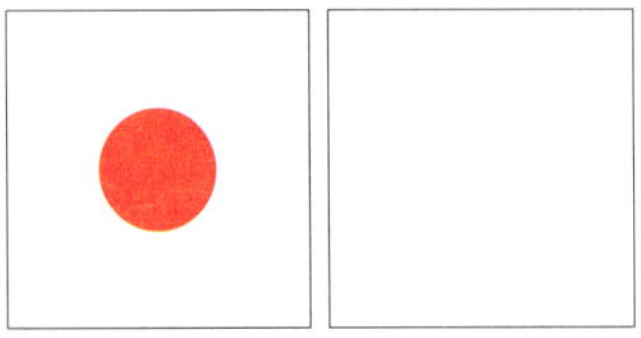

[그림 2-7] 계시 대비

(2) 동시 대비

- 어떤 색이 주변의 색의 영향을 받아 실제의 색과는 다르게 보이는 현상으로 실제의 색과 지각되는 색의 차이가 난다.
- 색상·명도·채도를 모두 다르게 지각하는 상대적인 시각현상으로 동일한 색이 각각 다른 배경색에 놓일 때 모두 다른 색으로 보이게 된다.

① 색상대비

두 색의 색상이 서로 대비해서 동시에 인접시켜 놓았을 경우 두 색의 색상 차가 크게 나는 현상으로 1차색끼리 잘 일어나며, 2차, 3채색이 될수록 대비효과는 떨어진다. 교회의 스테인드 글라스, 피카소 등의 회화작품에서 볼 수 있다.

[그림 2-8] 색상대비

② 명도대비

명도가 다른 두 색의 서로의 영향으로 밝은 색은 더욱 밝게 보이고, 어두운 색은 더욱 어두워 보이는 현상을 말하며, 여러 대비 중 사람이 가장 민감하게 반응하는 대비이다.

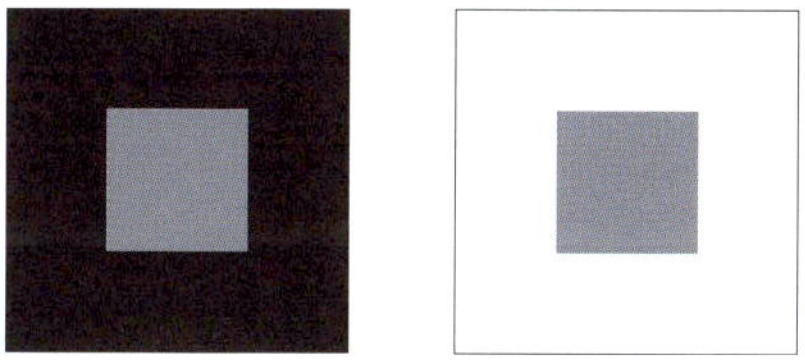

[그림 2-9] 명도대비

③ 채도대비

채도가 다른 두 색이 배색했을 때 서로의 영향으로 채도가 높은 색채는 더욱 선명해지고, 채도가 낮은 색채는 더욱 탁하고 흐려져 보이는 현상으로 3속성 대비 중 대비효과가 가장 약하다.

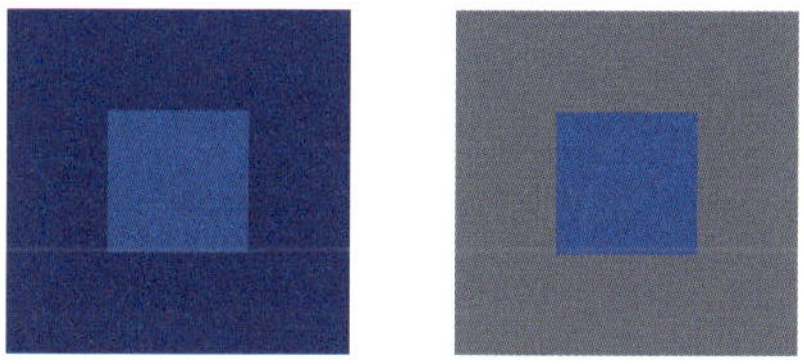

[그림 2-10] 채도대비

④ 보색대비

보색이 되는 두 색이 서로의 영향을 받아 본래의 색보다 색상이 달라 보이는 현상으로 본래의 색보다 채도가 높아지고 선명해지는 현상을 보색대비라고 한다.

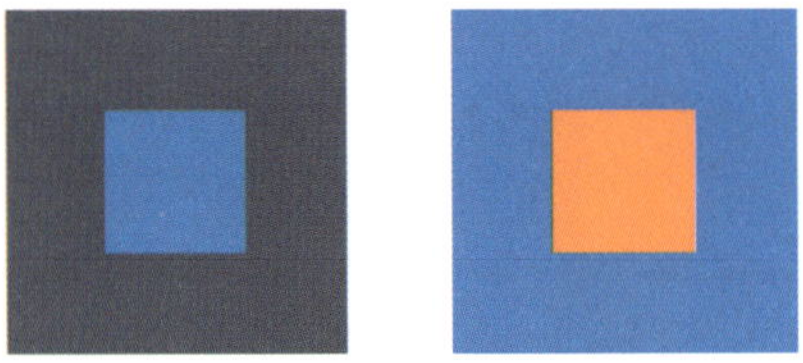

[그림 2-11] 보색대비

⑤ 면적대비

색채의 양적 대비라고도 하며, 동일한 색이라도 면적에 따라 색이 다르게 보이는 현상으로, 면적이 커지게 되면 명도와 채도가 증가되어 더욱 밝고, 채도가 높아져 보이는 현상으로 면적이 큰 경우 색상이 더욱 밝고 선명해 보인다. 색의 견본 집을 보고 색을 선택 후 실물을 보았을 때 원하는 색보다 명도와 채도가 높아 보이는 이유이다.

[그림 2-12] 면적대비

⑥ 연변대비

두 색이 인접해 있을 때 경계면 즉, 색과 색이 접해 있는 부분의 대비가 더욱 뚜렷하게 보이는 현상으로 마하밴드 효과라고도 한다.

[그림 2-13] 연변대비

⑦ 한난대비

한색(차가운 색)과 난색(따뜻한 색)이 온도 감각에서 나타나는 대비현상으로 서로의 색에 영향을 주어 한색은 좀 더 차갑게, 난색은 좀 더 따뜻하게 느껴지는 대비이다.

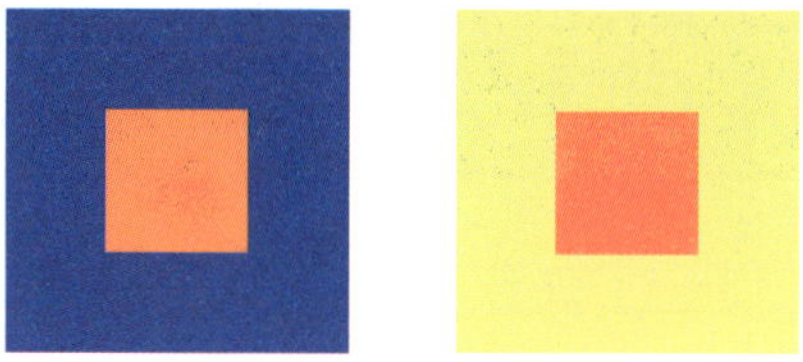

[그림 2-14] 한난대비

2) 색의 동화현상(전파효과, 혼색효과, 줄눈 효과)

① 색의 대비와 반대되는 효과로 두 색이 맞붙어 있을 때 그 경계 주변에서 색상, 명도, 채도 대비의 현상이 보다 강하게 일어나서 문양이나 선의 색이 배경색에 혼합되어 보이는 현상을 말한다.
② 줄무늬의 경우 배경색이 더 밝아 보이고, 색이 다른 색 위에 넓혀가는 것처럼 보이기 때문에 전파효과라고도 한다.

[그림 2-15] 색의 동화현상

3) 베졸트 동화효과

① 여러 가지 색들이 가까이서 보면 좋은 영역을 나누고 있지만 멀리서 보면 이 색들이 섞여서 하나의 색채로 보이는 혼합으로 색을 직접 혼합하지 않고 색점을 배열함으로써 전체 색조를 변화시키는 효과를 말한다.

② 회색 바탕에 검은색 선을 그리면 바탕의 회색이 더 어둡게 보이고, 흰색 선을 그리면 바탕의 회색이 더 밝아 보이는 효과이다.

[그림 2-16] 베졸트 동화효과

2 색채 지각의 감정효과

1) 온도감

① 인간의 경험과 심리에 의존하는 경향이 짙고 자연현상에 근원을 두며 색상의 영향을 받는다.
② 난색은 따뜻한 느낌의 색으로 저명도, 장파장의 색인 빨강, 주황, 노랑이 있다.
③ 한색의 차가운 느낌의 색으로 고명도, 단파장의 색인 파란색 계열이 있다.
④ 중성색은 색의 온도가 느껴지지 않는 중간색으로 연두, 녹색, 자주, 보라 등이 있다.

2) 중량감

① 중량감은 명도의 영향이 가장 크며, 무겁고 가벼운 느낌을 말한다.
② 고명도는 가벼운 느낌, 저명도는 무거운 느낌이 든다.

3) 경연감과 강약감

① 딱딱하고 연한 느낌은 경연감, 강하고 약한 느낌은 강약감이라고 한다.
② 채도가 높은 색은 딱딱한 느낌과 강한 느낌을 준다.
③ 고채도, 저명도, 한색 등이 강한 느낌을 준다.

4) 진출색과 후퇴색

① 진출색은 진출되어 보이는 색으로 난색, 고명도, 고채도, 유채색 등이 있다.
② 후퇴색은 후퇴되어 보이는 색으로 한색, 저명도, 무채색 등이 있다.

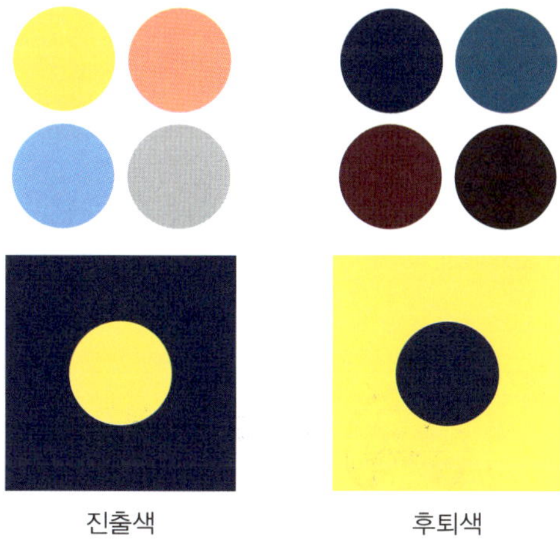

[그림 2- 17] 진출색과 후퇴색

5) 팽창색과 수축색

① 팽창색은 팽창되어 크기가 실제보다 크게 보이는 색, 난색, 고명도, 고채도, 유채색 등이 있다.

② 수축색은 수축되어 크기가 실제보다 작게 보이는 색으로, 한색, 저명도, 저채도, 무채색 등이 있다.

[그림 2-18] 팽창색(난색)과 수축색(한색)

6) 주목성(유목성)

① 사람의 시선을 끄는 힘으로 색 자체가 두 가지 색의 배색이 아닌 한 가지 색으로 눈에 잘 띄게 하는 색을 말한다.

② 난색, 고명도, 고채도가 주목성이 높고 빨간색, 노란색이 주목성을 끄는 색이며, 그 중에 노란색이 주목성이 가장 높은 색이다.

[그림 2-19] 주목성(유목성)

7) 명시성(시인성)

① 물체의 색이 얼마나 잘 보이는가를 나타내는 정도의 의미이다.

② 명시성의 영향을 주는 순서는 명도-채도-색상 순이다.

③ 주목성이 높은 색과 무채색 검은색을 배색할 때 명시도가 가장 높다.

[그림 2-20] 명시성

8) 흥분과 진정

① 난색은 교감신경을 자극하고 생리적인 촉진작용을 하며, 붉은 색 계열이 흥분의 느낌을 준다.
② 한색은 혈압을 낮추는 효과를 주며 푸른색 계열이 진정의 느낌을 준다.

9) 시간의 장단

붉은색 계열은 시간이 길게 느껴지며, 파란색 계열은 시간이 짧게 느껴진다.

10) 속도감

붉은색 계열은 속도가 빠르게 느껴지고, 파란색 계열은 속도가 느리게 느껴진다.

붉은색 계열

파란색 계열

[그림 2-21] 속도감

미용색채학
BEAUTY CHROMATOLOGY

CHAPTER 03

색채 체계의 이해

제 01 강 색채 표준의 개념

1 색채 표준(Standard Colors)의 개념

① 색채의 표준을 통해 색을 정확하게 측정하고 이를 기호화함으로써 어느 누구나 색을 좀 더 쉽게 파악하고 편리하게 같은 색채를 사용할 수 있는 원활한 소통의 색채 표준을 통해 색채 정보의 저장, 전달, 재현 등의 효과를 기대할 수 있다.

② 색채 표준화가 없었다면 개인이나 국가, 기업간의 색채를 통한 소통이 불가능하고, 색채를 과학적으로 관리하지 못해 색을 정확하게 재현할 수 없는 등의 문제가 발생되었을 것이다.

2 색채 표준의 발전

① **아리스토텔레스** : 색의 성질에 대한 연구가 최초로 이루어졌고, 시간의 흐름에 따른 색의 질서와 조화, 규칙을 정하는 것을 시도하였으며, 모든 유채색이 흰색과 검정의 사이에 위치하며, 모든 색은 자연광이 변조되면서 나타나는 것으로 보았다.

② **플라톤** : 고대 그리스의 철학자로서 색채를 그 자체로 아름다운 형상과 동일하다고 평가하면서, 색을 지각하는 눈의 광채 이론을 펼쳤다.

③ **뉴턴** : 태양광선(프리즘)이 통과하면서 스펙트럼이 단색광으로 분해하고 다시 프리즘으로 단색광선들을 합성하면 원래의 백색광으로 돌아간다는 사실을 주장하며, 이로 인해 광선에는 색이 없고 거기에는 색의 감각을 불러일으키는 능력과 성질이 있어 색이 물리적 존재를 넘어 심리적 존재임을 알린 계기가 되었다.

3 색채 연구의 발전

철학적 연구	피타고라스, 아리스토텔레스(색의 질서화 시도), 플라톤
물리적 연구	뉴턴(스펙트럼), 토마스 영(파동설), 헬름홀츠(빛의 3원색), CIE(국제조명위원회)
색소 혼합의 연구	르블롱(색 혼합의 개념), 헤리스(색상환), 맥스웰(혼색)
색지각의 연구	괴테(보색), 헤링(4원색설), 먼셀(색의 삼속성, 지각)

4 색채 표준의 조건

① 국제적으로 호환되는 기호, 기록 방법 사용해야 한다.

② 색표들은 동일한 간격(등보성)을 유지한다.

③ 색의 3속성, 즉 색상, 명도, 채도 등은 명확히 표기되고 체계적이어야 한다.

④ 색의 속성과 배열, 선택은 과학적 규칙에 근거하여 사용해야 한다.

⑤ 실용화 및 재현이 가능해야 한다.

⑥ 색채 재현 시 안료를 이용해 재현할 수 있어야 한다.

제 02 강 현색계, 혼색계

1 표색계(Color Specification System)

① 사람의 눈으로 구별할 수 있는 색은 약 200만 가지로 색의 표준을 정하는 체계, 즉 색의 규칙에 의해 색을 체계화하고 정량화하여 수치로 만든 것으로 대표적으로 혼색계와 현색계가 있다.

② 색채를 보다 정확하게 사용하기 위한 규정으로 색을 측정하고 관리하여 전달하기 위한 수단이다.

2 현색계(Color Appearance System)

① 인간의 색지각을 기본으로 하여 심리적 3속성인 색상, 명도, 채도에 의해 색채를 지각할 수 있도록 표시하는 표색계로 물체색을 순차적으로 배열하고 색입체 공간을 체계화시켜 여기에 번호나 기호를 붙여 물체의 색체를 표시하여 측색기가 필요하지 않고 사용하기 쉽다.

② 한국색채연구소에서 제작한 우리나라의 표준 색으로 활용되고 있는 한국 표준 색표집이 대표적이다.

③ 색편(색료, 물감재료)의 배열 및 개수를 용도에 맞게 조정, 배열을 통해 쉽게 확인하고 이해하여 축소된 색표집(색표에 번호나 기호를 붙인 책)으로 사용할 수 있다.

④ 인간의 시 감각에 의존하므로 관측하는 사람에 따라 주관적으로 값이 정해져 정밀한 색좌표를 구하기 힘들고 색편 사이의 간격이 넓어 색편의 오염과 변색으로 색차가 발생할 수 있다.

⑤ 현색계의 종류에는 먼셀표색계, NCS, PCCS, DIN 등이 있다.

3 혼색계(Color Mixing System)

① 빛의 3원색 Red, Green, Blue의 원자극의 가법 혼합에 입각하여, 물체색을 측색기로 측색하고 어느 파장의 영역의 빛을 반사하는가에 따라 등색 수치와 감각을 표현한 물리적인 색의 특징을 표시하는 체계로 심리 · 물리적인 빛의 혼색 실험에 기초를 둔 표색계로 환경을 임의로 선정하고 정확하게 측정할 수 있다.

② 우리 눈으로 구분하기 어려운 색이라도 좌표나 수치를 이용하여 정확하게 표현할 수 있는 색체계이다.

③ 측색기가 꼭 있어야 측정이 되고, 반드시 오차가 발생하며, 색의 감각적 느낌이 없이 데이터화 된 수치로만 표기하기에 보는 대로 느끼지는 못한다.

④ 빛의 색을 표기하는 데 사용되는 표색계는 CIE(국제조명위원회)에서 발표한 CIE, XYZ, Yxy, CIE Luv 등이 대표적인 혼색계이다.

제 03 강 CIE 색체계

1 CIE 색채 규정 (CIE, 국제조명위원회)시스템

① 빛의 색채 표준에 대하여 국제적으로 색채 표준을 정의하기 위해 전문가들이 모여 구성된 것이 국제조명위원회(CIE)이며, CIE(Commission International de L'Eolairage)는 국제기관, 국제전기표준회의, 국제표준화기구(ISO)와 상호 협력하여 빛과 조명에 관한 국제적 규격을 만들고 있다.

② 1931년 CIE에서 제정한 색채 표준이 CIE 표준표색계이다.

③ 표준광원에서 표준관찰자에 의해 관찰되는 색을 정량화시켜 수치로 만든 표색계이다.

④ 빛의 3원색을 기반으로 빨간색(R), 녹색(G), 파란색(B)의 삼원색과 색의 분광에너지를 측정, 측색 계산으로 세가지 수치적 원색인 X, Y, Z를 정의하고 색채를 X, Y, Z 세가지 자극치의 값으로 나타내어 3자극치 또는 주파장, 자극순도, 명도 등을 표시할 수 있다. CIE표색계는 XYZ 표색계와 Yxy 색표계를 기본으로 L*u*c*, / L*a*b*/L*c*h*의 색공간을 규정, 현재 공업제품의 색채관리, 색채 연구 분야에서 널리 사용되고 있는 가장 과학적인 표색법이다.

2 CIE 색체계의 종류

1) L*a*b* 표색계

① 1976년 CIE가 색도도를 개선하고 Yxy가 가진 색지각의 불일치를 보완하여 지각적으로 거의 균등한 색공간을 가지도록 제안한 색체계이다.

② 산업분야에서 널리 사용되는 색공간으로 주로 색채를 구하기 위해 사용되고, 비교적 객관성을 유지할 수 있는 장점이 있으며, 세밀한 측색과 조색이 가능하다.

③ L*는 밝기(명도) 100은 흰색, 0은 검은색, +a*는 빨강, -a*는 초록을 나타내며, +b*은 노랑, -b*은 파랑을 의미한다. 즉, a*은 Red ~ Green의 색 영역, b*는 Yellow ~ Blue의 색 영역을 의미한다.

④ a* 값이 +이면 빨강 쪽으로 기울어 있고, -이면 초록 쪽으로 기운 색, b*값이 +이면 노랑 쪽으로 기울고, -이면 파랑 쪽으로 기운 색이 된다.

⑤ 만약 주황 쪽의 색이 나오려면 a*값과 b* 값이 모두 +로 가면 주황색이 나온다.

2) L*c*h* 표색계

① L*은 명도, c*는 채도, h*는 색상을 나타낸다.

② CIEDE 2000 색차식의 기반이 되는 색좌표로 인지적인 색차를 정밀하게 표현하기 적합하다.

3) XYZ 표색계

① 빛의 3원색(R=빨강, G=초록, B=파랑)의 가법혼색 원리에 기초를 두고 발전한 것이다.

② 국제조명위원회(CIE)에서 제정한 표준 측색 시스템

③ 가법혼색(RGB)의 원리를 이용 3원색을 기반으로 빨간색 X센서, 초록(녹색)은 Y센서, 청색은 Z센서로 감지하여 XYZ 3자극치의 값을 표시하는 것으로, Y값은 초록(녹색)의 자극치로 명도값을, X 는 적색, Z는 청색이 자극치에 일치하며, 색도도를 사용하여 색을 나타낸다. (색도도 : 단색광의 색도를 구해 도표 위에 선으로 연결한 색도 좌표를 그림으로 표시한 것으로 색지도 또는 색좌표라고도 한다)

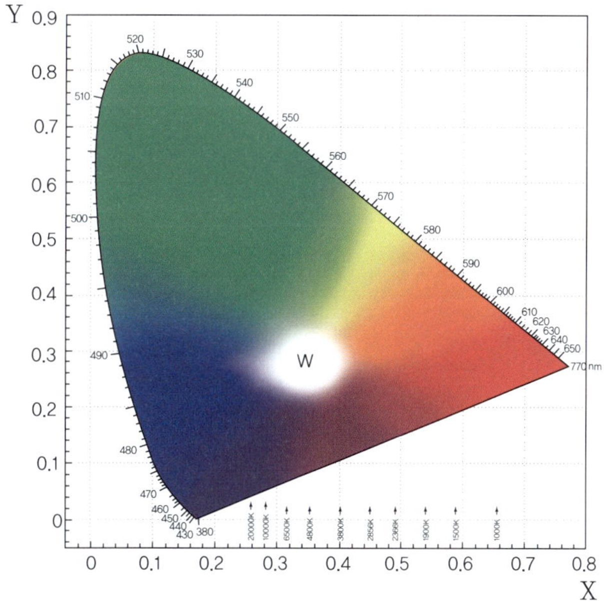

[그림 3-1] CIE색도도

4) Yxy 표색계

① 광원의 색 이름을 수량화하고 나타내기 위해 가장 적합한 색체계로, Yxy 표색계에서 Y는 반사율로 색의 밝기의 양, x, y는 색상과 채도를 표시하는 색도좌표이다.

② CIE Yxy 표색계는 말 발굽형 모양의 색도도(chromaticity diagram, Farbtafel)로 표시하며, 바깥 둘레에 나타난 모든 색은 고유 스펙트럼을 가지고 있어 모든 색을 표현할 수 있다.

5) L*u*v* 표색계

① CIE가 1976년에 정한 균등 색공간의 하나이다.

② 3차원 직교 좌표를 이용하는 색공간으로 지각색 공간의 일종이다.

③ L*은 명도, u*와 v*는 색상과 채도를 나타내는 색도 지수를 의미한다.

제 04 강 먼셀 색체계

1 먼셀 표색계

① 미국의 화가이자 색채 연구가 먼셀에 의해 1905년 처음 창안되었으나 객관성의 결여로 인정받지 못하다가, 1931년 CIE 보완과 1943년 미국광학협회(OSA)의 검토를 거쳐 먼셀 체계가 완성되었다.

② 모든 색채를 색상, 명도, 채도의 총합이라고 정의하였다.

③ 1965년 우리나라 한국 공업규격 KS A0062(색의 3속성에 의한 표시방법)에서 채택하고 교육부 고시 312호로 지정하여 색채교육용과 한국산업규격(KS)으로 사용하고 있다.

④ 한국, 미국, 일본에서 사용되고 있으며, 오늘날 사용하고 있는 것은 수정 먼셀 표색계이다.

⑤ 색의 3속성(색상, 명도, 채도)에 의한 색채를 분류, 표시하고 인간의 시감에 가까운 색체계이다.

⑥ 색의 표시는 HV/C로 H는 색상(Hue), V는 명도(Value), C는 채도(Chroma)를 나타난다.

2 먼셀의 색상환

① 먼셀은 모든 색채를 색상(Hue), 명도(Value), 채도(Chroma)의 3가지 속성에 따라 공간의 한 점에 대응시켜 시각적으로 고른 단계가 되도록 색을 선정, 세로축에는 명도, 원주상에는 색상, 무채색의 중심 축으로부터 바깥 단계로 채도 축을 설정하였다.

② 색표를 원 안에 둥글게 배열한 것을 색상환이라고 하고, 보통 20 색상환을 사용한다.

1) 색상(H. Hue)

① 먼셀이 최초로 만든 5가지 색상은 빨간색(R), 노란색(Y), 녹색(G), 파랑색(B), 보라색(P)이고 5원색, 기본색이라고 한다.

② 5원색을 혼색하여 주황색(YR), 연두색(GY), 청록색(BG), 남색(PB), 자주색(RP)의 중간 색상을 추가하여 10가지 색상을 만든다.

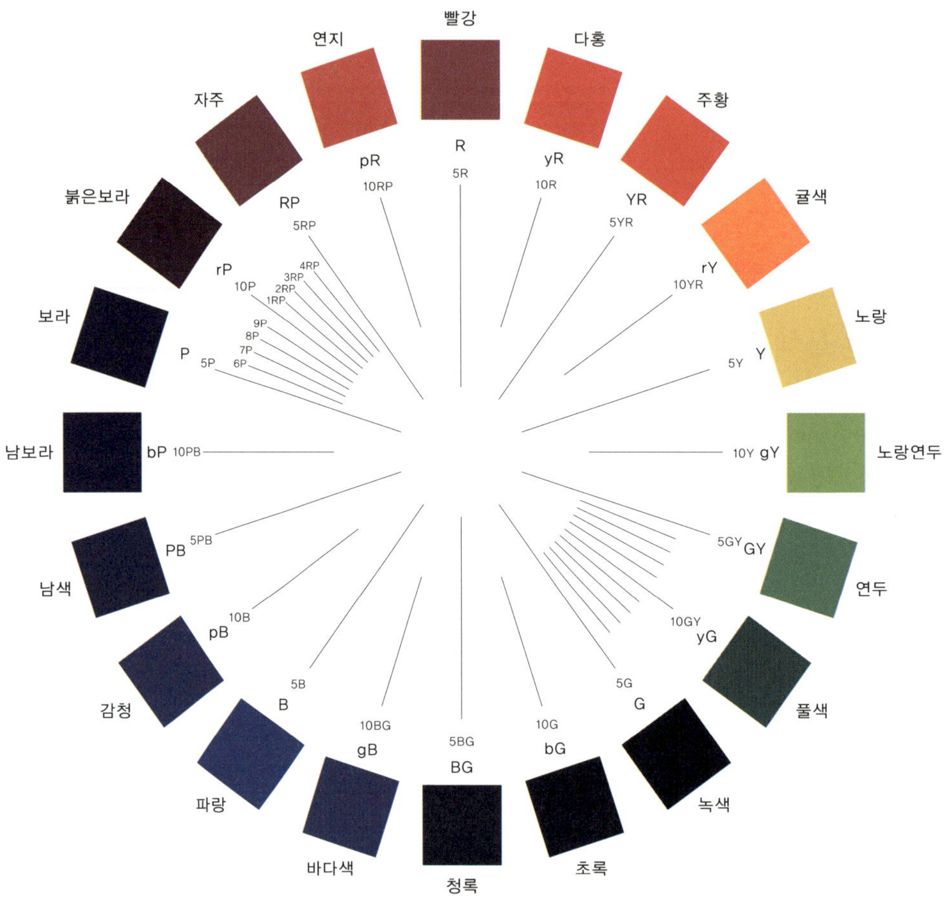

[그림 3-2] 먼셀 표색계의 색상환

③ 10색상은 10등분하여 100가지 색상을 다시 만들어 숫자와 기호로 색상을 표시한다.

④ 색상을 1에서 10R로 나누고, 기준이 되는 기본색은 숫자 5에 해당된다.

⑤ 빨간색(R)의 경우 10R은 다홍색, 1R은 연지색에 속한다.

⑥ 먼셀 표색계의 색상환에서 180도 반대 방향에 위치하는 색을 서로 보색관계라고 하며, 두 색을 혼합하면 무채색이 된다.

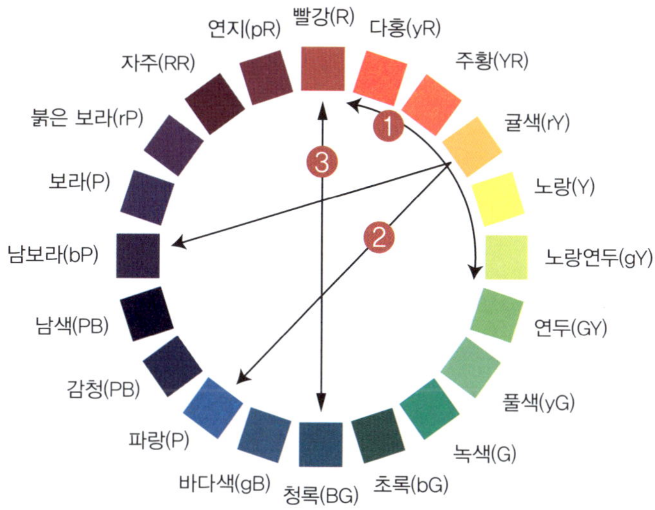

[그림 3-3] 먼셀의 색상환 / 보색관계

2) 명도(V. Value)

① 광택과 밀접한 관계가 있고, 빛의 반사율에 의한 색의 밝고 어두운 정도를 말한다.

② 무채색이라는 영어 표현으로 Neutral의 N 약자로 하고 숫자를 붙여 0~10단계까지 총 11단계로 나누어져 있다.

③ 명도는 단계에 따라 N1~N3 저명도, N4~N6 중명도, N7~N9로 구분한다.

④ 명도 단계 0을 완전한 검정, 10을 완전한 흰색으로 표현하는데 완벽한 흰색과 검은색을 현실적으로 얻을 수 없으며, 1단위로 구분하였으나 정밀한 비교를 감안하여 0.5 단위로 나눠 1.5~9 또는 9.5까지의 단계를 사용하고 있다.

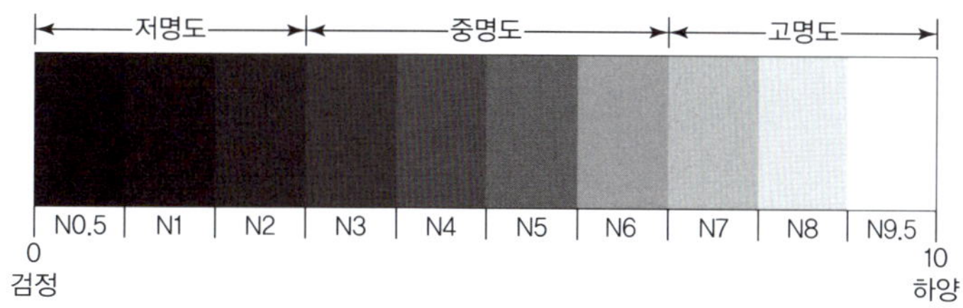

[그림 3-4] 먼셀의 명도단계

3) 채도(C, Chroma)

① 색의 순수한 정도, 색의 강약을 나타내는 성질로서 색의 맑고 탁한 정도의 선명도를 말한다.

② 유채색의 순수한 정도를 뜻하기에 순도라고 한다.

③ 먼셀의 채도는 무채색의 채도를 0으로 잡았을 때 2, 4, 6, 8, 10, 12, 14 등과 같이 2단위로 구분하여 14단계로 채도를 나누나 저채도 부분에 1, 3을 추가하여 저채도의 채도를 더 세분화하였다.

④ 무채색에 어느 정도 순색을 섞었는가에 대한 감각으로 번호가 증가할수록 채도가 높다.

⑤ 유채색 중 채도가 가장 높은 색으로는 채도 14의 노랑과 빨강을, 명도와 채도가 가장 높은 색은 노랑이고, 채도가 높은 색은 빨강이다.

⑥ 시각적으로 고른 색채단계를 이루므로 순색을 기준 5R, 5Y의 채도는 14단계, 5RP의 채도는 12단계, 5P의 채도는 10단계, 5BG의 채도는 8단계로 되어 있다.

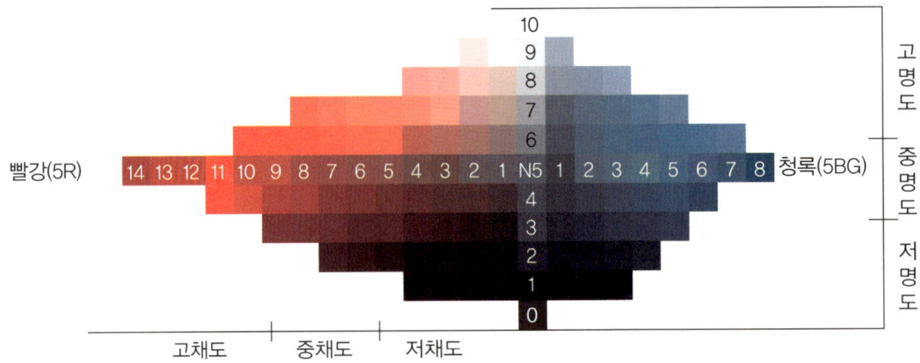

[그림 3-5] 먼셀의 채도단계

3 먼셀 기호의 표시법

① H V/C로 표시하며, H는 색상, V는 명도, C는 채도를 의미한다.

② 5R 4/14는 색상은 5R, 명도는 4, 채도는 14인 색이다.

③ 무채색은 N(Neutral)으로 뒤에 명도를 붙여 N1, N2, N3, N4로 표기한다.

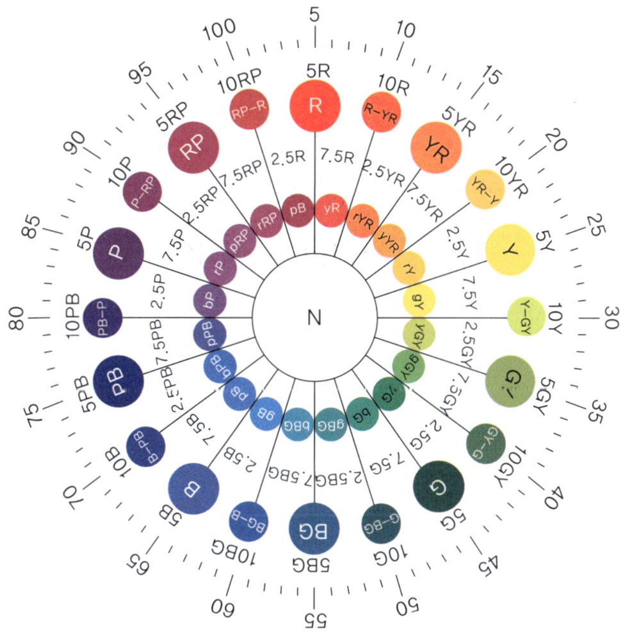

[그림 3-6] 먼셀의 색상환 기호 표시법

4 먼셀 색입체

① 색의 삼속성에 기반을 두고 색채를 3차원적인 공간에 질서 정연하게 계통적으로 배치한 3차원적 표색 구조물을 말한다.

② 먼셀은 처음으로 색의 나무(Color Tree)를 색입체 모형으로 발표하였다.

③ 색입체(색나무)를 수직으로 절단하면 동일 색상 면이 나오고, 수평으로 절단하면 동일 명도만이 나온다.

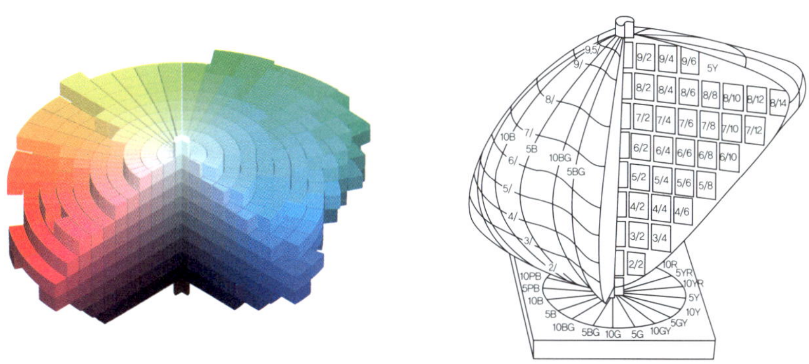

[그림 3-7] 먼셀의 색입체(색나무)

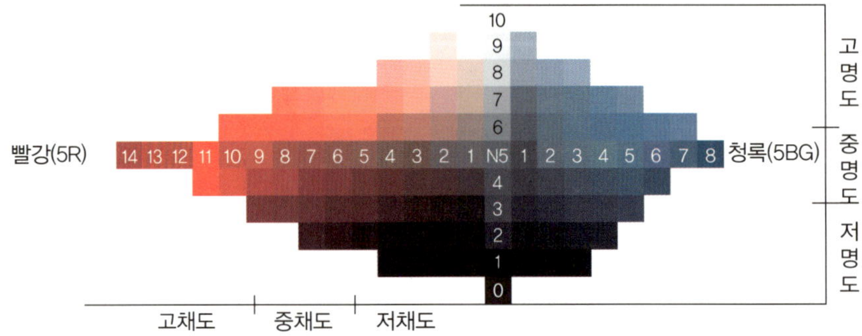

[그림 3-8] 먼셀 색입체의 수직 단면

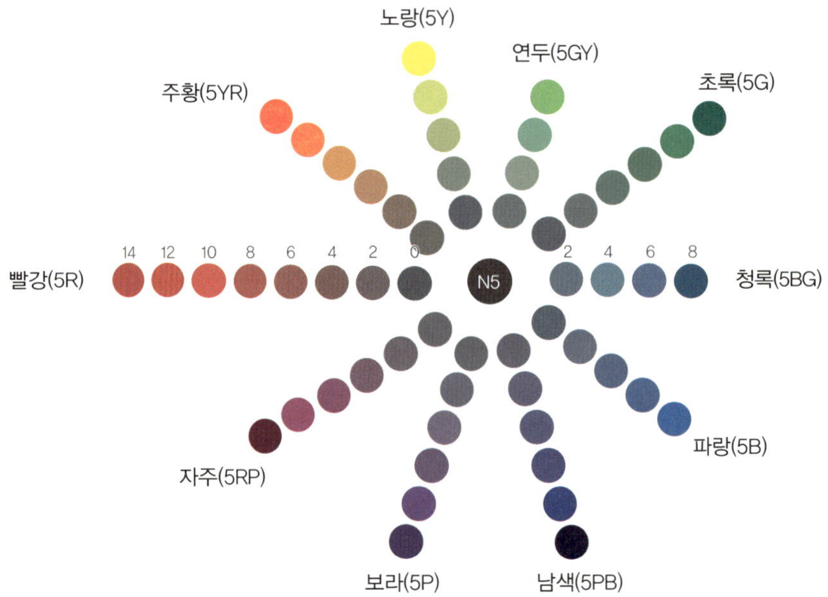

[그림 3-9] 먼셀 색입체의 수평 단면

5 먼셀 표색계의 활용과 조화

① 먼셀 색채 조화론은 균형이론으로 균형의 원리를 기본으로 만들었으며, 혼전 혼색법을 사용한다. 두 개 이상의 색을 배색했을 때 명도단계 N5일 때 색들이 가장 안정된 균형과 조화를 이룬다는 주장을 했으며, 문 - 스펜서의 색채조화론에 영향을 주었다.

1) 무채색의 조화

하나의 색상에 흰색이나 검은색을 섞어 만든 다양한 무채색의 평균 명도가 N5에 가까울 때 조화롭다.

2) 단색상의 조화

① 단일한 색상 단면에서 색채들의 배색이 조화롭다.

② 동일 색상에서 채도는 같으나 명도가 다른 색채들이 조화롭고, 동일 색상에서 명도는 같으나 채도가 다른 색채들은 조화롭다.

3) 동일 색상의 조화

① 동일 색상에서 순차적으로 변화하는 같은 색채들은 조화롭다.

② 동일 색상에서 명도는 같고 채도가 다른 색은 조화롭다.

③ 5R 6/5와 5R 3/5

4) 동일 색조의 조화

① 색상이 서로 다른 색채를 배색할 경우 명도, 채도를 같게 하면 조화롭다.

② 5G 6/5와 5YR 6/5

5) 그라데이션 배색의 조화

① 색채의 3속성이 함께 그라데이션을 이루며 변화하면 조화롭다.

② GY7/8, G6/7, BG5/6, B4/5, PB3/4

6) 보색의 조화

① 명도와 채도 모두 다른 보색을 배색할 경우 명도의 단계가 일정한 간격으로 변하면 조화롭다.

② 저명도, 저채도의 색면은 넓게 하고 고명도, 고채도의 색면은 좁게 배색하면 조화롭다.

③ 보색 관계의 색상 중 채도가 5인 색끼리 같은 넓이로 배색하면 조화롭다.

제 05 강 NCS(Natural Color System) 색체계

1 NCS 표색계의 이해

① 1972년 스웨덴의 색채연구소가 발표한 표색계로서, 스웨덴의 표준협회에서 채택되었으며 1979년 1판에 이어 1995년 2판으로 수정판이 발표된 표색계이다.

② 색채에 대한 표준을 제시한 NCS 표색계는 노르웨이, 스페인, 스웨덴의 국가가 표준 색을 제정하는 데 기여하였고, 현재 유럽을 비롯한 전 세계에서 사용하고 있다.

③ 헤링의 반대색 설을 기초로 하고 있고, 시대에 따라 변하는 유행색(트랜드 컬러)이 아닌 보편적인 자연색을 기본으로 인간이 어떻게 색채를 지각하는지를 근거로 하여 만든 표색계이다.

④ 환경 친화적 색표를 사용, 1,750개의 색채 샘플을 제작, 색채에 대한 표준을 제시, 업체간 컬러 커뮤니케이션의 원활화를 도모하였고, 인테리어, 외부 환경디자인에 유용하다.

⑤ 헤링의 노랑(Y), 빨강(R), 파랑(B), 녹색(G)을 기본 색으로 W(흰색), S(검정)을 추가 기본 6색을 사용한다. 40색상 색상환으로 구성된다.

⑥ 헤링의 RYGB의 기본 4색상을 10단계로 구분하고, 색상은 40단계로 구분하여 사용한다.

2 NCS표기법

① 혼합비 S(Schwarts, 검정량)+W(Weib, 흰색량)+C(Full Chromatic Color, 유채색량)=1--%으로 표시, 혼합비 중 세 가지 속성 가운데 검정량과 순색량의 뉘앙스만 표시한다.

- S1040-Y90R은 색상의 의미는 1040은 뉘앙스, 뉘앙스는 10은 검은색도, 40은 유채색도, Y90R은 Y에 90만큼 R이 섞인 YR를 의미하며, S는 2(Second Edition)판임을 표시한다.

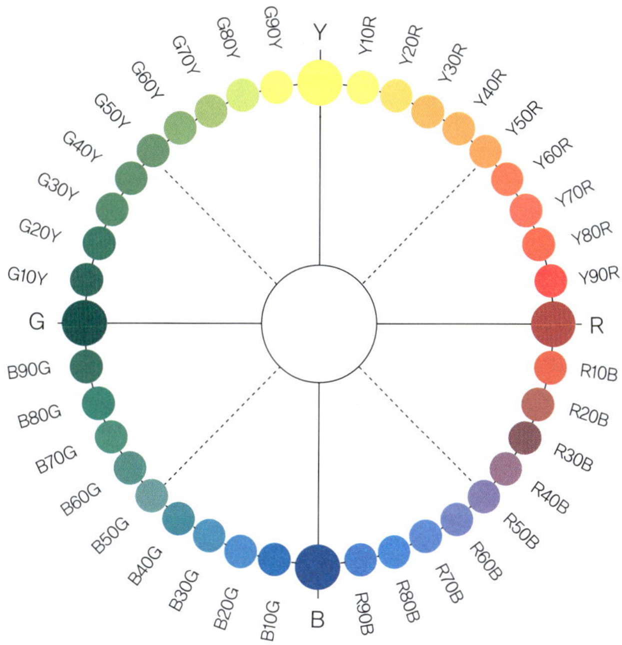

[그림 3-10] NCS표색계

제 06 강 오스트발트(Ostwald Color Solid) 색체계

1 오스트발트 색체계의 구조와 속성

① 노벨 화학상을 수상한 독일인 오스트발트가 1923년 개발한 색체계이다.

② 회전 혼색의 색채 분할 면적의 비율을 가지고 여러 가지 색을 만들었다.

③ 헤링의 반대색 설의 4원색 이론을 기본으로 하였으며, 노랑, 빨강, 파랑, 초록을 기본으로 하고 기본색 중간에 주황, 청록, 자주, 황록을 추가하여 총 8색상을 다시 3등분해서 24색상을 만들어 사용한다.

④ 명도는 수치가 아닌 영어 알파벳을 이용해 8단계로 나눠 사용하였으며, 오스트발트의 색 입체 모양은 삼각형을 회전시켜 만든 원추체(마름모형)형태이다.

⑤ 혼합비를 검정량(B)와 흰색량(W) 그리고 순색량(C)를 100%로 더하여 어떠한 색이라도 혼합량은 항상 일정하다고 주장하였으며, B(완전 흡수), W(완전 반사), C(특정 파장의 빛만 반사)의 혼합하는 색량의 비율에 의하여 만들어진 색체계로 같은 계열의 배색을 찾을 때 매우 편리한 색체계이다.

⑥ 완전한 B, W, C는 없으며, 이러한 이유로 이론상은 혼색계이지만 사용면으로는 현색계로 사용된다.

2 오스트발트 색체계의 기호 표시법

① 오스트발트의 색체계는 명도, 채도를 분리하여 표시하지 않고, 순색량(C), 흑색량(B), 백색량(W)을 기준으로 색채계를 만들었다. ⇒ C + B + W = 100%

② 오스트발트 색체계의 기호 표시법

계열	A	C	E	G	I	L	N	P
백색량	89	56	35	22	14	8.9	5.6	3.5
흑색량	11	44	65	78	86	91.1	94.4	86.5

예 17IC : 색상은 17이고, 흰색량 8.9% 흑색량은 44%가 되며, 100 - (8.9 + 44) = 47.1%가 순색의 양이 되며, 약간 흰색을 띤 청색임

3 오스트발트 색채 조화 이론

① 오스트발트는 "조화란 곧 질서와 같다."고 주장하였으며, 2개 이상의 색상이 서로 질서를 가질 때 조화롭다는 것인데 엄격한 질서를 가지고 조화로운 색채 선택을 가질 수 있다고 주장하였다.

② 오스트발트의 색채 조화

무채색의 조화	등간격 연속, 2간격, 3간격의 조화 또는 회색 조화
단색상의 조화	단일 조화 : 등백색 조화, 등순색 조화, 등흑색 조화, 등색상 계열의 조화
등가 색환의 조화	수평 단면 검정, 흰색, 순백량과 같은 28 등가색상환의 거리 4 이하, 6~8 이상 조화
보색마름모꼴 조화	색입체 보색 관계 두 색상 마름모꼴 마주보고 있는 기호가 등가 색환 보색 조화
다색조화	색입체 삼각형 속의 흰색을 지나 등순, 등흑, 등백, 등가 색환의 모든 색 조화

제 07 강 P.C.C.S(Practical Color Coordinate System) 색체계

① 1964년 일본 색채연구소가 발표한 색채 조화 교육을 주요 목적으로 개발한 톤(tone)개념의 배색 체계이며 먼셀과 오스트발트 표색계의 감정을 조합한 색조를 색 공간에 설정하였다.

② 실제 사용되는 최고 명도치는 도료를 기준으로 설정한 것이 특징이다.

③ 헤링의 4색설을 바탕으로 빨강, 노랑, 녹색, 파랑의 4색상을 기본상을 기본색으로 사용, 색상은 24색, 명도는 17단계(0.5단계 세분화), 채도는 9단계(지각적 등보성 없이 절대 수치인 9단계로 구분)로 구분해 사용한다.

④ 각 색상마다 12 종류의 톤으로 나누고, 무채색은 5 종류의 톤으로 배색한다.

⑤ 명도와 채도(색조)의 복합개념이다.

⑥ 표기 방법은 2 :R-7.0-2S(2 :R은 색상, 7.0은 명도, 2S는 채도를 의미)로 색상 기호, 명도, 채도의 순서로 표기한다.

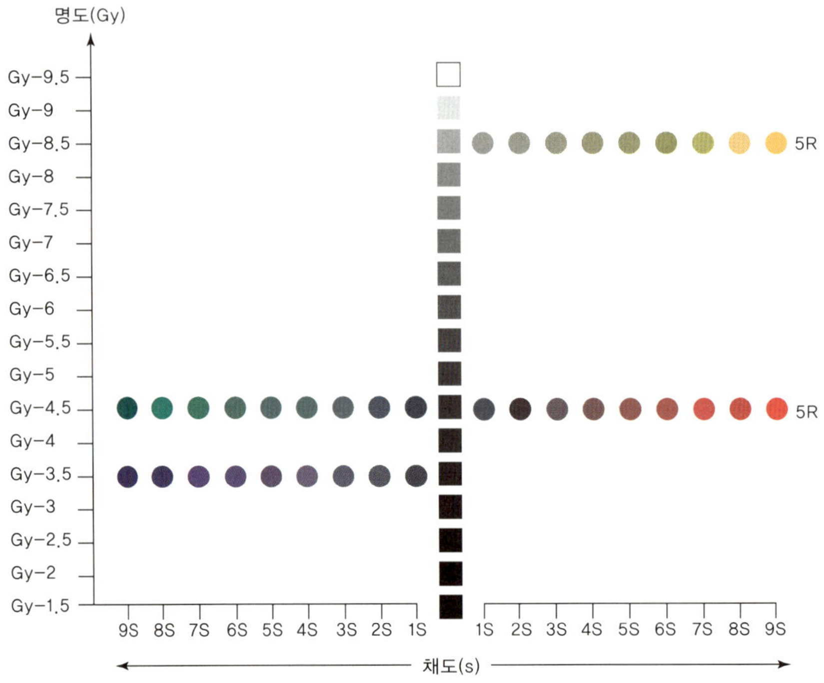

[그림 3-11] P.C.C.S 색체계 명도와 채도의 조합

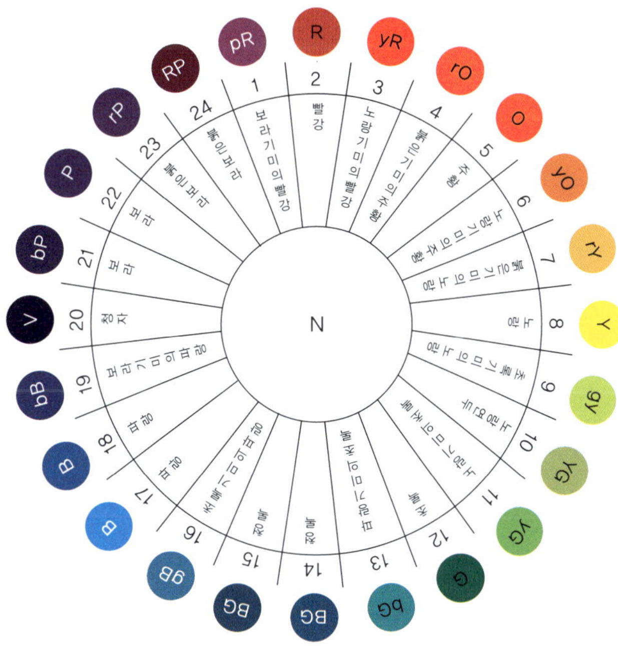

[그림 3-12] P.C.C.S 색체계 24색상환

제 08 강 KS 표준색 색체계

① 한국산업표준으로 지정된 체계로 지식경제부 국가기술표준원에서 2010년 12월 14일 새롭게 개정하였다.

② 물체색의 색 이름 중 표면색의 색 이름과 투과 색의 색 이름을 규정하고, 이에 준용할 수 있다.

③ 이 표준에 사용하는 주요 용어의 정의는 KS A 0064의 규정에 따르고 계통색 이름과 관용색 이름으로 구분된다.

표준	정의	표준	정의
KS A 0012	광원색의 색 이름	KS A 0063	색차 표시 방법
KS A 3012	광학 용어	KS A 0064	색에 관한 용어
KS A 8008	조명 용어	KS A 0065	색에 관한 용어
KS A 0062	색의 3속성에 의한 표시 방법	KS A 0066	물체 색의 측정 방법

제 09 강 기타 색체계

1 DIN(Deutsches Institut fur Normung) 색체계

① 1955년 오스트발트 색체계를 기본으로 하여 실용화에 주안점을 두고 개발된 독일의 공업규격이다.

② 오스트발트 색체계와 마찬가지로 24 색상(T, Farbton)과 0~5까지 16단계의 포화도(S, Sattigungsstufe), 암도(D, Dunkelstufe)를 각각 'T : S : D'의 수치로 표시한다.

③ 흑색도(D)는 0~10까지, 채도(S)는 0~15까지 16단계로 구성하고, 표기는 13 :5 :3으로 표기한다. 13은 색상, 5는 포화도, 3은 암도를 표시한다.

2 RAL 색체계

① 1927년 독일에서 DIN에 의거해 실용 색지로 개발된 색체계이다.

② 210 80 30 으로 표기하며, 순서대로 색상, 명도, 채도를 나타낸다.

3 PANTONE 색체계

① 미국 팬톤사에서 제작한 인쇄 및 소재별로 조색하여 제작한 색표 집으로, 컬러는 유광판 1015색, 무광판 1013색이 있다.

② 표기는 컬러번호 뒤에 광택을 뜻하는 C(Coated, 유광)와 U(Uncoated, 무광)가 표시되어 있어서 컬러 번호만으로도 광택을 알 수 있고, 실용성과 시대의 필요에 의해 제작되었다.

③ 현재 팬톤 컬러는 인쇄용, 텍스타일, 플라스틱, 웹 용 등 다양하게 출시되어 있다.

미용색채학
BEAUTY CHROMATOLOGY

CHAPTER 04

색명 체계 및 색채와 문화

- 01강 색명에 의한 분류
- 02강 한국의 전통색
- 03강 외국의 색

제 01 강 색명에 의한 분류

1 색명법

1) 색명법이란?

① 색 이름(Color Name)으로 색을 표시하는 방법을 말하며, 색명이란 색의 이름으로 색의 이름을 정하여 색을 쉽게 기억하고 이해하여 서로 원활한 소통을 하기 위한 방법이다.

② 색명에 의한 분류에는 기본 색명, 관용 색명, 계통 색명이 있다.

구분	내용
기본 색명	• 기본적인 색의 구별을 위하여 정한 색명법, 우리나라 한국산업규격에서 먼셀 표색계를 기본으로 '2003년 색이름 표준규격 개정안'을 지정, 유채색과 무채색 15개의 색을 기본색명으로 정한다. • 2개의 기본색 이름으로 조합해 사용할 수 있는데 조합색 앞에 붙은 색 이름을 수식형이라 하고 수식어는 빨간(적), 노란(황), 초록빛(녹), 파란(청), 보랏빛, 자줏빛(자), 분홍빛, 갈, 흰, 회, 검은(흑) 등을 표현한다.
관용 색명	• 옛날부터 관습적으로 전해 내려오면서 광물, 식물, 동물, 지명과 인명 등의 이름으로 사용하는 색, 색감의 연상이 즉각적이나 부정확하다. • 옥색, 호박색, 귤색, 개나리색, 비둘기색, 프러시안 블루, 하늘색, 물색, 황토색
계통 색명 (일반 색명)	• 관용색명보다 좀 더 자세히 설명할 수 있도록 색의 속성인 색상, 명도, 채도에 관한 수식어를 일정한 규칙에 따라 정리한 것이다. • 쉬운 언어로 색을 표현하면서도 비교적 자세한 정보를 전달할 수 있지만, 먼셀이나 NCS에 비하면 정확도가 떨어진다. • 탁한, 밝은, 진한, 흐린, 어두운, 검은, 선명한, 어두운, 흰, 밝은 회, 연한 등으로 표현할 수 있다.

(1) 기본 색명

기본 색명은 색을 구별하기 위하여 정한 한국산업규격(KS A 0011)에서 먼셀 표색계를 기본으로 '2003년 색 이름 표준규격 개정안'을 지정해 유채색 12색과 무채색 3색의 15개의 기본 색명을 정하여 사용하고 있다.

① **유채색 기본색 이름**(12색) : 빨강, 주황, 노랑, 연두, 초록, 청록, 파랑, 남색, 보라, 자주, 분홍, 갈색

② **무채색 기본색 이름**(3색) : 하양, 회색, 검정

③ **순 우리말** : 검정, 하양, 빨강, 노랑, 보라 등

④ **한자어** : 흑, 백, 적, 황, 녹, 청, 자 등

(2) 관용 색명

① 예로부터 관습적으로 사용되어 내려오는 색명으로 광물, 식물, 동물, 지명, 자연현상, 인명으로 사용하는 색으로 색감의 연상이 즉각적이다.

② 색명은 쉽게 연상되고 기억되기 용이하지만, 구체적으로 어떤 색을 말하는지 혼란스럽기도 하다.

- **동물 유래색** : 살색, 쥐색, 비둘기색, 카나리아색, 낙타색, 새먼 핑크색, 피콕그린색, 카민, 버프 등
- **식물 유래색** : 귤색, 녹두색, 풀색, 쑥색, 가지색, 밤색, 팥색, 개나리색, 복숭아색, 모브, 라일락색 등
- **광물 유래색** : 고동색, 금색, 은색, 호박색, 오커색, 에메랄드그린색, 터키석의 파랑색, 루비색 등
- **원료 유래색** :
  - 징크화이트(아연백, 산화아연에서 나오는 백색안료)
  - 코발트블루(산화코발트와 산화아연으로 이루어지는 녹색안료)
  - 크롬옐로(크롬산염으로된 황색안료, 황연)
- **인명 유래색** :
  - **프러시안 블루** : 깊고 진한 파랑, 1947년 독일 북부지방에서 존재했던 프러시아 군대의 군복색
  - **보르도** : 프랑스 남부 보르도 지방에서 생산되는 포도주에서 유래된 색
  - **마젠타** : 이태리 북부 롬바르디아 지방 밀라노 주에 있는 도시명
- **자연유래색** : 무지개색, 하늘색, 물색, 바다색, 황토색 등

(3) 계통 색명(일반 색명)

① 한국산업규격(KS A0011)의 색 이름법(KS색명법, Korea standard designating color)에 따라 KS 기본색명에 색상, 명도, 채도에 관한 수식형 형용사를 붙여 표현하는 방법이다.

② ISCC(전미색채협의회, Inter-Society Color Council)와 공동으로 제작한 ISCC-NIST 색 이름이 오늘날 계통색 이름 기준이 되었다.

무채색의 기본 색명(3가지)	하양(백), 회색(회), 검정(흑)
유채색의 기본 색명(12가지)	빨강, 주황, 노랑, 연두, 초록, 청록, 파랑, 남색, 보라, 자주, 갈색, 분홍
색상에 관한 수식어	빨강(적, reddish), 노랑(황, yellowish), 초록빛(녹, greenish), 파랑(청, bluish), 보랏빛(purplish), 자주빛(Red purplish), 분홍빛(pinkish), 갈(Brownish), 흰(Whitish), 회(Grayish), 검은(흑, Blackish)
톤(명도+채도)에 관한 수식	연한(pale), 밝은(light), 탁한(dull), 어두운(dark), 흐린(soft), 진한(deep), 선명한(vivid), 밝은 회(light grayish), 회(grayish), 어두운 회(dark grayish) 검은(Blackish), 흰(Whitish)

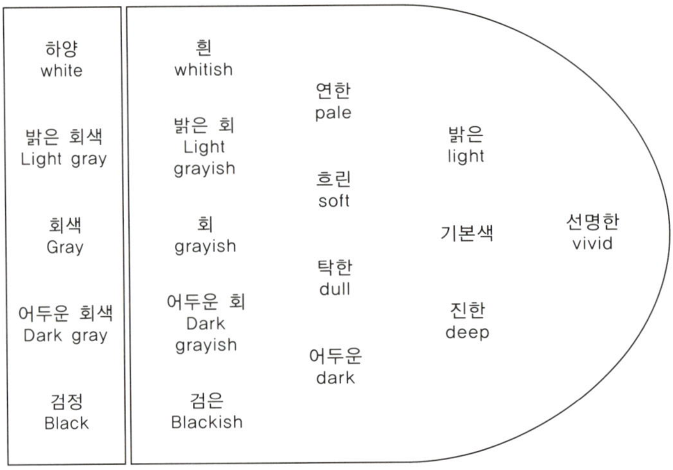

[그림 4-1] KS A 0011 톤에 관한 수식어

2 KS 색명법(KS, ISCC-NIST)

KS규정에 의하여 빨강, 주황, 노랑, 연두, 초록, 청록, 파랑, 남색, 보라, 자주를 기본 색명으로 사용하고, 2003년 12월 개정된 KS A 0011 물체색의 색 이름 중 기존의 10가지 기본색 이름에서 추가된 유채색은 분홍, 갈색이다. 무채색은 하양, 회색, 검정을 표준으로 사용한다.

1) KS A 0011 : 2010 물체색

한국산업표준으로 지정된 체계로 지식경제부 국가기술표준원에서 2010년 12월 14일 새롭게 개정, 물체색의 색 이름 중 표면색의 색 이름과 투과색의 색 이름을 규정하였다. 이 표준에 사용하는 주요 용어의 정의는 KS A 0064의 규정에 따르고 계통색 이름과 관용색 이름으로 구분된다.

표준	정의	표준	정의
KS A 0012	광원색의 색 이름	KS A 0063	색차 표시 방법
KS A 3012	광학 용어	KS A 0064	색에 관한 용어
KS A 8008	조명 용어	KS A 0065	색에 관한 용어
KS A 0062	색의 3속성에 의한 표시 방법	KS A 0066	물체색의 측정 방법

2) 유채색의 기본 색 이름

기본색 이름	대응 영어	약호	3속성에 의한 표시
빨강(적)	Red	R	7.5R 4/14
주황	Yellow Red	YR	2.5YR 6/14
노랑(황)	Yellow	Y	5Y 8.5/12
연두	Green Yellow	GY	7.5GY 7/10
초록(녹)	Green	G	2.5G 4/10
청록	Blue Green	BG	10BG 3/8
파랑(청)	Blue	B	5PB 4/10
남색	Purple Blue	PB	7.5PB 3/10
보라	Purple	P	5P 3/10
자주(자)	Red Purple	RP	7.5RP 3/10
분홍	Pink	Pk	10RP 7/8
갈색(갈)	Brown	Br	5YR 4/8

* 유채색의 기본색 이름에 “색”자를 붙여 사용할 수 있다. 다만 빨강, 노랑, 파랑의 경우는 빨간색, 노란색, 파란색으로 표시한다.

3) 무채색의 기본색 이름

기본색 이름	대응 영어	약호
하양(백) 흰색	White	Wh
회색(회)	(neutral)Grey(영) Gray(미)	Gy
검정(흑) 검은색	Black	Bk

* 하양, 검정의 경우 흰색, 검은색으로 사용할 수 있음

4) 색상을 표현하는 수식어

색 이름 수식어	대응 영어	약호
빨간색을 띤	reddish	r
노란색을 띤	yellowish	y
초록색을 띤	greenish	g
파란색을 띤	bluish	b
보라색을 띤	red-purpish	rp
자주색을 띤	blue-purplish	bp
분홍색을 띤	pinkish	pk
갈색을 띤	brownish	br
흰색을 띤	whitish	wh
회색을 띤	grayish	gy
검은색을 띤	blackish	bk

5) 색 이름 수식형 별 기준색 이름

색 이름 수식 형	기준 색 이름
빨간(적)	자주(자), 주황, 갈색(갈), 회색(회), 검정(흑)
노란(황)	분홍, 주황, 연두, 갈색(갈), 하양, 회색(회)
초록빛(녹)	연두, 갈색(갈), 하양, 회색(회), 검정(흑)
파란(청)	하양, 회색(회), 검정(흑)
보라빛	하양, 회색, 검정
자줏빛(자)	분홍
갈	회색(회), 검정(흑)
흰	노랑, 연두, 초록
회	빨강(적), 노랑(황), 연두, 초록(녹), 청록, 파랑(청),남색, 보라, 자주(자), 분황, 갈색(갈)
검은	빨강(적), 초록(녹), 청록, 파랑(청), 남색, 보라, 자주(자), 갈색(갈)

*색이름 수식 형과 기준색 이름을 조합하여 조합색 이름을 만든다.

6) 톤을 표현하는 수식어

수식 형용사	대응 영어	약호
선명한	vivid	vv
흐린	soft	sf
탁한	dull	dl

수식 형용사	대응 영어	약호
짙은	deep	dp
연한	pale	pl
밝은	light	lt
어두운	dark	dk

* 기본색이나 조합색 이름 앞에 수식형용사를 넣어 색채를 세분하여 표현한다.
(선명한 빨강, 진한 빨강, 선명한 주황, 어두운 초록, 진한 노란 연두, 연한 보라(연보라))

3 ISCC-NIST일반(계통) 색명

1) ISCC-NIST 일반(계통 색명)에 대한 정의

① 전미색채협의회(Inter-Society Color Council)에 의해 1936년에 고안되었다.

② 미국 국립표준기술연구소(NIST, National Institute of Standards and Technology)에 의해 1955년 발표된 색 이름 사전으로 먼셀의 색 입체에 위치한 색을 267개의 단위로 나누어 사용한다.

③ 5개의 명도 단계와 7개의 색상을 나타내는 기본색과 3가지의 보조색으로 색 이름을 부르며, 수식어는 형용사로 사용된다.

(1) ISCC-NIST : 색상 기호

약호	색상
PK	Pink
R	Red
O	Orange
BR	Brown
Y	Yellow
OLBR	Olive Brown
OL	Olive
OLG	Olive Green
YG	Yellow Green
G	Green
BG	Blue Green
B	Blue
V	Violet

약호	색상
P	Purple

* 기본색은 10개의 유채색과 3개의 무채색으로 구성되어 있음

유채색	핑크, 레드, 오렌지, 브라운, 옐로 그린, 그린, 블루, 퍼플
무채색	화이트, 그레이(라이트그레이, 미듐 그레이, 다크 그레이), 블랙

* KS와 차이점 : 올리브색상이 포함되어 있음

(2) ISCC-NIST : 톤 수식어

약호	색상
vp	very pale
p	pale
vl	very light
l	light
bt	brilliant
s	strong
v	vivid
dp	deep
vdp	very deep
d	dark
vd	very dark
m	moderate
lgy	light grayish
gy	grayish
dgy	dark grayish
bk	blackish

(3) ISCC-NIST : 무채색 기호

약호	색상
w	White
lgy	light grayish
medgy	medium grayish
dgy	dark grayish
bk	black

(4) ISCC-NIST : 색상 수식어

약호	색상
r	Reddish
pk	Pinkish
br	Brownish
y	Yellowish
g	Greenish
b	Bluish
p	purplish

4 한국산업규격 KS, PCCS와 IRI tone system

① KS 톤 분류

한국산업규격으로 정의한 유채색 및 무채색의 색조 분류 체계로서 유채색 13단계와 무채색 5단계로 분류한다.

② PCCS tone

일본색채연구소가 1964년 발표한 PCCS체계 중 명도와 채도의 톤 복합 개념으로 정리하여 명암, 강약, 농담 등의 차이에 따라 유채색 12단계, 무채색 5단계로 분류한다.

③ IRI tone system

IRI색채 연구소가 산업자원부의 지원을 받아 각 분야별 마켓에 등장하는 색을 기준으로 유채색 11단계, 무채색 5단계의 색조 체계로 분류한다.

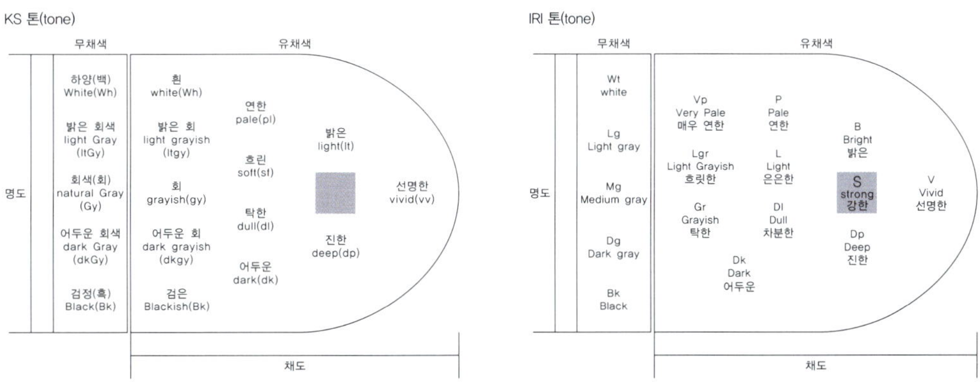

[그림 4-2] 한국산업규격 KS와 IRI tone system

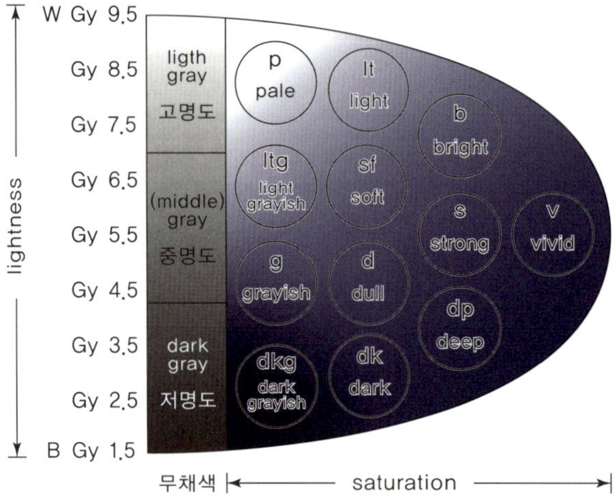

[그림 4-3] 일본 pccs tone system

제 02 강 한국의 전통색

1 한국의 전통색

1) 한국의 전통색이란?

① 전통색이란 어떤 민족의 문화, 미의식과 같은 정체성을 나타낼 수 있는 색을 말한다.

② 한국의 전통색은 우리나라 문화유산 등에 주로 사용되어 오는 음양오행설을 바탕으로 청(동쪽), 백(서쪽), 적(남쪽), 흑(북쪽), 황(중앙)의 오정색(오방색)과 오간색(홍색, 벽색, 녹색, 유황색, 자색)을 기본으로 한다.

③ 과학적 색체계가 아닌 고대의 사상과 철학, 우주관에 바탕을 둔 추상적인 개념이라 할 수 있다.

④ 한국의 전통색은 모든 만물은 음과 양의 성질을 가지고 음과 양의 조화로 이루어진다는 '음양설'과 음양의 영향을 받아 만물의 생성 소멸이 목, 화, 토, 금, 수의 오행의 변화에 따라 생성소멸한다는 '오행사상'을 함께 묶어 이르는 말이다.

(1) 전통색 이름

① **지황색** : 종이의 백색이 아닌 누런 황색, 영지의 색

② **휴색** : 옻으로 물을 들인 천의 색 또는 옻으로 가공된 가구나 장신구의 색

③ **감색** : 아주 연한 붉은색이 아닌 쪽남으로 짙게 물들여 검은 빛을 띤 어두운 남색

④ **치색** : 비둘기의 깃털 색이 아닌 스님의 옷 색

(2) 오행 사상

화(불)	붉은색
수(물)	오염된 검정 물, 검은색
목(나무)	나무는 푸름
청색 금(쇠)	백금을 하양
토(흙)	생활의 중심
오행설	우주 간에 운행하는 원기로 만물을 낳게 하는 5원소
방위를 지키는 신령을 상징하는 동물	현무(거북이), 백호(흰 호랑이), 청룡(용), 주작(붉은 봉황)

2) 오방색(오정색)

① 오방 정색이라고도 하며, 청(靑), 백(白), 적(赤), 흑(黑), 황(黃)의 5가지 색을 말한다. 음과 양은 하늘과 땅을 의미하고, 음양의 두 기운이 다시 화(火), 수(水), 목(木), 금(金), 토(土)의 오행을 생성한다는 음양 오행 사상을 바탕으로 한다.

② 오방색은 나쁜 기운을 없애기 위해 혼례 때 신부가 연지 곤지를 바르고, 명절이나 돌에 무병장수를 기원하는 의미로 어린아이에게 색동저고리를 입히고, 궁궐이나 사찰 등의 단청, 고구려의 고분벽화, 조각보 등의 공예품 등에도 사용된 전통 색이다.

- 청색 : 동쪽, 목(木)에 해당, 만물이 생성하는 봄의 색, 귀신을 물리치고 복을 비는 색이다.
- 백색 : 서쪽, 금(金)에 해당, 결백과 진실, 삶, 순결 등을 의미, 우리 민족이 선호하는 흰색이다.
- 적색 : 남쪽, 화(火)에 해당, 생성과 창조, 정열과 애정, 적극성을 의미한다.
- 흑색 : 북쪽, 수(水)에 해당, 인간의 지혜를 관장한다고 믿었다.
- 황색 : 중앙과 토(土)에 해당, 우주의 중심이라 하여 가장 고귀한 색, 임금의 옷을 만들었다.

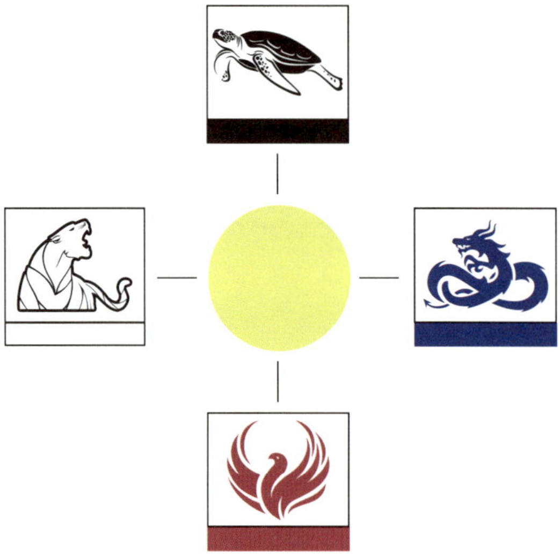

[그림 4-4] 오방색(오정색)

3) 오간색

녹색	동방 청색과 중앙 황색의 간색
벽색	동방 청색과 서방 백색의 간색
홍색	남방 적색과 서방 백색의 간색
유황색	북방 흑색과 중앙 황색의 간색
자색	북방 흑색과 남방 적색의 간색

색명	색표본	색상(Hue)	명도(Value)	채도(Chroma)
홍색		0.2R	5.2	15.0
벽색		2.7PB	5.7	10.7
녹색		0.1G	5.2	6.2
유황색		1.2Y	7.7	7.3
자색		6.7RP	3.3	8.2

*출처 : 국립현대미술관 「한국전통색명 및 색상자료집」

[그림 4-5] 오간색

4) 오행

우주만물의 현상을 음과 양의 두 원리로 설명하려는 음양설과 이 영향을 받아 만물이 소생하는 목, 화, 토, 금, 수의 오행과 함께 각 방위와 계절을 연결한다.

약호	계절	방위	색상	사신	오륜	신체	맛
목(木)	봄	동	청	청룡	인(仁)	간장	신맛
화(火)	여름	남	적	주작	예(禮)	심장	쓴맛
토(土)	사계절	중앙	황	기린	신(信)	비장	단맛
금(金)	가을	서	백	백호	의(義)	폐장	매운맛
수(水)	겨울	북	흑	현무	지(知)	신장	짠맛

5) 단청

[그림 4-6] 단청

외관상 미적 역할뿐 아니라 건축물, 기물을 보호하기 위한 목적으로 여러 문양과 그림을 적, 청, 황, 백, 흑색의 기본색으로 단장, 건축물의 특성에 따라 다양한 무늬에서 단청 배색의 특성이 나타난다. 건축물의 단청은 외부 기둥, 난간 부분은 붉은색, 천정은 녹색으로 색의 조화를 이루었다.

6) 한국의 전통 색명

① **황색 계열** : 황색, 유황색, 담황색, 토황색, 치자색, 홍황색, 금색 등

② **청록색 계열** : 청색, 벽색, 담청색, 감색, 남색, 흑청색, 비색, 옥색 등

③ **무채색 계열** : 백색, 흑색, 회색, 치색, 유백색, 소색, 지백색 등

④ **재색 계열** : 자색, 자주색, 포도색, 담자색, 적자색, 다자색 등

7) 대한민국 국기 적용 색채

① **흰색** : 밝음과 순수, 평화를 상징하는 민족성

② **파랑과 빨강** : 음과 양의 조화(태극 문양)

③ **4괘**(건곤감리)**의 검정**(건 : 하늘, 곤 : 땅, 감 : 물, 리 : 불)

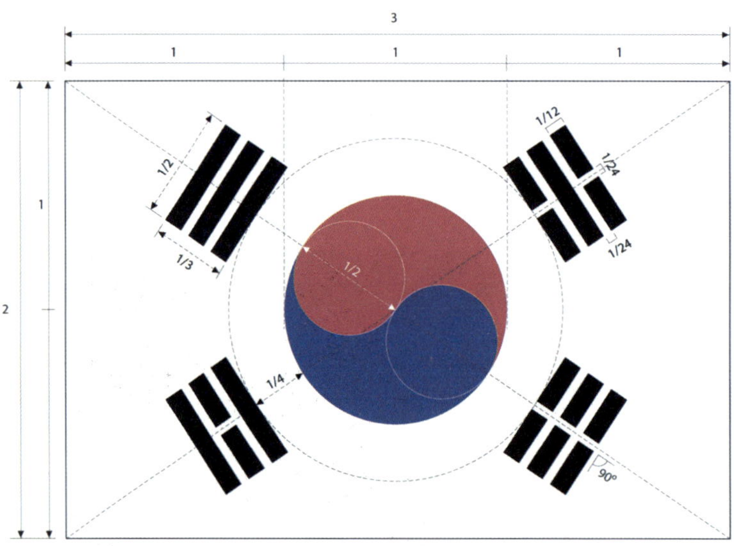

[그림 4-7] 대한민국 국기(태극기) 적용 색채
(출처 : 행정안전부)

제 03 강 외국의 색

1 각 나라의 국기에 적용된 색채

미국		빨강 : 혁명성과 용기 흰색 : 순결함 청색 : 정직함과 평화
프랑스	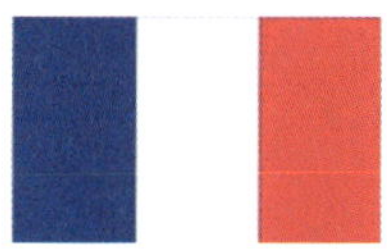	파랑 : 자유 흰색 : 평등 빨강 : 박애, 형제애
이탈리아		녹색 : 희망 흰색 : 신뢰 빨강 : 사랑
인도 국기		주황 : 용기와 희생(힌두교) 흰색 : 진리와 평화(통일) 초록 : 공평과 기사도(이슬람교)
중국		빨강 : 혁명성과 용기 붉은 대지 노랑 : 광명, 황인종

2 나라별 선호 색과 상징

1) 라틴계

스페인, 포르투갈, 프랑스, 이탈리아, 루마니아가 속하는 라틴계는 거무스름한 피부와 흑갈색 머리칼이 특징으로 선명한 난색 계통을 선호한다.

2) 게르만인

스웨덴인, 덴마크인, 노르웨이인, 아이슬란드인, 앵글로색슨인, 독일인 등이 이에 속하며, 피부가 희고 금발인 인종으로 한색을 선호한다.

3) 중국

중국인들의 붉은색 선호 사상은 황하 유역의 붉은 흙에 대한 숭배와 애착에서 기인한 것으로 전해진다. 노랑은 과거 왕족 시대의 왕을 상징하는 이미지로 현재까지도 중국인들은 붉은색과 노랑을 유독 선호한다.

4) 아프리카

이슬람문화의 영향으로 검푸른 천의 옷을 즐겨 입거나 강한 햇볕과 모래 바람으로부터 보호하기 위해 검정을 주로 입었다.

5) 일본

사방이 바다인 섬나라의 특성상 파란색을 선호하며, 조선의 영향으로 흰색을 선호, 화산, 지질 등의 자연 환경 등의 영향으로 검정을 선호한다.

6) 각국의 선호색과 혐오색

색상	선호색	혐오색
흰색	이스라엘, 스위스, 그리스, 멕시코	중국, 일본, 동남아국가
적색	중국, 인도, 태국, 시리아, 스위스, 덴마크, 루마니아, 아르헨티나, 필리핀, 멕시코	아일랜드, 영국, 독일, 나이지리아
핑크	프랑스	말레이시아, 시리아, 태국, 파키스탄, 브라질, 아일랜드, 미국
황색	스웨덴	말레이시아, 시리아, 태국, 파키스탄, 브라질, 아일랜드, 미국
녹색	말레이시아, 인도, 이라크, 필리핀, 파키스탄, 아일랜드, 불가리아	프랑스
청색	이스라엘, 시리아, 그리스, 스웨덴, 프랑스, 벨기에, 네덜란드	중국, 이라크, 터키, 독일, 아일랜드, 스웨덴
남색	시리아	브라질, 페루
회색		니카라과
흑색		중국, 태국, 이라크, 미국, 스위스, 독일

3 외국의 색의 유래

1) 검정(Black)

① 검정은 인간이 인식을 한 최초의 색이라 할 수 있고, 빛이 전혀 없거나 모두 흡수한다.
② 검정은 악, 늙음, 침묵의 상징이며 강하고 세련된 색이다.

2) 빨강(Red)

① 원시의 인간들이 인식할 수 있는 두 번째 색이다.
② 빨강은 피를 나타내는 색이었고, 생명을 상징하였다. 그 후에는 불을 상징하였으며, 따라서 위험성과 관련 색이 되었고, 또한 사랑, 원기, 활동력의 상징이다.
③ 고대 중국, 인도, 일본과 같은 국가에서 가장 많이 사용했던 색이다.

3) 노랑(Yellow)

① 노랑은 역사상 무수히 많은 개념들과 관련된 색이다.
② 중국인들에게는 노랑이 신성하게 여겨졌으며, 이집트인과 그리스인들에게는 중요한 색으로 노랑은 점차 힘(권력)의 상징이 되었다.
③ 노랑은 예수의 사제들 주위에 모여든 초기의 기독교인들이 사용을 피하는 색이다.
④ 중국의 황제들은 노란색 옷을 입을 수 있는 '독점권'을 소유했다.
⑤ 노랑은 그들과 그 왕족들이 입을 수 있는 유일한 색이었기 때문에 일반 백성들이 노란색 옷을 입는 것은 결코 허용되지 않았다.
⑥ 지혜, 쾌활함, 따스함, 속임수, 겁쟁이, 질투와 관련된 색이다.
⑦ 다양한 색조, 음영, 명암의 노랑은 집안과 병원의 병실을 밝게 하기 위해 가장 좋은 색이다.

4) 흰색(White)

① 과거에는 수의의 색으로 쓰였으며, 고대 로마와 중세 프랑스에서는 죽음을 애도하는 색이었다.
② 순결, 순수, 믿음, 평화, 항복을 상징한다.
③ 순백이 아닌 흰색은 깨끗한 느낌을 더해주기 때문에 집안의 장식에 폭넓게 사용된다.

5) 파랑(Blue)

① 인류학자들은 파란색이 현생 인류 이후 수 천 년 동안 단독으로 분류되어 인식되지 못했다고 추정되며, 기원전 5000년경까지 파랑은 검정의 일종으로 여겨졌다.
② 행복, 희망, 진실, 명예, 거리 등의 상징한다.
③ 의상 인테리어 등에 광범위하게 사용된다.

6) 초록(Green)

① 자연에서 풍부한 색이지만 항상 인기 있는 색이 아니었다.
② 초록은 이교도들의 종교의식에 사용되었기 때문에 초기 기독교인들 사이에서는 사용이 금지되었다.
③ 생명을 대표하는 색이 되었으며, 편안함을 느끼기에 충분한 만큼 시원하면서도, 친근감을 느끼기에 충분히 따스함을 전달하는 색이다.
④ 집안의 장식에 폭넓게 사용되지만 의상에서 양복과 외투의 색으로는 거의 사용되지 않는다.

7) 보라(Violet)

① **고대의 색** : 과거에는 퇴색하지 않도록 하는 염색 기술이 무척 어려웠기 때문이다.
② 보라를 만드는 데 비용이 많이 들었고, 귀족의 상징, 초창기 기독교인들이 회피하였다.
③ 영혼, 신비, 겸허함, 회한, 지혜와 연관되는 품위 있는 색이다.

8) 갈색(Brown)

① 중세시대 동안 농부들에게 배정된 색(검소함과 연관)이다.
② 사람들은 갈색을 통해 가을과 수확, 자연, 부패 등을 연상하게 된다.
③ 갈색 계열은 노랑과 빨강 사이에 배열되어 있다.
④ 대부분 전통 기구에 쓰는 목재는 갈색이다.
⑤ 8C 프랑크 왕이었던 샤를마뉴 시대에 평민들이 입던 옷 색깔이다.

9) 회색(Gray)

① 회색은 어둡고 칙칙한 색이다.
② 은퇴, 슬픔, 겸손, 무관심과 관련된 색이다.
③ 회색은 따뜻함과 차가운 느낌을 모두 주지만, 주로 차가운 느낌을 준다.

10) 그 외의 색들

① 서양에서 보라색은 고귀한 색이지만 브라질, 인도에서는 슬픔을 뜻한다.

② 흰색은 인도계에서는 신성한 색이지만 중국에서는 죽음을 의미하는 색이다.

③ 녹색은 많은 나라에서 평화, 젊음의 상징이지만 미국 동부에서는 장의사를 뜻한다.

④ 빨간색은 아랍계의 나라에서 애국자의 피, 박애 등의 의미를 두고 있지만, 우리나라는 빨강을 부적, 빨갱이, 멸공으로 인식되어 왔으나 2002 월드컵에서의 열정적인 국민의 함성으로 인해 빨간색을 정열, 환희의 이미지로 바꿔 놓았다.

⑤ 색이란 인간의 감각기준으로 설정된 뇌의 분별력이며 과학의 발달로 인간 심리학과 색의 신비가 차츰 정리되이 가고 있는 듯하다.

미용색채학
BEAUTY CHROMATOLOGY

CHAPTER 05

색채 조화론과 배색

제 01 강 색채 조화론

1 색채 조화론

1) 색채 조화(Color harmony)의 목적

① 색채 조화는 목적에 적합한 색을 사용하여 질서 있고 조화로운 균형을 이루는 색채 조합을 말한다.

② 색을 체계적인 방법으로 구성하여 조화롭게 하려는 연구가 색채조화론이다.

③ 배색 미를 구성하는 요소들을 통해 서로 다른 것이 대립하면서도 통일된 인상을 주는 미적인 원리를 규명하려고 한 학문이며 배색의 관계에서 질서와 균형을 찾으려는 연구가 색채 조화론이다.

2) 색채 조화론

(1) 먼셀의 색채 조화론

① 먼셀의 색채 조화론은 균형 이론으로, 회전 혼색법을 사용하여 두 개 이상의 색을 배색했을 때 이 결과가 N5인 것이 가장 안정된 균형을 이루며 조화되는 것을 말한다.

② 회색 단계의 그라데이션은 조화한다.

③ 하나의 색상에 흰색이나 검은색을 섞어 만든 색은 조화한다.

④ 동일 색상에서 채도는 같고 명도가 다른 색채들은 조화한다.

⑤ 동일 색상에서 명도는 같고 채도가 다른 색채들은 조화한다.

⑥ 동일 색상에서 순차적으로 변화하는 같은 색채들은 조화한다.

⑦ 보색 관계의 색상 중 채도가 5인 색을 같은 넓이로 배색하면 조화한다.

⑧ 명도가 같고 채도가 다른 보색 관계에서 채도가 일정하게 변하면 조화한다.

⑨ 명도와 채도가 같은 색상은 조화한다.

⑩ 색채의 삼속성이 함께 그라데이션을 이루면서 변화하면 조화한다.

⑪ 동일 명도에서 채도와 색상이 일정하게 변화하면 조화한다.

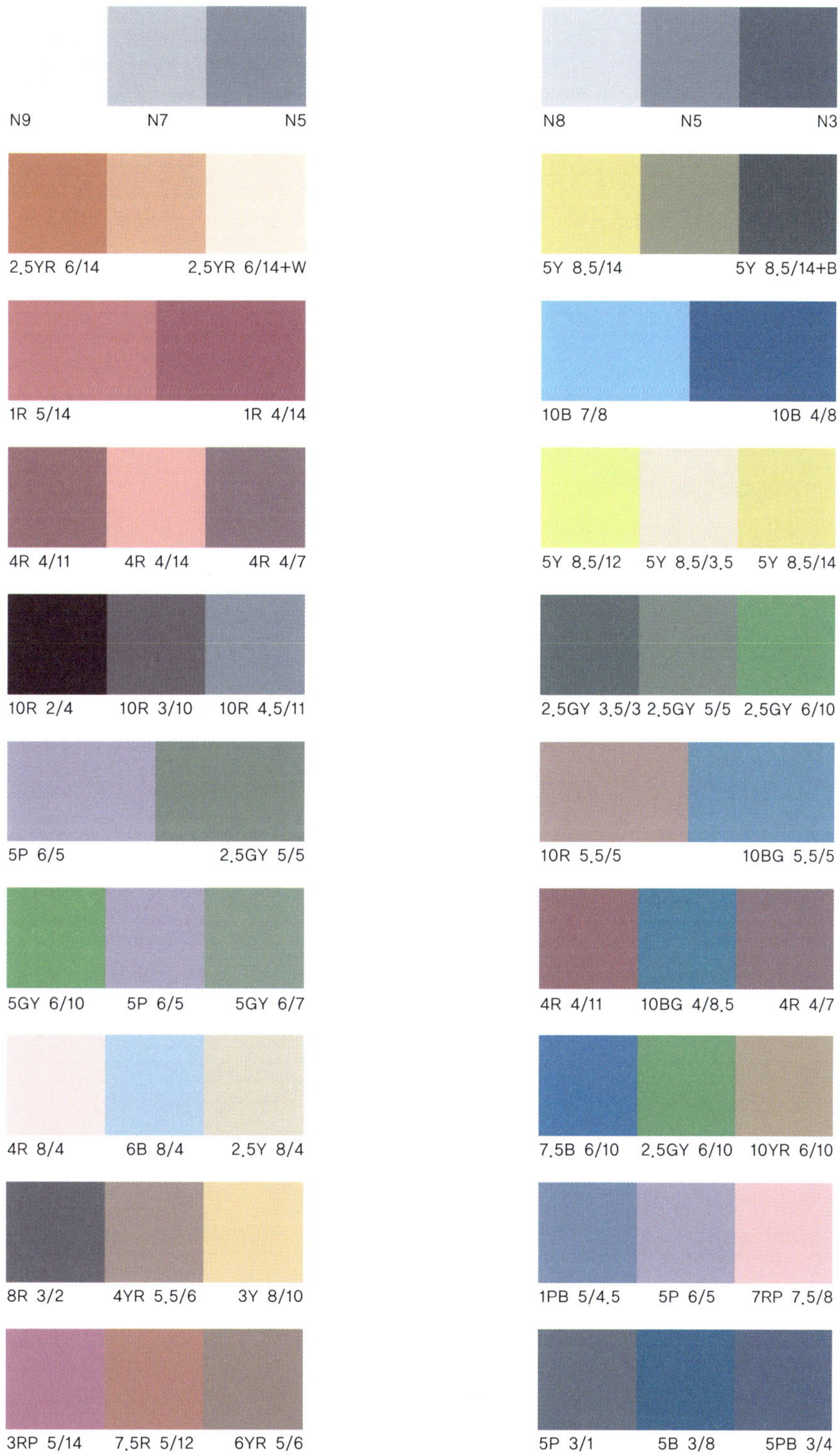

[그림 5-1] 먼셀의 색채 조화론 그림

(2) 오스트발트의 색채 조화론

① 오스트발트는 1922년 '색채의 조화'라는 조화 이론을 발표하였는데, "조화는 질서와 같다"라고 정의를 내리고, 색채 조화를 위해서는 계통적인 법칙에 따른 배색이 이루어져야 한다고 하였다. 그는 두 가지 이상의 색들을 속성의 차이가 구별되도록 질서 있게 배열시키면 쾌감이 생겨 조화를 이룬다고 하였으며, 이러한 쾌감을 일으키는 색의 배색이 곧 조화색이라고 하였다.

② 무채색에 의한 조화 - 3색이나 그 이상의 회색의 경우는 명도 단계의 간격을 잡는 방법에 따라 무채색의 조화색인 회색 조화를 얻을 수 있다.

- 무채색의 조화
- **동일 색상의 조화** : 등백색 계열의 조화, 등흑색 계열의 조화, 등순색 계열의 조화
- 등가 색환에서의 조화
- 보색 마름모꼴에서의 조화
- 보색이 아닌 마름모꼴에서의 조화
- 다색 조화(윤성 조화)

(3) 파버 비렌(Faber Birren)의 색채 조화론

① 파버 비렌은 1940년대부터 1970년대에 걸쳐 활약한 색채 전문가로 독자적인 색채 체계인 비렌의 색 삼각형이라고 불리는 개념도를 사용하여 색채 조화를 설명하였는데 색채의 미적 효과를 나타내는 최소 7가지 용어로 톤(Tone), 흰색(White), 검은색(Black), 회색(Gray), 순색(Color), 밝은 색조(Tint), 어두운 색조(Shade)가 필요하다고 주장하였다.

② 비렌의 조화 이론은 색 삼각형의 동일 선상에 위치한 색상들은 어느 방향으로 연결되더라도 그 색들 간에는 관련된 시각적 요소가 포함되어 있기 때문에 서로 조화롭다고 하였다.

③ 비렌이 제시한 조화도는 색채의 속성과 상태에 변화를 줄 수 있는 색료 배합 과정을 보여 주고 있으며, 상태가 다른 3색의 조화를 위한 배색을 나타내고 있다.

Color-shade-black	렘브란트의 그림과 같은 색채의 깊이와 풍부함과 관련한 배색 조화
Color-tint-white	인상주의처럼 가장 밝고 깨끗한 느낌의 배색 조화
Tint-tone-shade	가장 세련된 배색으로 레오나르도 다빈치에 의해 시도, 음영 계열의 배색 조화
White-gray-black	무채색을 이용한 조화, 다른 조화보다 조화로운 배색

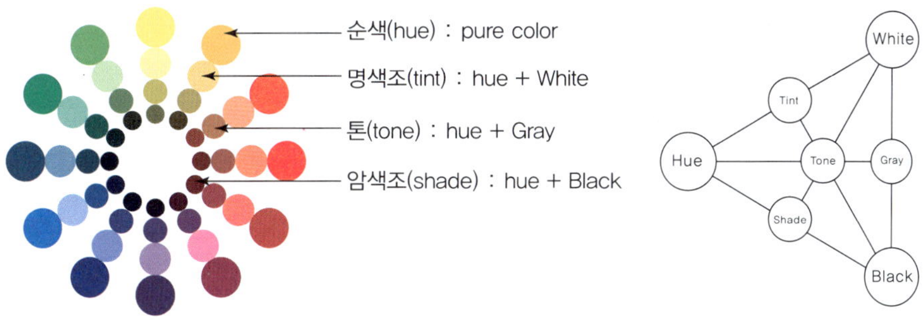

[그림 5-2] 파버 비렌의 색채 조화론

2 전통적 색채 조화론

(1) 슈브뢸(Chevreul)의 색채 조화론

① 근대 색채조화론의 선구자로 평가 받는 프랑스 화학자 슈브뢸이 1839년 색채 조화와 대비의 원리라는 저술을 통해 유사와 대조의 조화를 분류하여 조화를 설명하였다.

② 본인이 만든 색의 3속성에 근거 동시 대비, 도미넌트 컬러, 세퍼레이션 컬러, 보색 배색 조화 등의 법칙을 정리하여 독자적 색채 체계를 확립하여 현대 색채조화론의 출발점이 되었다.

③ 염색, 직물 연구를 통해 색의 조화와 대비 법칙 발견, 병치 혼합에 대한 연구로 인상주의, 신인상주의에 영향을 끼쳤다.

동시 대비의 원리	명도가 비슷한 인접 색상을 동시에 배색 조화
도미넌트 컬러 조화	지배적인 색조의 느낌, 통일감이 있어야 조화
보색 배색 조화	부조화 두 색 사이에 흰색 또는 검은색 더하면 조화
세퍼레이션 컬러 조화	두 색의 원색에 강한 대비로 성격을 강하게 표현하면 조화

(2) 저드(D.B. Judd)의 색채 조화론

① 1955년 과거 색채 조화에 관한 이론을 조사 및 정리 4종류의 조화 법칙을 발표했다.

② 색채조화는 좋아함, 싫어함의 문제이고, 정서 반응은 사람에 따라 다르고, 동일인이라도 주어진 환경에 따라 색이 다르게 느낄 수 있다고 설명하면서 색채 조화 4원칙을 주장했다.

③ 색채 조화 4원칙은 질서의 원리, 비 모호성의 원리(명료성의 원리), 친근성의 원리, 유사의 원리다.

④ 질서를 가질 때, 배색 이유가 명확할 때 비슷하거나 유사한 색상과 색조는 조화를 가진다는 것이다.

비 모호성의 원리	배색된 색채의 관계가 명료하고 모호하지 않을 때 조화된다.
친근감의 원리	자연색채처럼 잘 알려지고 친숙한 색이 조화롭다.
유사의 원리	배색된 색채가 비슷하거나 공통성이 있으며 조화된다.
질서의 원리	색의 체계에서 규칙적으로 선택된 색들의 조합은 대체로 조화롭다.

[그림 5-3] 저드의 색채 조화 4원칙

(3) 요하네스 이텐(Johannes Itten)의 색채 조화론

① 스위스의 화가이자 색채이론가인 요하네스 이텐의 색채조화론은 색채의 기하학적인 대비와 규칙적인 색상 배열, 그리고 계절감을 색상의 대비를 통하여 표현하였다.

② 자신의 12색상환을 기본으로 등거리 2색 조화, 3색 조화, 4색 조화, 5색 조화, 6색 조화의 이론 발표한다.

2색 조화	• 2색 배색(dyads) : 보색 관계의 색은 조화로운 화음을 만든다. • 분열 보색(split complementary) : 인접 보색을 주로 사용하게 되는데 보색의 양쪽 가까운 색으로 배색하면 조화를 이룬다.
3색 조화	색상환을 3등분한 위치에 있는 색으로 배색하면 조화를 이룬다.
4색 조화	색상환을 4등분한 위치에 있는 색으로 배색하면 조화를 이루며, 기본으로 2조의 보색 배색을 맞춘 배색도 조화를 이룬다.
5색 조화	색상환을 5등분한 위치에 있는 색으로 배색하거나 3색 배색에 흰색과 검은색을 더한 5색의 배색을 하면 조화를 이룬다.
6색 조화	색상환을 6등분한 위치에 있는 색으로 배색하면 조화를 이룬다. 또 3조의 보색 색상에 의한 6색 배색이나 4색 배색에 흰색과 검은색을 더한 6색 배색도 조화를 이룬다.

[그림 5-4] 요하네스 이텐의 색채 조화론

(4) 문-스펜서(P. Moon – D.E. Spencer)의 색채 조화론

① 1944년 메사추세츠 공대 교수였던 문과 스펜서는 먼셀 시스템을 바탕으로 한 색채조화론을 미국광학회(OSA)의 학회지에 발표하였고, 과학적이고 정량적인 색채 조화를 추구한 것으로 수학적 공식을 사용해 정량적으로 이론화된 색채조화론이다.

② 색채에 의한 연상 기호를 생략하고, 지각적으로 고른 감도의 오메가 공간을 만들어 조화를 이루는 색채와 그렇지 않는 색채의 두 종류로 나누었다.

③ 이 오메가 공간은 먼셀의 색입체와 같은 개념으로 먼셀 표색계의 3속성에 대응될 수 있으며, H, V, C의 단위로 설명된다.

④ 문-스펜서는 조화를 이루는 배색은 동일 조화, 유사 조화, 대비 조화의 세 가지로 인접한 두 색 사이에 3속성에 의한 차이가 애매하지 않으며 부조화를 일으키는 배색은 색의 3속성에 의한 차이가 애매하며, 제1부 조화, 제2부 조화, 눈부심으로 나누었다.

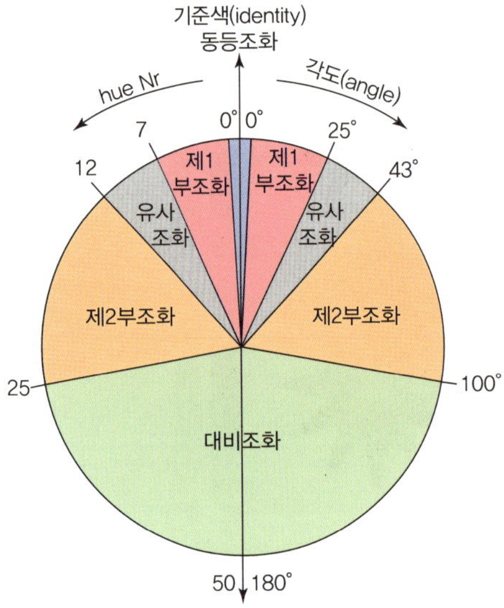

조화 : 동등(Identity)
유사(similarity)
대비(contrast)

부조화 : 제 1 부조화(first ambiguity)
－유사색 부조화
제 2 부조화(second ambiguity)
－적은 색 차
현휘(glare)
－극단적 반대색 부조화

[그림 5-5] 문-스펜서의 색상의 조화와 부조화의 범위

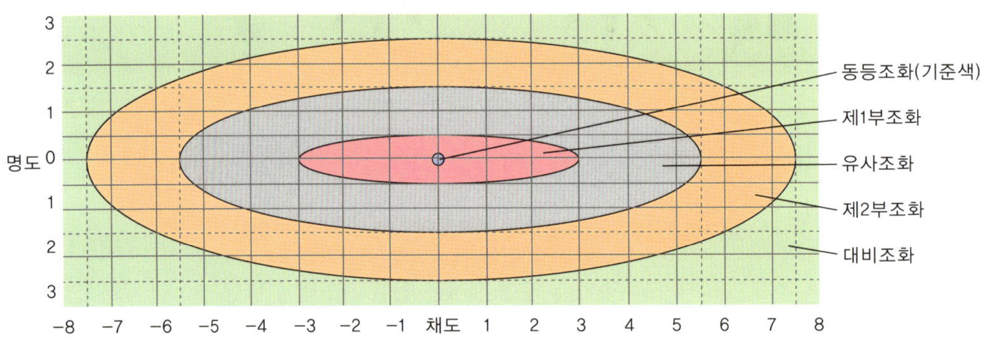

[그림 5-6] 문-스펜서의 명도, 채도의 조화와 부조화의 범위

(5) 루드(O.N. Rood)의 색채 조화론

루드의 저서 모던크로메틱스에서 자연계에 사용되는 색채의 조화는 조화롭다는 이론을 바탕으로 자연계의 법칙을 이용하여 배색할 때 인간은 자연스럽게 느끼므로 가장 친숙한 색채 조화를 이룬다는 주장이다.

(6) 아른하임의 색채조 화론

색채 조화를 음악에 비유하여 화음과 불협화음의 원리를 기초로 색채 조화의 개념을 설명하였다.

제 02 강

색채 배색

1 배색 효과

1) 배색의 정의

① 배색이란, 어떤 특별한 목적과 기능에 합치된 미적 효과를 얻기 위하여 두 가지 이상의 색이 조화를 이루도록 만드는 것이다.
② 질서 있게 배색된 색들은 심리적 쾌감을 주지만 질서 없이 만들어진 색들은 불쾌감을 주거나 어떠한 느낌을 주지 못한다.
③ 색의 배색을 조화 색이라고 하며, 배색을 통하여 균형 있는 통일과 변화를 갖출 때 색채가 조화를 이룬다.

2) 배색을 할 때 주의사항

① 사용목적과 주위환경을 고려함
② 색채의 배치나 면적 비례를 고려하여 목적에 맞는 효과를 얻도록 함
③ 색상, 명도, 채도의 변화를 고려하여 목적에 맞는 효과를 얻도록 함
④ 사용되는 재질과 형태를 고려하여 배색을 미리 계획함
⑤ 주조 색(전체 면적의 70%), 보조 색(면적의 20~25%), 강조 색(면적의 5~10%)사용함

3) 배색 효과

(1) 동일 색상 배색

부드럽고 온화한 느낌, 차분함, 정적임, 간결함을 느낄 수 있다.

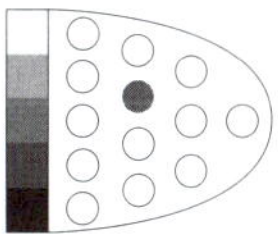

다색상 동일 색조 배색

(2) 유사 색상 배색

① 인접한 색상을 배색했을 때 잘 어울리는 것
② 통일감을 줄 수 있지만 다소 밋밋해 보이는 배색이 될 수 있다.
③ 협조적, 온화함, 상냥함, 건전함을 느낌을 준다.

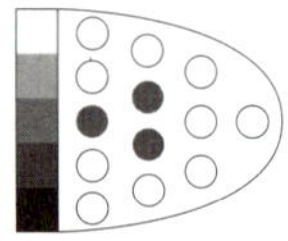

동일 색상 유사 색조 배색

반대 색상 유사 색조 배색

(3) 반대 색상 배색

① 강한 대비 효과가 나타난다.
② 노랑과 보라의 조합 등 색상환에서 정반대의 위치에 있는 색들의 배색으로, 화려하고 개성적이며 대담한 이미지를 전달한다.
③ 강함, 예리함, 동적임, 자극적인 느낌을 준다.

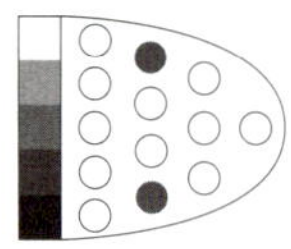

동일 색상 반대 색조 배색

반대 색상 반대 색조 배색

(4) 그라데이션 배색

색채 조화의 배열에 따라 시각적이 편안함을 준다. 점진적으로 자연스럽게 색상, 명도, 채도, 톤의 효과로 표현한다.

- 명도 그라데이션 : 동일 색상에 명도 변화
- 채도 그라데이션 : 동일 색상에 채도 변화
- 색상 그라데이션 : 동일 색조에 색상 변화
- 색조 그라데이션 : 동일 색상에 색조 변화
- 3속성 그라데이션 : 색상, 명도, 채도 동시 변화

(5) 세퍼레이션 배색

① 배색의 관계가 모호하거나 대배가 너무 강한 경우, 색과 색 사이에 분리 색을 삽입해서 조화를 이루게 하는데 분리 배색이라고도 한다.
② 흰색, 검정 같은 무채색을 사용하여 미적 효과가 난다.

(6) 액센트 배색

주조색에 대조적인 색상이나 톤을 사용하여 강조하거나 두드러지게 한다.

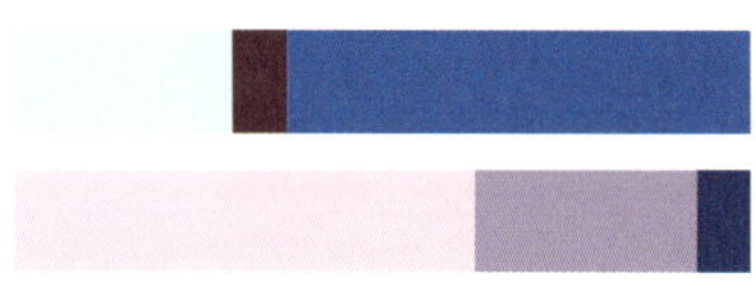

(7) 레피티션 배색

2색 이상을 반복 사용하여 일정한 질서에 기초한 조화를 부여함으로써 통일감이나 융화감을 끌어내는 배색이다.

(8) 톤온톤 배색

① "톤을 겹친다"라는 의미이다.
② 색조에서의 배색 효과로, 동일색상에서 톤의 차이를 둔 배색이며, 특히 명도 차를 크게 둔 배색
③ 기본으로 하는 톤에 중명도 중채도인 중간 색계의 탁한 톤을 사용한 배색 기법이다.

(9) 톤인톤 배색

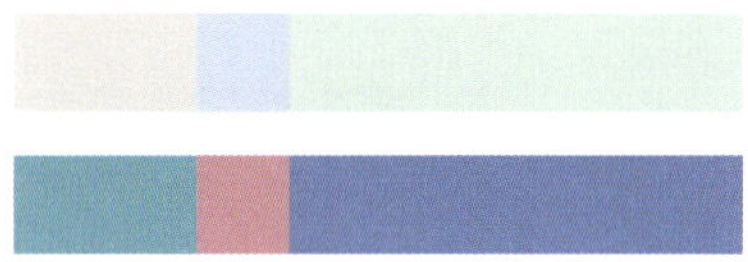

① 색조에 의한 배색효과로써, 유사한 톤으로 이루어진 배색으로 인접 또는 유사 색상의 범위 내에서 선택한다.
② 명도 차이가 적도록 배색한다.

(10) 토널 배색

① 도미넌트 톤 배색이나 톤인톤 배색과 같은 종류이다.
② 중명도 중채도인 중간 색계의 덜(dull)톤을 사용한 배색 기법을 말한다.
③ 전체적으로 안정되며 편안한 느낌을 준다.

(11) 카마이외 배색, 포카마이외 배색

① 거의 동일한 색을 이용하는 것이다.
② 언뜻 보기에는 같은 색으로 보일 정도로 미묘한 색차의 배색을 말한다.

③ 포 카마이외 배색은 카마이외 배색 의 색상이 거의 동일한 색상인 것에 대해 색상과 톤에 약간의 변화를 준 배색한다.

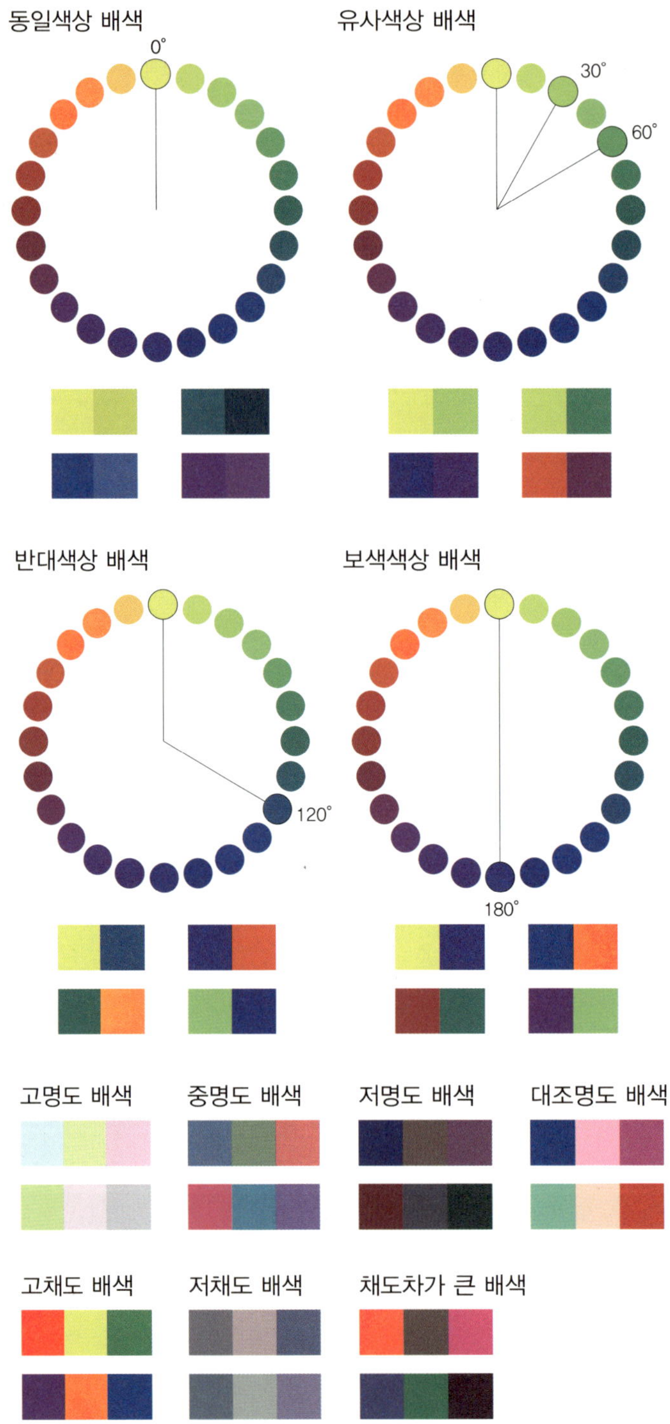
동일색상 배색
0°
유사색상 배색
30°
60°
반대색상 배색
120°
보색색상 배색
180°
고명도 배색
중명도 배색
저명도 배색
대조명도 배색
고채도 배색
저채도 배색
채도차가 큰 배색

[그림 5-7] 배색 효과

(12) 비콜로 배색, 트리콜로 배색

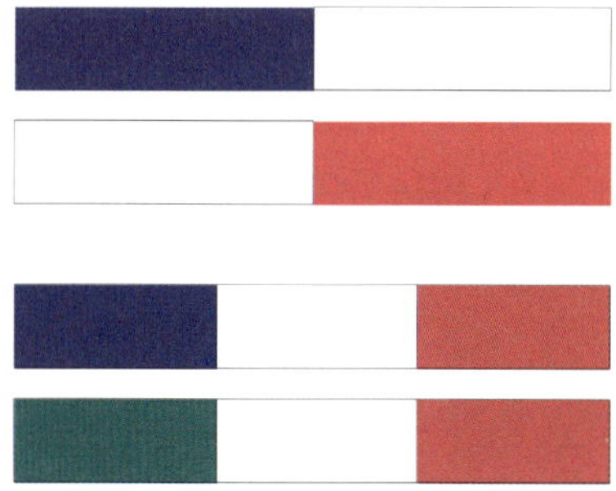

① 비콜로 배색은 두 가지 색을 사용한 배색으로 주로 강한 색을 사용하며, 국기에서 볼 수 있는 빨강과 하양, 파랑과 하양 등이 그 예이다.

② 트리콜로 배색은 강한 3가지색을 사용한 배색 방법이다.

③ 프랑스국기에서 볼 수 있는 빨강, 파랑, 하양의 3 가지색의 배색이 대표적인 예이다.

(13) 멀티컬러 배색

① 고채도 다양한 색상으로 배색한다.

② 적극적이고 활동적인 배색이다.

(14) 도미넌트 배색

① 색상 도미넌트 : R끼리의 배색(주조색이 Red)

② 색조 도미넌트 : Pl끼리의 배색(주조 톤이 Pale)

2 배색 이미지 공간

1) I.R.I 형용사이미지 스케일- KS넘버 기준

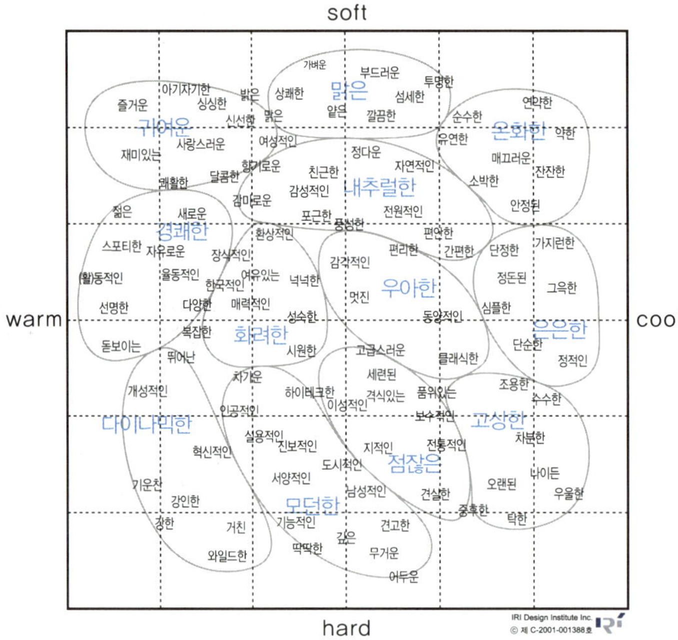

[그림 5-8] IRI 배색 형용사 이미지

귀여운	사랑스러운, 밝은, 달콤한, 아기자기한, 재미있는, 쾌활한, 향기로운, 즐거운, 어린, 생기발랄한, 친근한, 율동적인, 프리티한, 큐트한, 소프트한
맑은	깨끗한, 가벼운, 밝은, 상쾌한, 투명한, 청초한, 순수한, 얕은, 청순한, 부드러운, 상쾌한, 싱그러운, 새로운, 촉촉한, 퓨어한
온화한	따뜻한, 온기가 느껴지는, 안정된, 편안한, 포근한, 밝은, 부드러운, 환한, 유연한, 평화로운, 잔잔한, 가벼운
내추럴한	자연적인, 안정된, 친환경적인, 주변경관과 조화를 이루는, 건강한, 식욕을 돋우는, 회복의, 치유의, 평화로운, 전원적인, 웰빙의, 꾸밈없는, 편안한
경쾌한	활동적인, 활달한, 눈에 띄는, 젊은, 생기발랄한, 활기찬, 개성 있는, 유쾌한, 선명한, 율동적인, 스포티한, 팝적인, 캐주얼한, 리드미컬한
화려한	매력적인, 눈에 띄는, 매혹적인, 장식적인, 환상적인, 성숙한, 호화로운, 빛나는, 사치스러운, 페미닌한, 섹시한, 고져스한
우아한	고급스러운, 귀족적인, 기품 있는, 가치 있는, 감각적인, 품위 있는, 엘레강스한, 드레시한, 페미닌한
은은한	정적인, 단정한, 단아한, 가지런한, 그윽한, 안정적인, 편안한, 움직임이 적은, 고요한, 심플한

다이나믹한	강렬한, 눈에 뜨는, 역동적인, 힘찬, 기운찬, 남성적인, 인공적인, 선명한, 스포티한, 원기 왕성한, 건강한, 사이키델릭한, 파워풀한
모던한	현대적인, 도시적인, 세련된, 기능적인, 진보적인, 미래적인, 기술적인, 차가운, 딱딱한, 견고한, 이성적인, 시크한, 하이테크한, 인텔리전트한
점잖은	격식을 차린, 차분한, 신사적인, 가을의, 고급스러운, 전통적인, 품위 있는, 중후한, 남성적인, 댄디한, 엔틱한, 클래식
고상한	보수적인, 고급스러운, 기품 있는, 격조 높은, 귀족의, 중후한, 원숙한, 권위적인, 고전적인, 딱딱한, 전통적인, 완고한, 포멀한, 노블한

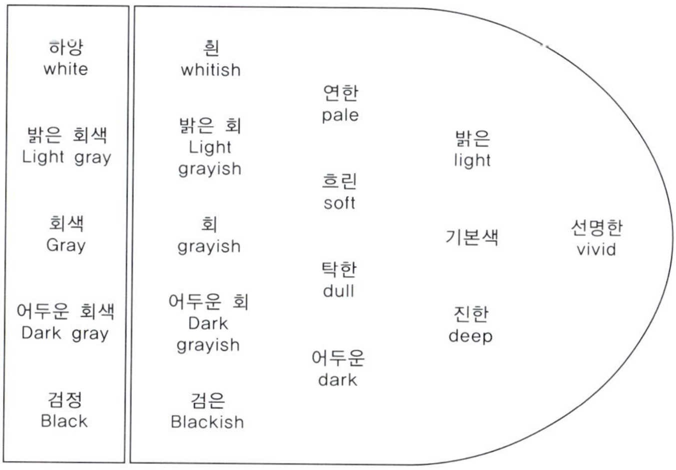

[그림 5-9] KS155 톤

(1) 색조 이미지 언어

① vv(vivi) / 비비드톤

선명한, 화려한, 강한, 눈에 띄는, 활달한, 동적인, 액티브한, 팝, 주목성을 이끄는, 귀여운 배색 포인트 색조로도 쓰임, 개성적인, 기업 CI. BI, 광고, 로고 등에 많이 사용한다.

② lt(light) / 라이트톤

밝은 건강한, 젊은, 즐거운, 명랑한, 유쾌한, 캐쥬얼한, 어린이의 호기심을 끄는, 신나는, 발랄한, 유치한, 귀여운, 율동적인, 놀이터를 연상색조언어로 사용한다.

③ S(strong) / 기본색

스포티한, 활발한, 강한, 힘센, 선명한, 원기 왕성한, 강렬한, 남성적인, 역동적인, 다이내믹한, 에스닉 등 연상 색조 언어로 사용한다.

④ dp(deep) / 딥톤

포멀한, 격식 있는, 모던한, 현대적인, 기계적인, 기능적인, 딱딱한, 견고한, 세련된, 시크한, 고저스, 짙은, 강한, 깊은, 전통적인, 고상한, 보수적인, 남성적인, 전문적인, 모던한 이미지의 여성 30대에게 적용한다.

⑤ pl(pale) / 페일톤

밝은, 가벼운, 즐거운, 기쁜, 깨끗한, 달콤한(난색만), 귀여운, 여성스러운, 로맨틱한, 향기로운(난색), 부드러운, 평화로운, 웰빙의, 친자연적인 등의 연상색조언어로 사용한다.

⑥ sf(soft) / 소프트톤

자연적인, 평화로운, 친환경적인, 우아한(보라), 온화한, 마음씨 좋은, 단정한, 정적인, 수수한(난색), 엘레강스한(보라·한색), 편안한, 안정적인, 현대적인, 모던한, 도시적인(한색, 명도 대비 함께) 등의 연상색조언어로 사용한다.

⑦ dl(dull) / 덜톤

클래식한, 중후한, 고급스러운, 차분한, 점잖은, 나이든, 깊은, 오래된, 격식 있는, 둔탁한, 토널 배색, 가을의 등의 연상색조언어로 사용한다.

⑧ dk(dark) / 다크톤

서양적인, 깊은, 전통적인 중후한, 클래식한 등의 연상색조 언어를 사용한다.

⑨ wh(whitish) / 화이티시톤

가벼운, 연한, 부드러운, 연약한, 깨끗한, 맑은, 상냥한, 로맨틱한, 깔끔한, 청조한, 청결한, 쾌적한, 밝은, 환한, 넓은 등의 연상색조언어로 사용한다.

⑩ ltgy(light grayish) / 라이트그레이시톤

은은한(색상 무관), 고급스러운(보라, 한색 계열), 현대적인(한색 계열), 우아한, 엘레강스한(보라 계열), 잔잔한, 편안한, 안정된, 수수한(난색, 그린 계열), 전원적인(난색, 그린 계열), 친자연적인(난색, 그린 계열), 소박한, 심플한, 정적인 등의 연상색조언어로 사용한다.

⑪ gy(grayish) / 그레이시톤

수수한, 조용한, 정적인, 차분한, 안정된, 낡은, 칙칙한, 도시적인, 현대적인 등의 연상색조언어로 사용한다.

⑫ dkgy(dark grayish) / 다크그레이시톤

어두운, 무거운, 강한, 견고한, 딱딱한, 남성적인, 기능적인, 기계적인 등의 연상색조언어로 사용한다.

⑬ bk(blackish) / 블랙키시톤

차가운, 인공적인, 딱딱한, 무거운, 어두운 강한, 우울한, 조용한 등의 연상색조언어를 사용한다.

[그림 5-10] KS155색 컬러 칩 (www.cndmall.com)

The 알아보기

언어이미지 감성배색

1. 고상한(노블)
   저채도의 light grayish, grayish, soft, dull톤에서 deep, dark 톤의 중후한 배색
2. 귀여운(프라티)
   vivid, light, pale톤으로 빨강, 주황, 노랑, 초록의 난색계열 배색
3. 경쾌한(액티브)
   vivid, soft, light톤 유사색상 배색으로 가볍고 경쾌한 느낌으로 배색
4. 내추럴한
   자연의 색 연두, 초록 등과 빨강, 노랑 등 난색계열 배색 light, pace, soft, grayish, dull, deep, dark의 다양한 중간색조 배색
5. 다이나믹한
   vivid 기본색의 색조에 검정으로 포인트
6. 맑은
   whitish, pale의 파스텔 톤의 모든 색상 자동
7. 모던한
   파랑, 남색에 흰색, 회색, 검정 등 무채색 사용 배색 도시적, 차가운 느낌으로 sofe, dull, grayish, dark, blackish 톤 사용배색
8. 온화한
   whitish, light grayish, soft 톤 배색으로 차분하고 부드러운 이미지 배색
9. 우아한
   보라, 자주색 계열 성숙한 여성의 이미지 light, pale, soft, whitigh로 배색
10. 점잖은
    dull, deep, dark 저명도 톤 배색
11. 화려한
    vivid, deep dark 톤 배색

미용색채학

BEAUTY CHROMATOLOGY

CHAPTER 06

색채 관리의 이해

제 01 강 색채의 원료 및 소재의 이해

1 색채의 원료

1) 색료(Colorant, Coloring Material)

[그림 6-1] 색료

① 물체에 색을 입히기 위한 색소를 포함하고 있는 색을 나타내는 재료 또는 색을 느낄 수 있게 하는 재료를 색료라고 한다.

② 물에 의한 염착성에 따라 안료와 염료로 구분된다.

③ 색료 선택 시에는 착색 비용, 다양한 광원에서 색채 현상에 대한 고려(color appearance), 착색의 견뢰성(염색한 천의 색상이 변하지 않는 정도), 작업공정의 가능성 등을 고려해야 한다.

The 알아보기

색소 : 물체에 색깔이 나타나도록 만들어 주는 성분으로 천연 색소와 합성 색소로 구분된다.

(1) 안료(pigment)

[그림 6-2] 안료(pigment)

① 물이나 기름, 용제 등에 녹지 않는 백색 또는 유색의 무기 또는 유기화합물로 미립자 상태의 분말이다.

② 그 자체의 상태로는 착색 능력이 없어 전색제의 도움으로 물체에 고착되거나 미세하게 분산되어 색을 띄게 되며, 은폐력(표면을 덮어 보이지 않게 하는 성질)이 크다.

③ 안료의 입자 크기에 따라 이중 착색도, 불투명도, 점도, 굴절률, 빛의 산란과 흡수 등에 영향을 미친다.

④ 동굴벽화시대의 채색에 사용, 자동차의 내장, 외장의 표면 코팅, 유성 및 수성 페인트, 종이 또는 금속판에 사용하는 잉크 등과 같은 색 재료에 사용되는 색소이다.

㉠ 무기안료

- 인류가 가장 오래 사용한 색재료(색료)는 광물성 안료(천연 광물 가공, 분쇄하여 만든 것)로 도자기 유약이나 동물벽화(선화철, 산화망간, 목탄)에서 찾아볼 수 있다.
- 가격이 저렴하고 사용량도 많고 내광성, 내열성이 양호하나 착색 능력이 없어 전색제인 비히클(전색제)의 도움으로 착색이 가능하다.
- 도료, 인쇄잉크, 회화용 크레용, 고무, 통신 기계, 건축재료, 합성수지 등에 사용된다.
- 광물성 안료로 불리며 천연광물 그대로 또는 가공, 분쇄하여 만든 것이다.

The 알아보기

무기 안료의 종류

백색안료	산화아연, 산화티탄, 산화바륨, 산화납	황색안료	황연, 황토, 카드뮴옐로
녹색안료	산화크롬, 수산화크롬	갈색안료	청분
청색안료	프로시안블루, 코발트청, 산화철	보라색 안료	망간자

ⓛ 유기 안료

- 물에 놓지 않는 염료를 그대로 사용한 색소안료로서 유기화합물로 착색력(염료의 색이 진한 정도)이 우수하고 색상이 선명하다.
- 무기 안료에 비해 채도가 높고, 내광성이 나쁘며, 농도가 높다.
- 선명한 색조, 투명성, 종류가 많아 다양한 색상의 재현이 가능하다.
- 높은 착색력을 보인다.
- 인쇄잉크, 도료, 고무 및 플라스틱의 착색, 안료의 날염, 합성섬유의 원액 착색, 잡화류의 착색 등 넓은 범위에 사용된다.
- 금속을 주성분으로 하는 무기 안료에 비해 유기 안료는 내광성, 내열성, 은폐력이 떨어진다.
- 유기 용제에 녹아 색이 번지는 것이 많으나, 투명성은 우수하다.
- **유기화합물** : 생물에 관계되는 것을 의미, 광물체에서 얻어지는 무기화합물에 대하여 생물체의 구성성분을 이루는 화합물 또는 생물에 의하여 만들어지는 화합물을 유기 화합물이라고 한다.

(2) 염료(dye)

[그림 6-3] 자연염색

① 염료는 물, 기름에 잘 녹아 천이나 실 등에 잘 침투하는 색물질로 섬유 등 착색제의 총칭이다.
② 염료는 화학적 반응을 통하여 다른 물질들과 잘 흡착, 결합하기 쉬워 방직 계통에 많이 사용되며, 피혁, 잉크, 종이, 목재 및 식품 등의 염색에 사용되는 색소이다.
③ 1856년 영국의 W.H. 퍼킨에 의해 최초의 합성염료인 보라색 모브(mauve)가 개발되었다.

㉠ 천연염료

- 식물, 동물, 광물의 영역의 자연에서 나오는 색료로서 합성염료에 비해 색채가 선명하지 않고 색상이 다양하지 않지만 매우 우아하고 독특한 색채를 보유하며 고급품의 섬유 염색에 이용된다. 천연으로 사용 또는 약간의 가공을 통하여 사용하므로, 견뢰도가 낮고, 색조가 선명하지 않다,
- 복잡한 염색법 때문에 점차 합성염료로 대체되면서 주로 특수한 용도로 사용되고 있다.
- 식물의 꽃, 잎, 줄기, 뿌리, 과실 등에서 채취하는 식물 염료는 채취 후 그대로 염료로 사용되는 것도 있지만 반드시 가공해야 실용화되는 것도 있다.
- 세계에서 약 3,000여종이 식물 염료로 이용되고 있고, 우리나라의 경우 콩과의 다목, 꼭두서닛과의 치자나무, 마디풀과의 쪽 등이 주로 사용되었으나, 현재는 약 40,000종, 2,500품목에 밀려 많이 사용되고 있지는 않다.

The 알아보기

식물 염료의 종류

구분	내용
쪽 염료	하늘빛을 나타내며, 봄을 상징하는 대표 색으로 예로부터 국내에서 사용한 천연염료이다.
홍화 염료	전통적으로 우리나라에서 사용하는 천연염료, 피부 세포 산소공급 촉진, 혈액순환 돕는 치료제로도 사용되며, 주로 주홍색을 띤다.
자초 염료	자색을 띤다.
치자 염료	황색(적홍색)으로 염색, 9월 열매 채취, 종이나 직물의 염색 및 식용색소로 사용된다.
소목 염료	목재 안쪽의 빛깔이 짙은 부분인 심재를 사용하는 다색성 염료 식물
오베자	적색을 띤다.
인디고	인류에서 알려진 오래된 염료 중에 하나, 우리나라 청바지 색으로 잘 알려진 천연염료이다.

㉡ 인조염료

- 합성염료 혹은 타르염료라고도 한다.
- 유기화학의 발전에 의해 석탄을 견류시킬 때 유출되는 콜타르를 분류하여 얻어지는 벤젠, 톨루엔, 크실렌, 나프톨, 안트라센 등을 사용한다.
- 염료의 성질에 따라 직접, 산성, 반응성, 염기성 염료 등으로 구분한다.

㉢ 동물염료

오징어먹물	세피아
조개	자주색, 진홍색
연지 벌레	적색, 적갈색

ⓔ 좋은 염료의 특징

- 색깔을 잘 띄어야 한다.
- 세탁 시 씻겨 내려가지 않아야 한다.
- 직물 등 다른 물체와 잘 흡착되어 외부의 빛에 대하여 안정적이어야 한다.
- 염료가 잘 용해되어야 한다.
- 분말의 염료에 먼지가 없어야 한다.
- 액체 용액을 오랜 기간 저장해도 색이 변하지 않아야 한다.

(3) 특수 색료 및 기타

직접 염료	분말 상태로 찬물이나 더운물에 잘 용해, 혼색이 자유로워 손쉽게 사용, 세탁 또는 햇빛에 약한 단점이 있다.
염기성염료	염료가 수용액에서 양이온으로 되어 있어 카티온 염료라고도 하며, 색깔이 선명하고 물에 잘 용해되어 착색력이 좋다. 햇빛, 세탁, 산 등에 약하다.
반응성염료	염료 분자와 섬유분자의 화학적 결합 교착하는 염료, 면, 마, 레이온, 견, 양모, 나일론, 셀룰로오스 등에 이용, 알칼리를 첨가하여 염색, 발색이 선명하고, 일광, 수세에 견뢰도가 높다.
산성염료	이온결합방법으로 양모, 면, 나일론 등 섬유를 염색하는 염료이다.
분산염료	물에 잘 녹지 않아서 미세하게 분산 계면활성제 등의 분산제를 써서 염색한다.
배트염료	염료 자체는 물에 녹지 않지만 소금이나 황산소다 첨가 염착, 무명, 면, 마 등 식물성 섬유의 염색에 사용한다.
황화염료	알칼리성에 강한 셀룰로오스 섬유 염색에 사용, 견뢰도가 좋고 비용이 저렴하다.
식용염료	• 식품, 의약품, 화장품의 착색에 사용되는 염료, 독성이 없어야 하고, 법률에 의해 사용할 수 있는 염료가 정해져 있다. • 우리나라는 합성염료 10종(수용성이 높은 산성 염료)과 알루미늄 레이크 6종에 한한다. • 안토시안, 프로보노이드, 아조계, 안트라퀴논계 염료가 가장 많이 사용된다.
형광염료	• 자외선 흡수 일정한 파장의 가시광선을 형광으로 발하는 성질 이용 염료 • 종이, 합성섬유, 합성수지, 펄프, 양모 등을 보다 희게 하기 위해 사용한다.

(4) 특수 안료의 종류

형광 안료	자극 시 발광하는 유기 형광 안료와 자극이 정지한 후 발광하는 무기 형광 안료로 선명한 형광 색을 반사하는 특수 안료이다.
인공 안료	전자선, 방사선, 자외선, 단파장의 가시광선 등 외부로부터 자극을 받았을 때 가시광선을 방출하는 특수 안료이다.
진주광택안료	천연 진주 또는 전복의 껍질의 무지개 빛 광채를 띤 특수 광택안료이다.
시온 안료	온도에 따라 색상이 변하는 특수 도료, 카멜레온 도료, 서모페인트라고 한다.
레이크 안료	금속과 유기화합물이 결합된 안료이다.

(5) 도료(Coating)

① 페인트·에나멜과 같은 고체 물질의 표면에 칠하여 고체 막을 만들어 물체의 표면을 보호하고, 아름답게 만드는 유동성 물질이 도료이다.

② 겔 모양의 유동 상태, 도료를 칠한 후 빨리 건조, 경화하는 장점이 있고 피막에 굳기, 세기, 아름다움이 있어야 한다.

③ 도료의 구성

전색제	안료를 균일하게 분산시켜 물체 표면에 고착 착색시키는 역할
안료	다양한 색채를 표현하는 색재료
용제	도료의 부 성분으로 도료의 점도를 조절
건조제	빨리 건조하도록 하는 재료

④ 도료의 종류

전색제에 따른 분류	천연수지도료(유성페인트, 유성에나멜), 합성수지도료(콘크리트 마무리)
특성에 따른 분류	수성도료(에멀션 도료, 수용성 베이킹수지 도료), 유성도료

(6) 인쇄 인크

① 인쇄에 사용되는 색료, 전색제(매개물), 첨가제(보조제)의 3가지로 구성된다.

② 인쇄의 종류

볼록판 인쇄	신문 잉크
평판 인쇄	낱장평판 잉크, 옵셋 잉크, 평판신문 잉크
오목판 인쇄	그라비어 잉크, 오목판 잉크
공판 인쇄	실크스크린 잉크, 등사판 잉크
전자 인쇄, 프린트배선용 인쇄	레지스터 잉크

2) 색료의 성질

색료는 색을 만드는 소재 즉 색소를 포함하고 있어서 색을 느낄 수 있게 하는 성질을 말한다.

① 착색력

- 어떠한 물질에 잘 붙어있는 성질, 즉 고착력, 접착력, 부착력의 성질을 말한다.
- 안료에 따라 전색제를 썼다 하더라도 그 색마다 성질이 다르다.

② 은폐력(피복력)

- 어떤 색 위에 잘 덮어 칠하는 색이 그 밑의 색을 완전히 잘 가리는 효과가 있으며, 불투명하게 사용하는 포스터컬러에 특히 중요하다.

③ 내구성

- 오랫동안 색상 · 색력을 유지하는 정도를 말한다.
- **내광성** : 빛에 의하여 생기는 편차를 견디는 정도
- **내열성** : 열에 의한 변화에 유지하는 정도
- **내후성** : 공기 등 기후조건에 대한 견디는 정도

④ 견뢰도

- 외적 조건에 대한 저항력 및 내구성의 정도(염색 견뢰도)를 말한다.
- 견뢰도가 강할수록 색채 변화가 적고 수명이 길다.

2 색채의 소재

1) 금속 소재(Metal)

[그림 6-4] 금속 소재

① 무기, 도구, 조각품, 공예품 등의 다양한 분야에 사용되는 금속은 예로부터 매우 귀중하게 취급된 재료이다.

② 탄소함유량이 분류의 중요한 요인이며, 함유된 탄소량에 따라 성질이 달라지기도 한다.

③ 철, 구리(비철금속으로 열전도율이 가장 높은 재료), 스테인리스, 금, 은, 양은(놋쇠와 구리, 아연의 합금), 알루미늄(가볍고 산화피막으로 내식성이 좋다) 등이 있고, 알루미늄은 다른 금속에 비해 반사율이 높아 거울로 사용하기도 한다.

④ 녹슬기 쉽고 열과 전기의 양도체이다.

2) 직물 소재(Woven Fabric)

[그림 6-5] 직물 소재

① 피부를 보호하고 아름다움을 표현하기 위해 직물 소재를 이용하여 옷을 만들고 의료, 산업자재 등에 다양하게 사용되고 있다.

② **섬유의 종류 :** 천연섬유(동물성, 식물성), 광물성(석면), 인조섬유(재생, 반 합성, 합성, 무기질 섬유)

식물성 섬유	종자 섬유, 면화, 잎 섬유, 과실 섬유, 대마 등
동물성 섬유	모, 명주 섬유
광물성 섬유	석면 섬유
합성 섬유	나일론, 폴리에스테르, 폴리우레탄, 폴리아크릴
재생 섬유	구리암모늄레이온, 섬유소 섬유, 레이온
반합성 섬유	아세테이트
무기질 섬유	유리 섬유, 탄소 섬유

3) 플라스틱 소재(Plastic)

① 다른 재료에 비해 가볍고 유기 안료를 주로 사용하여 착색을 하며, 가열과 냉각을 반복할 수 있어 2차 성형과 다양한 형태의 성형이 가능한 열가소성 수지와 그 반대의 열경화성 수지로 나눌 수 있다.

② 열가소성수지는 투광성이 높고 광택이 우수, 강도와 연화성(말랑하게 변하는 정도)이 낮다.

③ 열경화성 수지는 반투명, 불투명 제품이 많으며, 열변형 온도가 높아 150℃ 이상에서 변형된다. 열이 다시 가해도 형태가 변하지 않는 수지로 열가소성 플라스틱보다 강도가 높고 열과 화학약품에 안정적이다.

[그림 6-6] 플라스틱 소재

④ **열가소성수지** : 폴리에틸렌, 폴리아미드, 폴리스티렌

⑤ **열경화성수지** : 페놀수지, 폴리에스테르수지, 멜라민수지

- 플라스틱의 특징
- 가공이 용이하고 다양한 재질감을 나타낼 수 있다.
- 1930년대 석유화학 발전으로 합성수지 생산, 주원료는 유기 재료인 석탄과 석유이다.
- 가볍고 강도가 높고 전기 절연성 우수, 녹이나 부식이 없고 타 재료와의 친화력이 좋다.

4) 목재 및 종이 소재(Wood/paper)

[그림 6-7] 목재 소재

① 가장 오래 사용되어온 재료, 목재는 건축, 토목 구조 재로 가공이 쉽고 자연미를 살릴 수 있기에 색채와 디자인 재료로 많이 사용되며, 목재와 종이는 생활주변에서 쉽게 구할 수 있는 장점이 있다.

② 공급이 쉽고 가격이 저렴하나 가연성으로 화재에 약하다.

5) 기타 특수소재-유리(Glass)

[그림 6-8] 특수소재-유리

광선의 투과율이 높아 건축 등의 채광 재료로 사용되며, 규사, 붕산, 석회, 인산 등을 원료로 사용한다.

제 02 강

색채 측색

1 색채 측정기

1) 측색의 정의

① 인간의 감각으로서 객관화된 색을 정확하게 감지하는 것은 매우 어려운 일이다.
② 따라서 색을 감지하는 구조를 장치화하여 객관화된 색을 측정해야 한다.
③ 정확한 색을 파악하고 전달하며 재현하는 것을 측색이라고 한다.
④ 따라서 색을 감지하는 구조를 장치화하여 객관화된 색을 측정해야 하는데 이때 색의 측정을 위한 도구로 색도계(colormeter)를 이용하며, 색채 값의 지정과 관리 측면에서 매우 중요한 역할을 한다.
⑤ 색의 커뮤니케이션과 색채 관리를 보다 과학적이고 용이하게 할 수 있다.

2) 색채 측정기

색채 측정기는 눈으로 측색할 경우 생길 수 있는 여러가지 오차 요인을 줄여 더 정확하고 객관적인 색채 값을 얻기 위한 기계장치이다.

① 색채측정기의 종류

분광식 측색계 (분광광도계)	광원에서의 빛을 모노크로미터(단색화 장치)를 이용해 빛의 양의 강도를 광 검출기로 검출하는 장치로 시료의 분광 반사율를 측정하므로 다양한 광원과 시야에서의 색채 값을 동시에 산출 가능하며 조색 공정에 곧바로 사용할 수 있다. 색도 좌표를 산출한다.
필터식 측색계 (광전색체계)	인간의 눈에 대응할 분광 감도와 거의 비슷한 감도를 3가지 센서에서 시료를 직접 측정, 삼자극치 수광방식으로 비교적 구성요소가 간단하며, 저렴한 장비들로 현장에서 색채 관리가 용이한 휴대용 이동 측색계이다. 필터식 측색계의 구조는 광원, 시료대, 광 검출기로 이루어져 있다.
조도계 (조명도계)	조도란 단위 면적에 입사하는 광선으로 정의하며, 조도계는 물체의 조명도(조명의 밝기)를 측정하는 기계로 단위는 럭스(lx)를 사용한다.
휘도계	일정한 넓이를 가진 광원 또는 빛의 반사체 밝기의 양을 측정하는 기계장치를 말한다.
광도계	광도를 측정하는 기계로 물체에서 퍼져 나오는 빛의 에너지의 양으로 칸델라(cd)단위를 사용한다.

3) 측색 방법

측색의 방법으로는 육안으로 비교·판단하여 측색하는 방법과 측색기를 이용하는 방법이 있다.

(1) 육안으로 측색하는 방법

[그림 6-9] 육안 측색

① 인간은 약 200만 가지 색을 비교하여 구분할 수 있는 능력을 가지고 있으나 정확한 값을 구현하기는 어렵다.

② 육안 검색은 사람의 눈으로 시감 측정을 하는 것을 의미한다.

- 기계상에 오류 등이 발생하였거나 기계를 통한 측정이 어려운 외부 공간 등의 측정에 대해 시감 측정을 통해 근사치의 색 값을 측정할 수 있다.

(2) 측색기를 이용하는 방법

측색기 활용은 정확한 측정이 가능하고, 과학적이고 객관적인 색상 정보를 제공할 수 있다.

[그림 6-10] 측색기 활용

4) 측색의 대상 및 목적

① 측색의 대상은 자연색, 공산물, 생체(피부색, 머리) 등 모든 분야에 측색이 가능하다.

② 측색의 목적은 품질관리, 처방 산출, 색채의 통계적 데이터 산출에 있다.

③ 측색 데이터의 정확도와 관련이 있기 때문에 측정값에 대한 오차와 신뢰도에 대한 점검이 필요하다.

④ 측색한 자료를 어디에 활용할 것인지 미리 측색 대상을 정할 때 활용방안에 대한 것도 점검한다.

2 색채 관리

1) 색채 관리의 정의

정확하게 색을 측정하고 측정의 구조를 파악하여 색의 원리를 기본으로 한, 색채가 적용된 모든 부분에 대한 유지관리를 하는 것을 의미한다.

① 색채 관리는 측색기라는 장비를 통해 현재의 상태를 지속적으로 유지를 위한 데이터를 가진다.

② 색상·명도·채도 등의 기본과 색채 표기 방법 등에 대해서 알고 있어 향후 관리자가 바뀌었을 때에도 정확하게 파악하고 인계될 수 있어야 한다.

③ 소재에 따른 파악과 조명에 대한 관계를 잘 알아야 한다. 동일한 색채라 하더라도 소재에 따른 느낌으로 전달이 되므로 조명에 대한 이해가 요구된다.

④ 색채 관리를 위해서는 앞서 측정한 값과 동일하게 재현될 수 있도록 조색에 대한 지식을 갖추고 있어야 하며, 색을 만들 수 있다는 것은 색채 관리를 위해 매우 중요한 능력이 된다.

제 03 강 색채와 조명 및 디지털 색채

1 광원의 이해

① 같은 색이라도 광원에 따라 색이 다르게 보일 수 있다. 빛의 성질에 의해서 여러 가지 색으로 관찰되기 때문에 표준의 색을 측정하기 위해 1931년 국제조명위원회(CIE)에서 분광 에너지 분포가 다른 표준 광원 A, B, C의 3종류를 정하여 북미와 한국은 C광원, 유럽지역은 D65 광원을 사용하는데 최근에는 환경오염으로 인하여 D65 표준광원으로 통일화시키고 있다.

② 한국산업규격 KS C 0074에서는 표준 광원을 A, D65, C로 정하여 사용하고 있다.

1) 표준 광원의 종류

표준광 A	• 백열전구에서 비추고 있는 물체색 측정용 광원 • 색 온도는 2,856K로 텅스텐 필라멘트램프로서 전구의 빛을 대표함
표준광 B	• 색온도 약4,900K을 갖는 직사광선을 나타냄 표준광 C • 자연광원에서 비추고 있는 물체 측정용 광원 – 색온도는 6,774K임 • 정오의 태양광 직사광선이 광원 B에 속한다.
표준광 C	• 자연광원에서 비추고 있는 물체 측정용 광원 • 색 온도는 6,774K의 주광에 근사한 표준광원으로 흐린 날 오후 평균 태양광선이 광원C에 속한다.
표준광 D65	• CIE표준광 D65는 상관색 온도 약 6,500K주광을 나타냄 • 측색 등 색채 계산용 주광으로 조명되는 물체를 표시하는 표준 광원
표준광 F	• 형광등의 색 온도를 표시하기 위한 표준 광원 • F2는 가정용, F11은 삼파장 형광등을 표시하며, F1~F12까지 표시한다.

2) 표준 관측자

표준 관측자는 2° 시야와 10° 시야의 관측 조건으로 정하고 있다.

2° 시야	관측 거리는 50cm 거리에서 1.7cm 정도의 시편을 측정하게 됨
10° 시야	관측 거리는 동일하게 50cm에서 8.8cm 정도의 시편을 측정하게 됨

3) CIE 추천 관측 조건

① 빛이 입사하는 각도와 관찰자가 어느 방향에서 물체를 보고 있는가에 따라서 차이가 날 수 있다.

② CIE에서는 빛의 입사 및 관측자 방향에 대한 4개의 측정방식으로 정의한다.

- 이를 나타낼 때에는 (입사광의 각도 / 반사광 측정자의 각도)로 나타난다.

45/0(45/normal) 측정 방식	물체의 수직 방향으로부터 45° 각도로 빛을 입사 시킨 후 물체의 수직한 방향에서 측정하는 방식
0/45°측정 방식	수직방향으로 빛을 입사 시킨 후 45° 방향에서 측정하는 방법
d/0(diffuse/normal) 측정 방식	적분구를 광원이 모든 각도에서 물체로 입사하였을 때 물체에 수직의 위치 에서 측정하는 방법
0/d(normal/diffus) 측정 방식	물체에 대하여 수직으로 입사한 광원이 다시 반사되는 것을 적분구를 이용하여 모음으로써 이를 측정하는 방법

4) 색 온도

① 이론적인 물체로 입사하는 모든 에너지를 흡수하고, 이 에너지에 의해 내부에너지 상태가 변화하여 가시광선을 포함한 전자기파를 방출한다.

② 열을 가하면 온도에 따라 분광 분포가 결정되므로 광원 색을 온도로 수치화 할 수 있다.

③ 흑체의 온도를 '색온도'라 하고, 절대온도 K(캘빈)으로 나타낸다.

④ 색 온도가 낮을수록 붉게 보인다.

⑤ 물체의 색 온도는 흑체의 캘빈온도(절대온도K)가 낮을수록 붉고, 높을수록 푸르게 나타난다.

⑥ 색 온도는 빛의 색을 구별하여 표시하기 위해서 고안해 낸 것으로 가시한계내에서는 연속 스펙트럼이거나 선스펙트럼 또는 띠 모양의 스펙트럼에 관계없이 같은 색감을 주면 상관없이 적용된다.

⑦ 물체의 색 온도는 흑체의 캘빈온도(절대온도K)가 낮을수록 붉고, 높을수록 푸르게 나타난다.

⑧ 에너지를 흡수하면 흑체의 온도가 오르게 되는데 이 온도를 측정한 것이 색 온도이다.

광원별 색온도

자연 광원	색 온도(K)	빛의 색	인공 광원	색 온도(K)	빛의 색
태양(일출, 일몰)	2,000	적색	촛불	2,000	적색
태양(정오)	5,000	백색	백열등(200W)	3,000	전구색
맑고 깨끗한 하늘	12,000	주광색	주광색 형광등	6,500	주광색
약간 구름 낀 하늘	8,000	주광색	백색 형광등	4,500	백색
엷게 구름낀 하늘	6,500	주광색	은백색 형광등	3,000	은백색

5) 일상생활에 필요한 조도

일반적으로 조도의 단위는 lux(럭스)이며 정밀 작업을 하기 위해서는 1,000 lux 이상이 되어야 한다.

장소	조도 (Lux)	장소	조도(Lux)
맑은 날 보름달 밤	0.2	맑은 날 옥외	100,000
맑은 날 사무실 창가	5,000	독서실	500 ~ 1,000
일반 사물실	500 ~750	식탁 위	200 ~ 500
거실	100 ~200	정밀 작업실	1,500 ~ 3,000

2 조명

(1) 간접조명

천정 전면을 유리·플라스틱 등의 반투명 확산판 등으로 마감하여 그 속에 광원을 배치하여 조명하는 방식으로 그림자 없이 일정한 조도를 유지할 수 있다.

(2) 반간접조명

상부로 60~70% 정도를 조사하고, 하향으로 10~40%를 조명하는 방식으로 은은한 분위기를 연출하는 데 사용된다.

(3) 직접 조명

① 반사각을 사용하여 광원의 빛을 모아 하향으로 직접 빛을 조명하는 방식
② 다운라이트 조명이나 천장 면에 여러 형태의 구멍을 내어 직접 조명하는 방식
③ 시공이 용이한 장점이 있으나 눈부심이 일어나기 쉽고, 균등한 조도 분포를 얻기 힘들어 그림자가 생기기 쉽다.

(4) 반 직접 조명

① 반투명한 유리 혹은 플라스틱을 사용한다,
② 하향으로 60~70% 정도를 조명하고, 상향으로 20~30% 조명하는 방식
③ 그림자가 많이 생긴다.

(5) 전반확산조명

확산성 덮개를 사용하여 모든 방법으로 똑같이 빛이 확산되고 눈부심이 거의 없다.

(6) 형광등

저압방전등의 일종으로 빛에 푸른기가 돌아 차가운 느낌을 주고 수명이 길고 램프의 교체가 용이해 많이 사용한다.

(7) 수은등

고압의 수은 증기 속의 아크 방전에 의해서 빛을 내는 전등으로 단파장의 푸른색을 내며, 초고압 수은등은 백색에 가까운 빛을 낸다. 주로 도로, 공원, 광장, 고속도로에 사용한다.

(8) 메탈 할로이드등

수은 램프에 금속 할로겐 화합물을 첨가하여 만든 고압 수은등으로 효율과 연색성(색의 연속성)이 높은 조명용 광원이며, 푸른빛을 내며 눈부심이 적어 야간의 운동장 조명으로 많이 사용한다.

(9) 백열등

전류가 필라멘트를 가열하여 빛이 방출되는 열 광원으로 장파장의 붉은빛을 띠어서 난색 계열의 색들이 매우 아름답고 생생히 보이고 따뜻한 느낌을 주나 전력 소모량에 비해 빛이 약하고 수명이 짧다.

(10) 할로겐등

전구 안에 질소와 같은 불활성 가스와 미량의 요오드, 브롬, 염소 등의 원소나 그 화합물을 넣어서 텅스텐 필라멘트가 소모되는 것을 방지한 것으로 악센트 조명으로 널리 사용, 붉은색을 띤다.

(11) LED램프

형광등과 일반 전구에 비해 에너지 효율이 높은 램프로 전력소모는 형광등의 1/2 수준이며, 자외선이 방출되지 않아 친환경적이며, 열 발생이 적고, 자전거 전조등, 후미 등에 많이 쓰이나 형광등 및 일반 전구에 비해 가격이 비싸다.

3 육안검색

1) 육안 검색의 조건

① 육안 검색은 시료의 색을 육안으로 직접 검색하는 것을 의미한다.

② 먼셀 혹은 NCS표준색표집 등을 사용하여 시료의 색과 가장 유사한 색을 색표집에 찾아 표기한다.

2) 육안 검색 측정각

① 45°각도에서 빛을 비추고 수직으로 관측하는 방법(45/0) - 수직으로 빛을 비추고 45°각도에서 관측하는 방법(0/45)으로 진행한다.

3) 육안 검색 측정광원

① D65(Daylight Standard)광원을 기준으로 한다.
② 먼셀색표와 비교검사를 위해서는 국제규격 C광원이 필요하다.
③ 조도의 경우 일반적인 색채의 정확성을 위해 600lux 이상이 추천되나 원칙적으로 기본조도는 1,000lux 이상 균일하게 조사되어야 한다.

4) 육안 검색 측정환경

① 45/0, 0/45 방식을 제시함. 일정 규모의 부스 안에 들어가서 측정하게 되는데, 이 때 직접적인 태양광은 피해야 한다.
② 간접 태양광·백열등·형광등은 피하고 표준광원 아래에서 측정을 해야 오차가 적다.

3 디지털 색채

1) 디지털 색채의 이해

① 디지털이란 데이터를 0과 1 이라는 수치로 처리하거나 숫자로 나타내는 것으로 색채 자체를 수치화하여 표현하며, 컴퓨터 모니터, TV, 프린터, 휴대폰, PDF, DMB, 모바일 등 모두 디지털 색채를 포함한다.
② 디지털 색채 중 R.G.B를 이용 색채 영상을 디스플레이 하는 디지털 색채와 C.M.Y를 이용해 프린트하는 디지털 색채가 있고, 신호를 나타내는 최소단위는 bit(비트)이다.
③ 모든 디지털 또는 비트맵화된 이미지는 해상도, 디멘션, 비트 깊이, 컬러 모델이라는 4개의 기본적 특징을 가진다.
④ 비트의 표현 색상

1 bit	0 또는 1의 검정이나 흰색
2 bit	2에 2승인 4컬러 → CGA그래픽카드
4 bit	2에 4승인 16컬러 → EGA그래픽카드
8 bit	2에 8승인 256컬러(index color)
16 bit	2에 16승인 6만5천컬러(high color)
24 bit	2에 24승인 1,677만 7천 컬러(true color)

The 알아보기

비트(bit)는 binary digit의 약어로서 컴퓨터에서 숫자 0,1과 같이 신호를 나타내는 최소 단위를 의미한다.
바이트(byte)는 컴퓨터가 처리하는 정보의 단위이다.

⑤ 해상도

- 모니터에서 디지털 색상의 영상을 구성하는 최소단위를 픽셀이라고 하는데 픽셀의 수는 이미지의 선명도와 질을 좌우한다. 일반적으로 모니터가 고해상도일수록 선명한 색채 영상을 제공하나 데이터의 용량이 커져 컴퓨터 속도는 느려진다.
- 1인치 × 1인치 안에 들어가는 픽셀의 수가 바로 해상도이며, 프린터의 해상도로 가장 일반적으로 사용되는 단위는 dpi(인치당 점의 수)이다.

⑥ 디지털 색채 사용시 Devide(장치)가 필요하다.

2) 디지털 색채 체계

LAB 모드	L*(명도)a*(빨강/녹색)b*(노랑/파랑)으로 다른 환경에서도 최대한 색상을 유지시켜주기 위한 디지털 색채체계이다.
RGB 모드	색광 혼합방식으로 보통 모니터에 표현하며 디지털 색채 시스템 중 가장 안정적이며 널리 쓰인다.
CMYK 모드	색료혼합방식으로 보통 인쇄 또는 출력 시 사용된다.
Gray scale 모드	흑백이미지를 표현할 때 사용한다.
Bitmap 모드	흰색과 검은색으로 이미지를 표현한다.
Duotone 모드	1~4가지의 사용자 정의 잉크를 사용한다.
Index 모드	24비트 컬러 중 정해진 256컬러를 사용하는 컬러시스템이다.
HSB 모드	먼셀의 색채 개념인 색상, 명도, 채도를 중심으로 선택 사용한다.

3) 디지털 색채의 저장 방식

JPG	스캐너를 이용하여 입력 받은 컬러 영상을 저장할 때 사이즈를 줄일 수 있는 이미지 저장 방식
EPS	전자 출판의 대표적인 포맷방식으로 비트맵과 벡터 그래픽 파일을 함께 저장
PNG	웹 디자인에서 많이 사용되며, 포맷 대체용으로 개발됨
GIF	압축률은 떨어지지만 전송속도가 빠르고 이미지 손상이 적고 애니메이션 효과를 낼 수 있는 포맷
TIFF	호환성이 뛰어나 매킨토시와 IMB PC에서 함께 사용할 수 잇는 최초의 파일 포맷
PDF	한 문서파일 형식으로 문서에 암호를 걸 수 있고 텍스트나 이미지 켑쳐 가능한 포맷

4) 컬러 어피어런스(Color Appearance)

같은 색이라도 물체의 재질이나 조명, 주변 환경의 조건, 인간의 시 지각의 차이 등에 따라 다르게 지각되는 것으로 상황에 따라 다르게 지각되는 주관적인 색의 현상을 '컬러 어피어런스'라고 한다.

(1) 컬러 어피어런스 모델(Color Appearance Model)

① 다양한 주위 환경에 따라 다르게 변하는 시각적인 반응의 변화를 예측하는 분야
② 색의 명도, 채도, 색상이나 광택감, 재질감 등의 물리적 요인을 조절함으로써 대상물의 심리적 효과를 상승시키는 기술

5) ICC(국제색채조합, International Color Consortium)

국제산업표준의 디지털 디바이스 프로파일을 규정하고 관리하는 국제기구로 디지털 영상 장치의 생산업체와 학계가 모여 디지털 영상의 호환성을 확보하기 위하여 표준을 정하는 국제적인 단체로 ICC에서는 운영체제와 소프트웨어의 범용적인 컬러 관리 시스템을 만들 목적으로 ICC프로파일을 만들었다. 서로 다른 입출력 장치 간의 일관된 컬러가 제한되도록 입출력 장치의 주요 컬러 특성 정보를 담은 파일을 ICC프로파일이라고 한다.

제 04 강

색의 조색

1 조색

① 조색이란 2가지 이상의 색을 혼합하여 다른 색을 얻는 것을 말한다. 색료의 3원색을 혼합하면 광원의 흡수율이 제거되거나, 커져서 결과적으로 명도가 감소된다.

② 조색은 이러한 감법 혼합의 원리로 출발되며, 일반적으로 조색의 방법으로 CCM을 활용한 조색과 육안 조색이 있다.

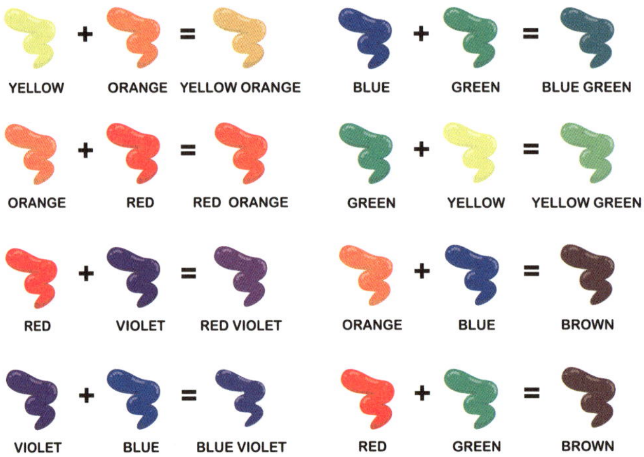

[그림 6-11] 조색

1) CCM(Computer Color Matching System) 활용 조색

① 색상 조색을 위한 처방을 구함에 있어 분광광도계를 이용하여 색을 측정한다.

② 측정된 데이터는 PC프로그램을 이용하여 과학적으로 관리한다.

③ 이를 이용하여 조색하는 방법을 말한다.

㉠ CCM 조색 과정

- 원색의 선정 및 기초 원색 데이터 입력
- 표준 색상의 입력(저장) - Formulation 포뮬레이션
- 기준 색상과 시료 색상의 수정
- 기준 색상과 시료 색상의 Q/C

㉡ CCM 활용의 효과

- 색상의 균일성 및 과학적 관리기능
- 비용절감 및 고효율화
- 제품생산의 신속성, 정확성 제고로 인한 경쟁력 향상
- 바이어의 다품종, 소량생산 요구에 부응
- 조색자의 능력 향상

2) 육안 조색

① 조색하고자 하는 목적 색상의 주조 색감이 어떤지 파악조차 힘든 경우도 많다.

② 육안조색방법

- 조색자의 경험으로 원색에 색감을 활용하여 시료 색상을 근접시켜 나가는 방법이다.
- 조색자의 숙련된 경험을 토대로 노력, 시간이 필요하다.

③ 측색기를 병행할 경우는 조색자의 경험과 CCM을 활용하여 조색한다.

(1) 육안조색방법

① 측색기를 통해 L*a*b*값을 측정한다.

② 표준광원 하에서 측정하고 조색하는데, 이는 메타메리즘을 방지하기 위함이다.

③ 표본색을 일정한 두께로 잘라 어플리케이터를 만든다.

④ 믹서기에 조색된 색을 섞는다.

⑤ 정일한 단위의 도료나 안료를 스포이드로 정확하게 공급해 준다.

⑥ 측정지에 도포한 후 L*a*b* 값을 기록한다.

⑦ 도포된 은폐율지에 도막 상태를 검사한다.

(2) 색채 재현의 범위

육안이 아닌 측색기를 사용한 3회 이상의 측색으로, 정확한 색채재현정량

(3) 육안조색 오차 판정

① 국제적으로 통용되는 표본의 합격은 개략적일 경우 색차는 1이하여야 한다.

② 정밀한 표본의 경우, E*ab ≤ 0.5 기준광은 D65이다.

2 조색 방법

[그림 6-12] 조색 방법

① 일반색상일 경우 원색 팔레트를 비교하여 색상의 방향이 달라지지 않도록 소량씩 첨가하여 조색하게 된다.
② 메탈릭이나 펄색상의 경우, 난반사나 관측위치 혹은 입자의 크기에 따라 느낌이 많이 달라질 수 있다.
③ 이럴 경우 메타메리즘이 발생하게 되는데, 조색하는 기준색의 펄 입자 크기 및 관측자 위치에 따른 안료의 특성을 감안하여 조색하도록 한다.
④ 형광성 색상의 경우 크세논 램프에서 측정하여 조색하도록 해야 한다.
⑤ 조색 시, 형광물질이 포함된 안료는 피해서 조색하도록 한다.
⑥ 조색 후의 색상비료는 Light box를 이용하여 CIE에서 정한 표준광원 아래에서 비교하는 것이 좋다.
⑦ 일반 자연광에서는 기준색과 시료색상은 동일한 위치에 놓고, 앞의 육안 검색 기준에서 언급한 관측자의 각도와 빛의 각도를 고려하여 검색하도록 한다.
⑧ 일반적으로 450° 혹은 900°에서 약 50cm 떨어뜨려 자연스럽게 비교 색상에 면적 대비를 고려하여 비교한다.

1) 조색 시 주의사항

① 조색제는 4~5가지 이내의 색을 사용하여 채도가 떨어지는 것을 방지한다.
② 고채도를 얻기 위해 대비 색을 사용하지 않는다.
③ 조색 시, 착색 후 색상의 변화를 감안하여 혼합한다.

2) 조색의 이해

① 명도가 높을 경우 : 보색색상이나 소량의 검정 첨가

② 명도가 낮을 경우 : 원색 또는 소량의 하양 첨가

③ 채도가 높을 경우 : 목적색과 같은 명도의 회색 첨가

④ 채도가 낮을 경우 : 원색 첨가

[그림 6-13] 컬러리스트 10색상환 조색 물감

10색상 조색 방법(컬러리스트 실기조색)

	BASE	추가 color	보색
R	카민, 버밀리언, 미들옐로	마젠타	비리디언
YR	버밀리언, 미들옐로	레몬옐로	세루리언블루
Y	미들옐로, 레몬옐로	버밀리언	바이올렛
GY	라이트그린, 레몬옐로	미들옐로	바이올렛
G	비리디언, 라이트그린	레몬옐로	버밀리언
BG	비리디언, 라이트그린, 세루리언블루	레몬옐로	버밀리언
B	세루리언블루, 코발트블루, 비리디언	레몬옐로	버밀리언
PB	코발트블루, 세루리언블루, 바이올렛(모브)		버밀리언
P	바이올렛(모브), 마젠타	버밀리언	라이트그린
RP	마젠타, 카민, 바이올렛(모브)	버밀리언, 미들옐로	라이트그린

기본, vv, lt, dp.pl, sf, dl, dk 고채도, 중채도 = Base color + 추가색
wh, ltgy, gy, dkgy, bk 저채도 = Base color + 추가색 + 보색

미용색채학
BEAUTY CHROMATOLOGY

CHAPTER 07

색채 디자인의 이해

제 01 강 디자인의 정의와 목적

1 색채 디자인의 정의와 목적

1) 디자인의 개념

(1) 디자인(Design)의 정의

① "계획하다" "설계하다"의 의미를 가진 디자인은 인간생활의 목적에 알맞게 실용적이면서 미적인 조형을 계획하고 다양한 문제를 인식해 문제를 해결하기 위한 기획을 하고 이를 실현하는 창의적인 과정이라고 할 수 있다.

② 디자인이라는 용어는 '지시하다, 표현하다'의 뜻을 가지고 있는 라틴어의 데시그나레(Designare)에서 유래되었다.

③ 디자인은 단순히 미를 추구하는 것이 아닌 인간과 관련한 모든 문제와 환경을 창의적으로 개선하고 해결하기 위한 복합적인 활동이라 할 수 있다.

(2) 디자인의 목적과 효과

① 디자인의 목적은 변화되어 왔다.

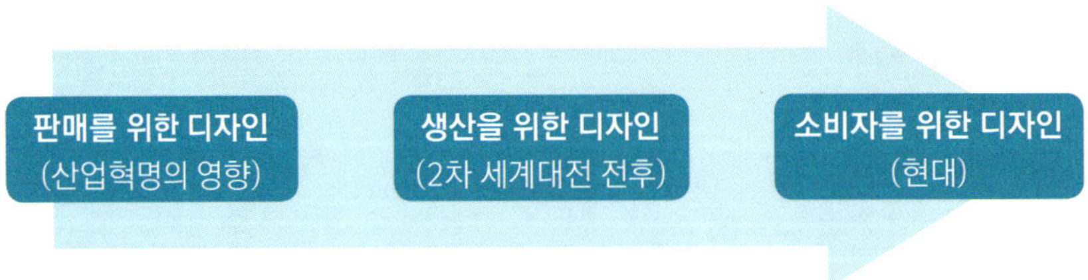

② 현대 디자인의 목적

- 인간의 문제와 관련한 자원의 보존, 재생, 환경, 사회복지와 구호 문제, 지역의 개발과 성장 및 교육문제, 인구와 공간 문제, 주거문제, 식량문제, 노동생산문제, 도시환경의 위생시설문제 등 인간의 다양한 욕구와 환경문제를 해결하기 위한 목적으로 사용되고 있다.

- 인간이 어떻게 하면 행복할 수 있는가? 라는 물음으로 인간의 삶을 더욱 풍요롭게 만들고 생활문화의 창조 및 생산과 소비의 가치 부여 및 행복한 소통의 수단이 되는 것이 디자인이다.
- 디자인의 목적을 달성하기 위한 활동으로는 "기획적 활동"과 "기능적 활동"으로 구분하며, 기획적 활동은 아이디어와 계획을 변형시키는 문제해결을 위한 정신적인 과정이며, 기능적 활동은 아이디어를 구체화시켜 형태의 구성과 조화를 통해 다양한 형식으로 제작하고 실체화하는 과정이다.

2) 빅터 파파넥(Victor Papanek)의 디자인의 기능

① 20세기 디자인 철학에 가장 큰 영향을 미친 디자이너이자 이론가인 빅터 파파넥은 인간이 가지고 있는 경제적, 심리적, 정신적, 기술적, 윤리적, 지적 요구와 같은 다양한 환경까지 고려한 복합적인 디자인의 기능에 대하여 설명하였다.

② 디자인을 미와 기능, 형태의 포괄적인 의미를 분리하지 않고 방법, 용도, 필요성, 텔레시스(목적), 연상, 미학 등 6가지로 구성한다고 말하고 이를 디자인의 복합적 기능이라고 언급하였다.

③ 도구와 재료, 작업과정의 상호작용의 방법, 용도에 맞는 디자인, 인간이 필요로 하는 디자인, 인간사회의 질서와 부합하는 디자인, 인간을 경험으로 한 디자인, 인간을 아름답고 흥미롭고 기쁘게 하며 감동시켜 의미 있는 실체를 만드는 도구가 되는 미학을 디자인의 기능이라고 하였다.

3) 순수미술과 응용미술, 분야별 디자인의 의미

① **순수미술** : 회화, 조각, 건축물을 포함 비실용적인 시각예술, 주관적, 자율적, 자기만족의 특징

② **응용미술** : 사회의 요구 범위 안에서 개인의 자유가 허용되는 검증과 대중의 만족이 중요한 조건이 된다.

③ **분야별 디자인**

분야	의미
미술	창작을 위한 기본 구상 또는 밑그림을 그리는 활동
공학	새로운 시스템을 창안하는 설계의 의미
건축과 조경	새로운 건물을 세우거나 공원 등을 조성하기 위한 계획의 의미
자동차 산업	외관을 다듬는 스타일링의 의미
마케팅	인간의 삶에 유용한 제품과 서비스를 창출하는 본원적 가치 창출 역할의 의미
기술	문제 해결을 위한 창의성을 발휘하는 시스템과 프로세스

4) 디자인의 방법

(1) 기능적 디자인 과정

① **제1단계**(욕구) : 불편함을 느끼는 단계로 인간의 욕구로부터 디자인은 시작된다.

② **제2단계**(조형) : 욕구에 따라 새로운 형태를 만들어 내는 단계

③ **제3단계**(재료) : 구상한 형태와 재료를 선택 실제로 만들기 위한 단계, 과학적 지식이 필요한 단계

④ **제4단계**(기술) : 선정된 재료를 기술적 요소를 첨가해 형태를 구체화하는 실현하는 과정

(2) 기획적 디자인 과정

① **제1단계** : 문제인식(문제에 대한 답을 얻고자 하는 욕구, 기획의 단계)

② **제2단계** : 자료수집(아이디어, 모든 정보 입수)

③ **제3단계** : 자료분석(자료분석을 통해 문제를 발견, 보완, 좋은 자료 선택 아이디어 창출)

④ **제4단계** : 평가(모든 과정이 효율적으로 진행되었는지 판단, 평가, 보다 나은 방법, 보완점을 찾는 과정, 평가를 통해 다시 문제 인식, 지속적인 순환과정을 통해 아이디어를 발전단계)

5) 아이디어 발상법

(1) 브레인스토밍(Brainstorming) 기법

- brain은 '두뇌', storm은 '폭풍, 습격' 이라는 뜻으로 정신병자의 돌연 발작을 의미하였으나 브레인 스토밍은 미국에 있는 광고회사인 BBDO 사의 부사장이었던 오스본이 1941년 훌륭한 아이디어를 생각해내는 기법으로 개발하였다.
- 아이디어 발상법 중 가장 많이 사용되는 기법으로 비판하지 않고, 자유분방한 아이디어를 환영하며, 질보다는 양을 중요시하였다.

(2) 마인드맵(Mind Map) 기법

- 토니 부잔(Tony Buzan)에 의해 개발된 생각의 지도라는 뜻, 아이디어를 지도를 그리듯 이미지화하여 발상하는 방법이다.

(3) 체크리스트(Checklist) 기법

① 알렉스 오스본(Alex Osborn)에 의해 개발, 문제해결을 위한 체크항목을 미리 작성하고 그것을 바탕으로 아이디어를 내는 발상법이다.

② 질문항목의 체크포인트

대체하면?	재료, 성분, 부품, 장소, 절차, 사람 등
결합하면?	구성 품, 목적, 방법, 아이디어 등
응용하면?	남의 아이디어를 빌려서 활용
변경하면?	의미, 색상, 동작, 소리, 냄새, 모양 등
확대하면?	크기, 두께, 높이, 강도, 농도, 빈도 등
축소하면?	크기, 두께, 높이, 강도, 농도, 빈도 등
다른 용도로 사용하면 또는 제거하면?	부품, 성분, 공간, 장소, 절차, 사람 등
거꾸로 하면?	모양, 방향, 크기, 성분, 순서, 역할 등
재배열하면?	구성 품, 배치, 순서, 일정 등

(4) 시네틱스(Sysnetics) 기법(유추법)

① 관계가 없는 것들을 결부시킨다는 의미로 그리스어에서 유래하였다.

② 시네틱스사를 창립한 W. 고든이 개발한 기법으로 새로운 사고 방법으로 관련 없어 보이는 2개의 요소를 한 개로 조립하는 과정으로 아이디어를 구하는 방법이다.

6) 디자인 용어

리 디자인	기존제품의 디자인을 개선하는 것
바이오 디자인	자연의 법칙을 바탕으로 새로운 유기체 디자인
베이직 디자인	기초, 조형요소로 창조능력을 높이는 디자인
반 디자인	너무 다 똑같거나, 좀 더 정신적인 것에 집중하자는 뜻
시스티메틱 디자인	체계적이고 조직적인 디자인
어고노믹스 디자인	정서적, 감성적인 측면을 고려하여 인간중심의 디자인
에고노믹스 디자인	Ego(자아)+Economy(경제)'를 바탕으로 디자인 된 것, 정서적, 감성적인 측면을 고려하여 인간중심의 디자인
에코(그린)디자인	환경 친화 디자인을 말함, 재활용, 재사용, 분해 가능한 디자인
오가닉 디자인	유기적 디자인, 2차 세계대전 이후 새로운 재료와 성형법으로 가능해짐
유니버셜 디자인	모든 사람들을 위한 디자인, 장애의 유무나 연령 등에 관계없이 모든 사람들이 제품, 건축, 환경, 서비스 등을 보다 편하고 안전하게 이용할 수 있도록 설계한 것, 모두를 위한 설계(Design for All)라고도 함
크레프트 디자인	수공예디자인, 전통적인 수공예를 현대적인 감각으로 디자인한 제품들
페미니즘	여성이라는 라틴어로 남녀는 평등하며 본질적으로 가치가 동등하다는 이념을 바탕으로 여성들이 주체성을 찾고자 1890~1960년 일어난 운동으로 여성해방운동 용어로 대체 사용
랜드마크	산, 고층빌딩, 타워, 기념물, 역사 건조물 등 멀리서도 위치를 알 수 있는 그 지역의 상징물의 의미

유비쿼터스	어디서나 인터넷에 접속 가능한 정보통신환경
오브제	돌, 나뭇가지, 동물의 가죽, 조개껍데기 등과 같은 자연재료와 공업적인 재료를 조합 새로움 또는 환상, 잠재되어 있는 욕망 등을 시각적으로 표현하는 기법
콜라쥬	피카소와 브라크의 큐비즘에서 시작된 표현기법, 비닐, 타일, 상표, 나뭇조각 등을 붙여 구성하는 기법
티져광고	현대 광고의 한 유형으로 광고캠페인 전개 초기에 소비자의 호기심을 불러 일으키기 위해 메시지 내용을 조금씩 단계별로 노출시키는 광고

7) 디자인의 5가지 요건

① 합목적성

어떤 목적을 이루는데 적합한 대상 또는 성질로서 조형물의 실용성이나 효용성이 있어야 한다.

② 심미성

합목적성과 반대의 개념으로서 아름다운 성질을 뜻하는 것으로 개인의 주관적 느낌과 민족, 대중이 공통적으로 느끼는 스타일이나 유행의 아름다움을 갖추어야 한다.

③ 경제성

대량 생산의 경우에는 경제적인 디자인이 될 수 있도록 가공, 조립 등 생산 공정의 모든 부분을 고려해야 한다.

④ 독창성

현대디자인에서 강조되어야 할 부분으로 모방행위는 디자인으로서의 가치가 없다.

⑤ 질서성

디자인의 다양한 요건들을 모두 만족시킬 수 있도록 각각의 요건들을 조화롭게 유지시키는 것으로 디자인의 조건 중에서 매우 중요한 부분으로 '디자인은 질서이다'라고 비유하기도 한다.

The 알아보기

추가고려사항
① 지역성(국가, 나라, 도시 등 고유의 특성)
② 친화연성(친환경적 지속 가능한 디자인)
③ 문화성(지리적, 풍요적, 생활습관 전용디자인)

The 알아보기

용어이해하기
- 굿디자인(GD MARK) : 산업디자인 진흥업에 의거 우수성이 인정된 상품에 부여하는 마크

제 02 강

디자인의 역사

1 초기 디자인 사

(1) 중세(11~14C)

① 기독교 사상을 중심으로 한 감상적이면서 추상적인 세계관이 특징

② 로마건축의 흐름을 이어받은 중세 유럽건축의 한 양식으로 로마네스크 양식이라고 한다.

③ 십자군 원정을 통한 이슬람 문화의 영향을 받아 종이의 제조법, 인쇄술, 화약제조법, 나침반 등이 유럽에 소개되었고, 연금술의 영향으로 화학공업의 밑거름이 되었다.

[그림 7-1] 피사대성당

(2) 고딕양식(14~15C)

① 로마네스크 양식과 르네상스 양식 사이에 나타난 고딕양식은 중세 후기 서유럽에서 일어난 미술양식

② 중세 문화를 대표하는 상징이며, 프랑스 파리의 고딕양식 건물은 노트르담 대성당이다.

③ 고딕 양식의 특징은 기둥과 기둥 사이의 벽체는 없어지고 창의 면적은 확대되어 화려한 스테인드글라스로 채워졌으며, 장미창이라고 불리는 둥근모양의 스테인드글라스 창문은 고딕성당건축의 상징적 형태가 되었다.

[그림 7-2] 노트르담대성당

(3) 르네상스(14~15C)

① 인간은 만물의 척도, 인간중심의 미술, 부활을 의미하는 르네상스는 프랑스어 르네트르(재생하다)에서 유래되었으며, 그리스와 로마시대의 재현을 주장하였다.

② 대표적인 작가는 미켈란젤로, 레오나르도 다빈치(대표작품 :모나리자)가 있다.

[그림 7-3] 모나리자

(4) 바로크(16C말~18C)

① 르네상스에 비하여 파격적이고 감각적 효과, 감정의 극적 표현, 풍만한 감각, 과장된 표현, 화려한 색채가 특징이며, 바로크 양식의 대표적인 건물은 베르사유 궁전이다.

② 대표적인 작가는 회화는 카라바조, 조각은 베로나니, 건축은 보로미니가 있다.

[그림 7-4] 베르사유궁전 내부

(5) 로코코(18C)

① 18세기 프랑스에서 생겨난 예술사조로 프랑스어인 로카이유, 조개무늬장식에서 유래되었다.
② 화려한 색채, 섬세한 장식의 건축이 유행, 색상은 부드러운 색조의 자주색, 분홍색을 사용하였고 대표적인 건축물은 상수시 궁전, 프리드리히 대왕의 여름궁전이 있다.

[그림 7-5] 상수시궁전

(6) 사실주의(19C중반~19C 후반)

① 자연 또는 인생 자체를 객관적 태도로 있는 그대로 묘사하려는 작가의 자세를 의미한다.
② 사실주의 화가들의 작품은 어둡고 무거운 톤의 색채가 주로 사용되었다.

(7) 산업혁명시대

① 18세기 후반 영국에서 시작된 산업혁명은 기계공업과 노동분업의 생산체계가 이루어지는 계기가 되었고, 수공업, 가내공업이 기계공업, 대량생산 체제로 기계에 대한 의존도를 더욱 높았다.

② 존 러스킨의 사상에 영향을 받은 윌리엄 모리스는 산업혁명에 의하여 인간이 아닌 기계에 의한 공예생산을 보고 산업기술 발전에 도움이 되지 않는다는 이유로 근대공예에 반기를 들었고 이러한 이유로 독자적인 디자인에 의한 수공예적인 것을 찬미하는 "미술공예운동"을 시작하게 된다.

2 근대 디자인사(산업혁명 이후)

(1) 미술공예운동

① 19세기 후반 존 러스킨의 영향을 받은 윌리엄 모리스에 의해 시작되는데 1857년 친구인 웹과 함께 런던의 외곽에 레드하우스를 건축한다.
② 모리스는 기계에 의한 대량생산에 반대하였고 산업혁명에 따른 기계화를 반발했고 20세기 디자인공예운동의 선구자로서 근대 디자인사에 가장 큰 영향을 주었다.
③ 미술공예운동의 색채는 올리브 그린, 크림색, 어두운 파랑, 황토색, 검은색 등으로 톤이 어둡거나 칙칙한 색을 주로 사용하였다.

(2) 아르누보

① 1890년경, 벨기에에서 시작되어 프랑스를 비롯한 유럽과 미국에 이르기까지 유행을 일으킨 장식예술 및 조형예술의 지배적 예술양식으로 윌리엄 모리스의 미술공예 운동의 영향을 받았다.
② 꽃, 물결양식과 같은 곡선미의 식물을 모티브로 하였으며, 대표 양식은 아르누보 건축물이 있다.
③ 색채경향은 인상주의의 영향으로 다채로운 색상과 밝고 부드러운 파스텔 톤을 사용하였다.

[그림 7-6] 아르누보 건축물

(4) 유겐트스틸

① 독일식의 아르누보라고 하며, 프랑스의 아르누보보다 중후한 느낌이다.
② 식물적인 요소를 주제로 하여 곡선의 변화와 율동적 패턴에 의해 추상화 및 양식화된 점이 특징이며, 자연의 여러 가지 형태를 기본적인 기하학적 형상으로 환원하였다.
③ 평면성에 대한 새로운 감각과 디자인 의지는 현대 미술 탄생의 한 원칙이 되었다.

(5) 큐비즘

사물의 존재를 대상 분할하여 재구성하였으며, 다채로운 색채를 사용하였다.

[그림 7-7] 피카소 「아비뇽의 여인들」

(6) 독일 공작연맹

① 독일의 미술, 공업, 수공예 분야의 전문가들이 협력하여 규격화된 기계생산품의 질적 향상을 도모한 단체로서 1907년 독일의 헤르만 무테지우스를 중심으로 결성되었다.
② 근대사회에서 기계화를 적극 인정하여 이제까지의 신공예운동보다 더 진보하였다.

(7) 구성주의

① 1920년대 ~ 1930년대, 러시아에서 일어난 추상주의 예술운동이다.
② 말레비치, 로드첸코, 엘리시츠키 등에 의해 일어난 조형운동이다.

(8) 데스틸

① 독일의 표현주의, 러시아의 구성주의와 함께 출현하였다.
② 네덜란드의 데스틸은 몬드리안, 데오 반 도스버그, 반톤게를로, 우아트 등이 참여한 것이다.

③ 입체파와 추상주의 미술을 주축으로 구성된 예술단체의 명칭이다.

(9) 바우하우스

① 1919년, 월터 그로피우스를 중심으로 독일의 바이마르에 설립된 조형학교
② 독일 공작연맹의 이념을 계승하여 예술적 창작과 공학적 기술의 통합을 목표로 삼은 새로운 교육기관이다.
③ 현대 건축, 회화, 조각, 디자인 운동에 결정적인 영향을 주었다.
④ 어떠한 제한도 없는 새로움을 추구하는 운동이다.

(10) 아르데코

① 아르누보의 뒤를 이어 1920년대 ~ 1939년대에 프랑스를 중심으로 전 세계에 전파되고 유행된 양식이다.
② 기능적인 단순한 미와 기계적·대칭적·기하학적 직선과 현대적이고 도시적인 이미지를 나타내었다.
③ 공업적 생산 방식을 미술과 결합시켜 기능미를 추구하였다.

[그림 7-8] 뉴욕 크라이슬러빌딩

(11) 야수파

① 20세기 초반의 모더니즘 예술에서 잠시 나타났던 표현주의의 한 형태로 색채를 표현의 도구뿐 아니라 주제의 이미지로 삼았다.
② 강렬한 표현과 색을 선호하였으며, 강한 붓질과 과감한 원색처리, 대상에 대한 고도의 간략화와 눈이 아닌 마음으로 느껴지는 색채를 밝고 거침없이 표현하였다. 대표 작가로는 앙리 마티스가 있다.

3 현대 디자인 사(1차 세계대전 이후)

(1) 다다이즘

① 1차 세계대전(1914~1918)말엽부터 유럽과 미국의 중심으로 일어난 예술운동으로 '다다'라고도 하였다.

② 조형예술뿐만 아니라 넓게는 문학, 음악의 영역까지 포함했다.

③ 자유로운 형태의 예술과 예술에 있어 자유로운 정신적인 측면을 새롭게 표현했다.

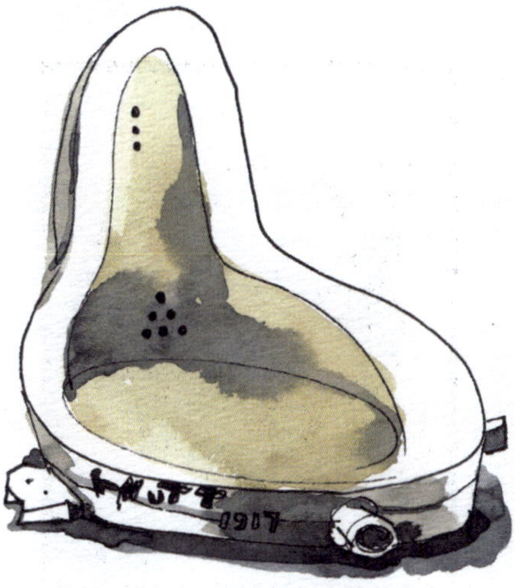

[그림 7-9] 마르셀 뒤상 「옹달샘」

(2) 초현실주의

1차 세계대전 직후인 1919년부터 2차 세계대전 발발 직전까지의 약 20년 정도 기간에 프랑스를 중심으로 일어난 전위적인 문화, 예술운동이다.

(3) 미래주의

① 이탈리아를 중심으로 역동성, 약동감, 운동감을 강조하였다.

② 색채경향은 미학적으로 차가운 금속색과 하이테크한 소재의 색채를 사용하였다.

(4) 미니멀리즘

① 최소한의 예술세계를 단순, 최소화하고 간결한 색채를 사용하였다.

② 색채경향은 검은색의 단색, 금속색 등의 절제된 단아함과 극단적인 간결성을 표현하였다.

(5) 팝아트

① 1950년대 초 영국에서 그 전조를 보였으나, 1950년대 중, 후반 미국에서 추상표현주의의 주관적 엄숙성에 매스미디어 광고 등 대중 문화적 시각 이미지를 미술의 영역 속에 적극적으로 수용하고자 했다.

② 대표적인 작가인 앤디워홀은 실크 스크린이라는 대량 복제가 가능한 인쇄 방법을 이용하여 반복적 이미지를 보여 주었으며, 대중적 이미지뿐만 아니라 공포의 이미지로 사용하였다.

③ 색채경향은 원색적인 색채를 이용하여 실크스크린 기법의 작업을 시도했다.

④ 대표작품은 앤디워홀의 코카콜라의 마크, 마릴린 먼로의 사진, 리히텐슈타인의 행복한 눈물이 있다.

[그림 7-10] 앤디워홀 「마릴린 몬로」

(6) 옵아트

① 960년대, 미국에서 일어난 추상미술의 한 동향으로 옵티컬 아트의 약칭이다.

② 인간의 원근법상 시각적, 심리적 효과로 착시현상을 활용하여 색의 진출과 후퇴의 변화, 중복에 의한 규칙의 변화로 공감각을 표현하였다.

③ 색채경향은 명도 대비, 색상 대비, 색채의 긴장상태를 유발하였다.

④ 대표작품은 바사렐라의 얼룩말, 브리지트 라일리의 사각형의 움직임이 있다.

[그림 7-11] 옵아트

제 03 강

색채 디자인의 분야

1 디자인의 구분

[그림 7-12] 디자인

① 디자인의 분야

환경디자인	외부 색채 계획 내부 색채 계획	주거, 상업, 업무, 문화, 공공 등의 목적을 갖는 건축물
		주거, 상업, 업무, 문화, 공공 등의 목적을 갖는 공간
제품 디자인	디지털제품 색채계획 생활가전색채계획	휴대폰, 노트북 등
		냉장고, 세탁기 등
시각 디자인	인쇄물 색채계획 아이덴티티 색채계획	포스터, 편집 디자인 등
		도시, 기업의 상징물인 CI, BI 등
멀티미디어 디자인	영상 색채 계획	웹 모바일, 영화 등
패션 디자인	패션 색채 계획	계절, 연령, 성별로 구분되는 패션제품
패션·미용디자인	패션·미용 색채 계획	퍼스널 컬러와 외적, 내적인 아름다움을 추구하는 미용 디자인

The 알아보기

색채 계획

① 색채 계획의 개념 : 색채 조절보다 진보된 개념으로 사용할 목적과 맞는 색을 선택하고 배색을 위한 자료 수집과 전반적인 환경 분석을 통해 효율적이고 아름다운 배색 효과를 얻기 위한 전반적인 계획 행위를 말한다.

② 기대효과 : 색채계획을 통해 기업 색채를 결정할 수 있고, 각 기업이나 회사, 판매 제품에 대하여 차별화와 경쟁력을 가질 수 있으며, 색채 연상 효과를 기대하며, 고객과의 소통이 원활해지면서 특별한 기술, 재료 활용, 색채와 형태의 이미지 조화, 유행 정보 등을 반영하고, 해당 분야 및 제품에 많은 영향을 끼치게 되며, 하나의 유행의 역사를 만들 수 있다.

③ 색채계획 및 디자인 계획 순서 : 조사를 통해 자료를 수집하고 분석하며, 색채를 전체적으로 컨셉을 정하여 방향을 설정하고 색을 사용하기 위한 방안과 계획을 체계화하여 잘 표현이 되는지 실시하여 그 결과를 본다.

④ 미용 색채 계획 : 개개인이 가지고 태어난 눈동자 색, 피부색, 모발 색 등을 통한 퍼스널 컬러 진단을 통하여 개개인에게 어울리는 색과 어울리지 않는 색을 선정 전문 컨설팅을 통해 미용 디자인과 색채를 계획한다.

⑤ 디자인 요소
- 개념 : 선, 면, 입체
- 시각 : 명암, 색, 질감, 크기
- 상관 : 면적, 무게
- 실제 : 목적성

⑥ 디자인의 원리
- 리듬 : 강조, 반복, 점이
- 균형 : 대칭, 비대칭, 비례
- 조화 : 유사, 대비, 통일, 변화

⑦ 디자인의 이해
- 직선 : 정직, 명료, 확신, 남성적
- 나선: 가장 동적 느낌
- 수직선 : 고결, 희망, 상승, 긴장
- 포물선 : 색도감
- 사선 : 동적, 불안감
- 곡선 : 우아함, 매력적, 여성적, 고상
- 쌍곡선 : 균형의 미

② 디자인의 분류

구분	시각디자인(소통)	제품 디자인(도구)	환경 디자인(공간)
2차원디자인 (평면)	그래 픽디자인 광고 디자인 편집 디자인 상업 디자인 사인, 심볼 디자인 타이포그래픽 레터링 일러스트레이션	텍스타일 디자인 태피스트 리디자인 벽지 디자인 용기 잡화 전자제품디자인 기계, 차량 선박 디자인	도시 계획 설계
3차원디자인 (입체)	POP광고 전시 디자인 포장 디자인	주방기구 가구디자인 액세서리디자인 패션디자인	인테리어디자인 엑스테리어디자인 조경 디자인 스트리트퍼니처 교통 표지 디자인 점포 디자인 도시환경 디자인
4차원디자인 (공간)	TV 디자인 CF 디자인 애니메이션 디자인 무대 디자인		

2 환경 디자인

[그림 7-13] 환경 디자인

1) 환경 디자인 분야

① 인간생활에 필요한 쾌적한 주변 환경 및 공간을 아름답게 만들기 위한 디자인이다.

② 도시환경 및 주거환경을 대상으로 한다.

③ 환경을 종합적으로 계획, 설계하는 일이다.

④ 건축 디자인 및 실내 디자인, 토목

⑤ 조경 디자인 및 환경조형물 디자인

⑥ 경관, 상업 및 환경조형물 디자인, 경관, 상업 및 전시 공간 디자인

⑦ 자연물, 사인시스템디자인 등이 있다.

2) 환경 디자인 목적

① 기능적, 심미적 측면을 고려하여 주변 환경과 조화를 이루는 색채 계획이 중요하다.

② 효율적인 작업공간이나 상징적인 효과를 주고자 한다.

③ 쾌적한 생활을 할 수 있는 환경을 계획, 설계해야 한다.

④ 인간과의 끊임없는 상호작용으로 이해되며, 인간 삶의 조건이자 터전임을 이해해야 한다.

3) 환경 색채의 분류 기준

(1) 관찰 거리 변화에 따른 구분

① **원경색** : 거리를 멀리서 봄

② **중경색** : 개별건축물색을 인식 가능한 거리에서 봄

③ **근경색** : 건축물에 에워싸인 정도의 거리에서 봄

④ **근접색** : 건물, 건재의 재질이 인지됨

(2) 전용 면적에 따른 구분

① **주조색** : 배색의 기본이 되는 색, 약 60~70%의 면적을 차지하는 가장 넓은 부분의 색

② **보조색** : 주조색을 보완하는 색, 약 20~30% 면적을 차지하는 색, 한 가지 또는 여러 가지 색

③ **강조색** : 전체의 기조를 해치지 않는 범위 내에서 강조하는 색, 분위기에 활력을 주는 역할

4) 환경 디자인 색채계획

① 공간의 기능, 용도를 명확하게 한다.

② 이용자가 쾌적감을 느낄 수 있는 공간이미지를 연출한다.

③ 색채의 배색은 심리적 작용을 고려하는 것은 물론, 공간을 구성하는 조형요소들의 색채조화를 통해 공간의 목적에 부합하도록 한다.

5) 실내 환경 디자인

① 실내공간에 대한 물리적, 환경적 조건, 실내에서의 인간생활을 위한 기능적, 정서적 조건 등을 고려하여 독창적, 합리적으로 실내공간을 계획하는 디자인

② 실내 환경 디자인 공간의 기본 요소는 바닥, 천정, 벽, 기둥, 개구부, 통로, 공감이다.

③ 실내 환경 디자인의 구분

실내 주거공간	현관, 거실, 침실, 주방, 욕실 등각각의 기능에 따라 나누어짐. 가족들의 성함이나 개개인의 취향에 따라 다양하게 디자인
실내 상업공간	사무공간인 오피스, 서비스공간인 식당, 병원, 백화점 등, 공간의 용도와 목적에 따라 색채 디자인

④ **실내 디자인 색채계획 프로세스** : 기획 및 상담 → 아이디어 시각화 및 방향설정 → 자료수집 및 분석 → 이미지 구축 및 디자인 → 색채 설계 이미지 모델 작성 → 대안의 평가 및 최종안 결정 → 색채 관리 및 감독

(1) 실내디자인에서의 색채 설계

① 공간 사용자의 생활패턴과 라이프스타일을 파악하고 공간의 기능적 요인을 고려하여야 한다.

② 잘 계획되고 꾸며진 건축물 공간이라도 색채 설계가 적당하지 못하다면 사람들에게 불쾌감과 실망감을 줄 것이다.

③ 실내디자인에서 색채는 재료 계획과 밀접한 관련이 있고, 대부분의 재료가 자신의 고유한 색감으로서 색채를 대신하고 있다.

④ **공간 사용자** : 색채 계획은 결국 인간을 위한 것이고, 인간의 심리적, 생리적 조건과 욕구에 부합되는 색채 계획이 이루어져야 한다.

(2) 공간의 기능 : 주거공간

① 편안하고 가정적인 분위기가 가장 선호되기 때문에 이런 느낌을 줄 수 있는 난색이 선호된다.

② 중성이나 흰색 톤을 사용하는 경우에는 대조나 난색의 강조를 통하여 따뜻함을 줄 수 있다.

③ 서로 연결되어 있는 공간은 톤을 통일하거나 계획된 대조 등을 통해 각 공간을 연결시킬 수 있는 방안이 고려되어야 한다.

(3) 공간의 기능 : 비 주거공간

① 음식점

- 식욕은 주변환경의 색채나 조명에 따라 큰 영향을 받기 때문에 어둡고 차가운 느낌의 무채색 및 파랑, 보라 계열의 색은 피하는 것이 좋다.
- 일반적으로 식욕을 돋우는 것으로 알려진 빨강이나 주황 계열의 색이 많이 사용된다.

② 갤러리

- 전시된 작품을 압도하는 색은 피해야 한다.
- 대부분 흰색이 많이 사용되고 있으나, 밝은 회색 및 채도가 낮고 밝은 유채색이 사용되기도 한다.

③ 사무실

- 장시간 근무를 하며 피로를 많이 느끼게 되는 경우가 많은 공간이므로 너무 단조롭거나 너무 복잡한 색채 계획은 피해야 한다.
- 많은 사람이 공감할 수 있는 색채 계획이 필요하다.

④ 병원

- 밝은 조명과 난색의 색채는 인간의 육체를 자극하게 되므로 회복 실 등에 적합하다.
- 약간 어두운 조명과 한색(녹색, 파랑)은 장기간 입원해야 하는 환자에게 적합하다.

- 수술실에서는 녹색은 혈액 및 조직과의 보색관계로서 의사가 수술할 때에 집중할 수 있는 효과를 준다.

(4) 공공 환경 디자인의 예시

① **교통시설** : 보도, 육교, 지하도, 교량, 신호등, 톨게이트, 가드레일, 도로표지, 정류장 등

② 가로시설물은 전체 도시환경 중 강조색에 해당되며, 그 자체가 독립적으로 인지되는 경우 안전성, 식별성 등의 기능뿐 아니라 하나의 오브제로서 도시경관을 결정짓는 요소이기도 하다. 그러나 강조 역할이라 해서 강한 배색으로만 일관해서는 안 되고, 시민들에게 친근감과 즐거움을 주어야 하며, 오히려 소란함, 피로, 지루함을 느끼게 한다면, 이는 색채의 역기능으로 시정되어야 한다.

③ 도시 가로시설물의 색채는 도시경관과의 통합적 고려 및 지역별 특성을 표현할 수 있는 토털 디자인의 개념으로 계획되어야 한다.

3 제품 디자인

[그림 7-14] 제품 디자인

1) 제품 디자인의 정의

① 제품의 성능은 기본적으로 충족시키되 소비자의 선호도에 부합하는 색채를 적용하여 제품의 부가가치를 높이는 디자인이다.

② 최근의 소비자는 감성적인 만족도가 높은 제품을 선호하는 경향을 보이므로 제품의 용도와 이미지에 부합하는 콘셉트를 표현하여 소비자의 만족도와 판매를 증대시킨다.

③ 제품 색채 배색 계획 기준은 소비자의 라이프 스타일, 관련제품의 경향, 가격대, 적용 소재의 색 범위를 고려하여 제품디자인의 배색을 계획한다.

2) 제품 디자인 색채 필요성

① 제품의 색채에서 외형은 소비자가 시각적으로 자극을 갖게 하는 중요한 수단
② 제품 소재는 사용자와 접촉하는 부분으로, 제품과 사용자 간의 촉각적인 인터페이스 공간
③ 제품 소재 표면처리의 목적은 완제품의 표면 품질을 향상시킨다.
④ 제품 표면에 여러 가지 효과를 주어 제품의 고부가가치를 창출하는 표면 처리 디자인(컬러, 소재, 표면처리, 가공 기술 등)으로 제품 경쟁력을 확보한다.
⑤ 제품 디자인의 다양한 색채 및 패턴을 사용하여 제품의 다양성과 고급스러움을 연출한다.

3) 제품 디자인 색채 계획 프로세스

① 제품 디자인 색채 계획은 제품의 성격, 시장 상황, 사용 대상자의 유형별로 다르게 접근한다.
② 제품 디자인은 실용성, 심미적 감성, 조형적 요소를 모두 갖도록 설계한다.
③ 기초조사(제품 기획, 시장조사, 소비자 조사, 색채 계획서 작성) → 색채계획 수립(이미지 방향 설정, 주조 색, 보조 색, 강조 색 결정, 소재 및 재질, 아이템 별 색채 전개) → 환경 색채 정립(결정 안 보고서 작성, 시제품 평가와 결정, 생산 및 홍보, 색채 관리)

4 시각 디자인

[그림 7-15] 시각 디자인

1) 시각디자인 분야

시각디자인의 분야의 색채 계획은 디자인 결과물의 목적, 전략 등에 부합하는 정보를 효과적으로 전달하는 데 목적이 있다.

2) 시각디자인의 종류와 목적

① **아이덴티티 :** 도시, 기업, 상품의 철학, 비전, 전략 등을 상징적, 차별적으로 나타내는 것을 목적으로 한다.

② **인쇄물 :** 주로 종이에 인쇄되어 표현되는 그래픽 디자인 결과물을 말함, 명시성과 주목성을 확보한 색채디자인은 효율적인 정보전달을 목적으로 한다.

③ **패키지 :** 주로 평면과 입체로 인쇄되어 표현되는 그래픽 디자인의 결과물을 말함, 진열 시, 상품 이미지를 명료하게 표현하여 경쟁력 확보를 목적으로 한다.

3) 인쇄물 색채계획

① 인쇄매체를 통해 메시지를 전달하는 것을 말한다.

② 인쇄물 색채 계획은 인쇄색의 원리를 이해하고 목적에 맞는 종이, 레이아웃, 폰트, 그래픽 요소 등 다양한 요소의 조화를 이끌어내는 것이 중요하다.

바탕으로서의 색	본래의 종이 색 또는 별도로 인쇄된 색, 대부분의 경우 '주조색'의 역할을 함
정보전달의 색	텍스트(본문, 제목)또는 이미지 등에 적용된 색, 대부분의 경우 '보조색'의 역할을 함
장식으로서의 색	일부 요소에 적용된 배경, 텍스트, 이미지, 도표 등에 적용된 색, 대부분의 경우 '강조색'의 역할을 함

⇒ 종이, 이미지 텍스트, 장식 등의 면적에 따라 위 표와 같은 기능을 함

5 멀티미디어 디자인

[그림 7-16] 멀티미디어 디자인

1) 멀티미디어 디자인의 정의

(1) 멀티미디어 디자인이란?

① 다양한 멀티미디어 매체를 통해서 보이는 동영상, 디지털방송, 온라인게임, 웹 사이트, 휴대폰, 어플, 영화 등 정지되어 있는 시각이미지가 아닌 화면이 전환되면서 시각적인 자극을 주는 것이다.

② 효과적인 정보전달을 기본조건으로 하며, 이 조건을 충족시킴과 동시에 심미성을 갖추어야 한다.

(2) 색채

① 홈페이지 전체 배경색은 White이다.

② White와 Green의 배경에 Black 텍스트로 가독성을 확보한다.

③ 정보전달을 위한 제목, 버튼 등에 고명도 Green을 적용하여 CI 컬러감이 부각된다.

④ 광고 및 배너는 자유로운 색을 적용하여 강조한다.

(3) 메뉴별 강조 색 분석

① 검색을 위한 메인 페이지로 로고색인 Green이 강조색으로 적용된다.

② 구성하고 있는 정보페이지로 Green, Black이 강조색으로 적용된다.

③ 정보구성의 메인 테마 페이지는 Green을 강조색으로 사용한다.

④ 뉴스, 스포츠, 날씨 등 정보전달은 신뢰성 있는 Blue를 사용한다.

6 패션 디자인

[그림 7-17] 패션 디자인

1) 패션 디자인의 정의

실용성과 심미성을 기본으로 아름다운 배색 효과를 얻기 위한 것으로 트랜드를 기반으로 하여 시장정보, 유행 정보를 바탕으로 디자인 한다.

① **패션 디자인의 목적 :** 신체 보호, 소속 표현 등 패션디자인의 기본요소를 충족시키면서 착용자의 개성 표현과 판매 증대 등을 목적으로 한다.

② **배색의 기준 :** 계절감, 스타일, 소재, 기능, 브랜드 이미지, 유행색, 성별, 연령, 가격대, 적용 소재의 색 범위 등을 고려하여 배색한다.

2) 패션 디자인 패션 색채계획

① **요소 :** 선, 재질, 색채를 고려해야 한다.

② **원리 :** 균형, 리듬, 강조, 비례 등 배색의 원리를 이용하고 활용해야 한다.

③ **조건 :** 기능성, 구조성, 심미성을 고려해야 한다.

3) 패션 색채 계획 프로세스

① **색채 정보 분석 단계 :** 컨셉 확인 및 정보 정리 단계

② **색채 디자인 단계 :** 발상 및 샘플 제작 단계

③ **평가 단계 :** 샘플 작품에 의한 테스트 판매 평가, 생산 부분에 대한 프레젠테이션과 판매촉진계획, 생산 부분에 대한 프레젠테이션과 판매촉진계획

④ **관리 단계 :** 상품의 색채 관리, 색채 계획의 효과 등을 분석한 후 차기 시즌을 계획하고 준비하는 단계

4) 패션 디자인의 다양한 의미

① 시각적 또는 촉각적 형상의 특징을 의미하며, 색· 무늬· 실루엣 등을 볼 수 있고 만질 수 있는 실체를 말한다.

② 발상 단계에 있는 기획이나 아이디어를 가리킨다.

예 내년 여성복에 대한 상품 계획, 신소재를 이용한 의복의 기능성 계획 등

③ 디자인에 따라 검토되고 최종적으로 정리된 계획의 최종 결과물, 즉 제품 자체도 디자인에 포함된다.

- 상품 기획에 따라 생산된 개개의 의상 등을 말함

④ 계획을 세운 입안자의 의도, 의향이 다른 것에 비해 특징이 있는 부분을 가리킨다.

⑤ 물건을 사용하는 과정도 포함시킨다.

예 소유하고 있는 의상을 어떻게 착용하는가, 어떻게 관리 하는가 등

제 04 강 미용 디자인 및 미용 색채의 개요

1 미용 디자인

[그림 7-18] 미용 디자인

1) 개요

① 아름다움을 추구하는 것은 인간의 본능이다. 인간의 용모를 아름답게 꾸미는 창작활동을 미용이라고 하며, 미용디자인의 연출 시 고유의 신체 색인 피부, 눈동자, 모발 등을 고려하고 시대적 유행성과 고객의 미적 욕구에 부응해야 한다.

② 미용은 패션과의 조화를 통해 개인의 미적 욕구의 만족을 기본으로 인체에 직접 디자인하므로 보건. 위생상 안전해야 하며, 사회활동에 도움이 되어야 한다. 인간이 가지고 있는 기본적인 욕구인 아름다워지고 싶은 미적 욕구를 충족시키기 위한 것으로 각 개인이 지니고 있는 신체의 모든 부분을 아름답게 만드는 것이다.

③ 미용디자인의 과정은 디자인할 소재의 특성을 먼저 파악한 후 미용의 목적, 선호하는 유행과 색채 등에 대한 고객의 의견을 참고하여 종합적으로 결정해야 한다.

④ 미용디자인의 색채 계획은 메이크업, 의상, 헤어스타일, 피부와의 조화를 고려하여 개개인의 개성을 부각시키고, 상황에 따라 메시지를 전달하도록 계획해야 한다.

⑤ 미용디자인은 형태, 선과 점, 면, 질감, 도구에 의해 표현되며, 패션과의 조화를 완성하는 매우 중요한 아름다움을 추구하는 고객의 미적 욕구를 만족시킬 수 있는 분야이다.

2) 미용 디자인의 영역

(1) 헤어 디자인(Hairstyle)

[그림 7-19] 헤어 디자인

① 머리 형을 말하며, 헤어두(hairdo)라고도 한다. 머리형은 시대, 민족, 개인에 따라서 다양하게 나타나며, 패션디자인과 함께 발전하였다.
② 계급이나 성별을 나타내는 수단으로 사용되기도 하고 염색을 통해 다양한 스타일을 구현할 수 있는데 염색은 염모제가 모발의 피질층(coretex)에 침투해 색상을 입히는 것을 말한다.

(2) 메이크업(make-up)

[그림 7-20] 메이크업

① '제작하다', 보완하다. 라는 의미로 메이크업은 화장품, 도구를 이용 신체의 장점을 부각하고 단점을 보완·수정하는 창의적인 미적 행위로서 자신의 정체성과 가치관을 표현할 수 있다.
② 먼지나 자외선, 대기오염 및 온도 변화에 따라 피부를 보호하고 얼굴의 단점을 보완하며, 자신을 좀 더 아름답게 표현할 수 있다.
③ 색의 진출과 후퇴의 성질과 팽창과 수축의 성질을 이용 얼굴의 단점을 보완, 수정가능하다.
④ 화장품의 질감으로 피부의 결을 고르고 부드럽게, 아름답게 보이도록 할 수 있다.
⑤ 메이크업은 T.P.O(시간·장소·목적)에 따라 다른 메이크업이 되어야 한다.
⑥ 각기 다른 피부색과 모발 색 상태에서 이루어지므로 전체 미에 바탕을 둔 색의 조화가 중요하다.

(3) 네일 아트(nail art)

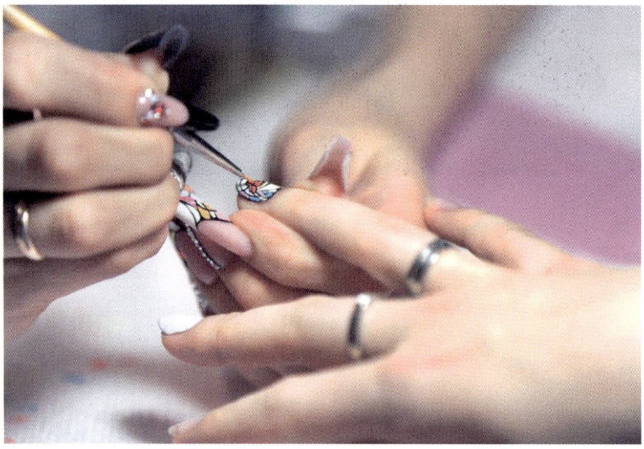

[그림 7-21] 네일아트

① 손톱, 발톱 등을 예술적이고 아름답게 표현하는 것으로 손, 발톱에 그림을 그린다든가, 보석을 붙여서 창의적으로 미적 표현을 하는 것이다.
② 네일 아트는 네일의 기초 관리, 컬러링, 인조네일 시술 등 손톱과 발톱에 관한 관리의 모든 것을 말하며, 건강한 네일을 유지하고 아름답게 꾸며 미적욕구를 충족하는 데 목적이 있다.
③ 매니큐어는 라틴어 마누스(manus, 손)와 큐라(cura, 관리)라는 단어의 합성어에서 유래되었으며, 매니큐어는 손에 관한 전체적인 관리, 페디큐어는 라틴어 페디스(pedis 발)와 큐라(cura, 관리)의 합성어로 유래되어 발톱과 발을 건강하고 아름답게 가꾸는 발 관리를 의미한다.
④ 퍼스널 컬러 진단과 컬러테라피를 통한 개개인의 색을 선택 디자인 할 수 있다.

(4) 스킨케어(skin care)

[그림 7-22] 스킨케어

① 스킨케어 즉, 피부관리는 피부에 대한 보호, 피부 손질을 말한다.

② 피부의 색은 헤모글로빈(혈액의 색), 멜라닌(검은색 또는 브라운색), 카로틴(빨강, 노랑, 보라색)의 양에 따라 다르게 나타나는데 이 피부색이 퍼스널 컬러 진단에 주요한 역할을 한다.

③ 피부관리에 사용하는 제품을 "스킨케어 화장품"이라고 하는데, 얼굴, 보디 관리 제품 및 체모를 제거하는 물리적 제모용 왁스 및 제모크림 등도 화장품에 해당된다.

④ 컬러아로마 보틀, 컬러 페이스, 보디팩 등의 제품을 활용한 심신안정컬러테라피가 가능하다.

2 미용 색채의 개요

① 메이크업은 TPO에 맞는 메이크업을 선정 조명의 색 온도에 영향을 받으므로 장소의 실내 공간 환경 디자인도 고려하여 적합한 색상을 선정하여 디자인 한다.

② 형광등 아래에서는 붉은색이 함유된 파운데이션과 볼 연지로 혈색을 준다.

③ 백열등 아래에서는 붉은색의 볼 연지가 더욱 혈색 있어 보인다.

④ 따뜻한 오렌지나 레드 계열의 색을 적용하면 명랑하고 활달한 분위기가 연출된다.

⑤ 메이크업의 종류는 데일리 메이크업, 혼주 메이크업, 웨딩 메이크업, 면접 메이크업, 무대 분장, 방송 메이크업 등이 있다.

⑥ 메이크업 미용 디자인에는 다양한 컬러를 활용한 속눈썹 연장 술, 속눈썹을 고정시키는 속눈썹 펌 등의 미용 디자인도 가능하다.

⑦ 네일 아트 컬러링 시술 시 고객의 피부 톤에 어울리는 퍼스널 컬러 진단을 통한 어울리는 색을 선정, 디자인 할 수 있고, TPO에 맞춘 미용디자인이 가능하며, 마음의 에너지의 컬러로의 디자인의 색채를 활용할 수 있다.

⑧ 헤어 염색의 경우 퍼스널 컬러 진단을 통해 어울리는 색을 선정 피부색의 조화를 고려하여 계절과 유행을 반영 미용 디자인 색채를 선정·관리할 수 있다.

⑨ 스킨 케어의 경우 고객의 심신에 안정을 줄 수 있는 마음의 에너지 컨설팅을 통하여 컬러를 활용한 소통이 가능하며, 컬러를 통한 스킨케어관리가 가능하다.

⑩ 천연의 다양한 컬러와 아로마 오일을 함유한 일반화장품으로 허가받은 제모용 왁스를 활용하여 인체에 미용적으로 지저분해 보이는 털을 제거할 때 다양한 컬러와 아로마 향으로 왁싱시 고객이 느낄 수 있는 통증을 최소화하여 심신의 안정에 도움을 주는 색채를 활용한 미용왁싱도 뷰티트랜드로 자리잡고 있다.

미용색채학
BEAUTY CHROMATOLOGY

CHAPTER 08

색채 심리의 이해

- 01강 색채의 정서적 반응
- 02강 색채의 연상과 상징
- 03강 색채와 문화
- 04강 색채의 기능
- 05강 색채심리효과
- 06강 색채마케팅의 개념

제 01 강 색채의 정서적 반응

1 색채와 심리

1) 색채 심리학

① 인간의 마음을 즉 심리를 연구하는 학문을 우리는 심리학이라고 한다. 색채와 관련하여 인간이 심리적으로 어떠한 반응과 행동을 보이는지를 연구하는 학문을 "색채 심리학(Color Psychology)"라고 한다.

② 색을 인간이 어떻게 지각하는 지와 그 지각을 통한 여러 가지 색으로 나타나는 심리 현상들을 연구하고 그 색의 인상과 조화감 등 색의 심리학적인 부분들과 생리학적, 예술적, 디자인, 건축 분야 등 다양한 분야에 어떠한 관계를 갖는지를 연구하고 인간의 심리가 각 분야에 어떠한 영향을 주는지를 연구하는 것을 색채 심리를 활용한 연구라고 할 수 있다.

2) 기억색(Memorial Color)

① 기억색은 인간이 살아온 환경, 문화 등에 매우 밀접한 관계가 있으며, 인간의 의식 속에 자리잡은 상징색 또는 고정관념 또는 대상의 표면색에 대한 무의식적 추론에 의해 결정되는 색채로 대뇌에서 일어나는 주관적인 경험을 말한다.

② "바나나는 무슨 색" 이라는 질문에 "노란색" 이라고 답하는 것처럼, 물체의 표면색에 대하여 무의식적으로 깊게 생각하지 않아도 자연스럽게 말하게 되는 색을 말한다.

3) 색채 경험과 정서적 반응

색채 경험은 주위 환경, 문화적 배경, 지역과 풍토, 대뇌에서 일어나는 주관적 경험으로 개인적 심리상태에 따라 다르게 나타나며, 외부의 객관적 현상들이 동일하다 할지라도 개인의 경험이나 주위환경에 따라 다르게 색을 지각하게 되며, 정서적으로 다르게 반응하게 된다.

2 색채의 일반적 반응

1) 프랭크 만케(Frank H. Mahnke)의 색채 경험 피라미드

색채 경험에 영향을 주는 6개의 색 경험 단계를 피라미드 형태로 설명한다.

생물학적 반응단계	① 색자극에 대한 생물학적 반응
	② 집단적 무의식
수동적 의도단계	③ 의식적 상징화 → 연상
	④ 분화적 영향과 매너리즘
능동적 의도관계	⑤ 시대사조와 패션 스타일의 영향
	⑥ 개인적 관계

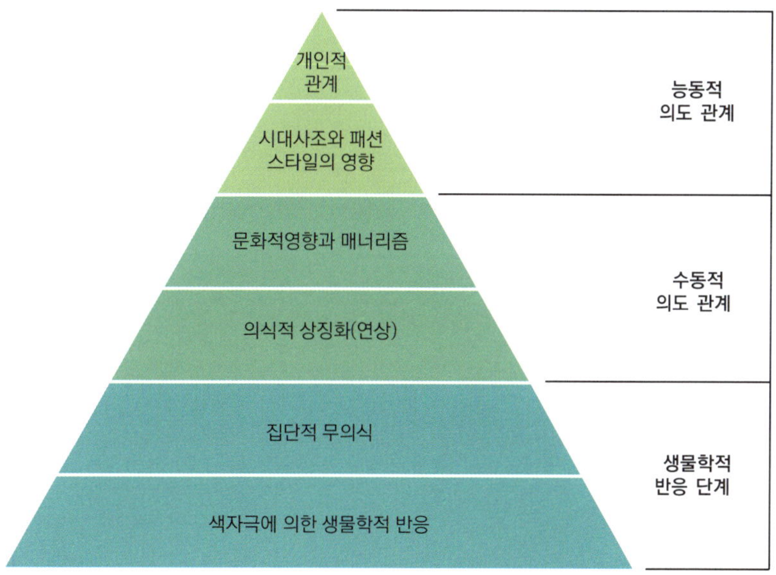

[그림 8-1] 프랭크 만케의 색채 경험 피라미드

3 색채와 공감각(촉각, 미각, 후각, 청각, 시각)

1) 공감각

① 공감각은 색채의 특성이 다른 감각으로 표현되는 것으로, 동시에 다른 감각을 함께 느끼는 것을 의미한다. 어떤 감각에 자극을 주었을 때, 다른 영역의 감각을 불러일으키는 감각 간의 전이 현상, 즉 "감각 간의 교류 현상"으로 메시지와 의미를 전달하는 특성이 있다.

② 색채는 시각으로 느끼는 감각 현상이며, 눈을 통한 시감각 기관을 통해 대뇌로 전달 색의 감각을 느끼며, 이 물리적 자극에 의한 감각은 한 개로만 느껴져야 하는데, 시각, 청각, 미각, 후각, 촉각 등 다양한 감각을 함께 느낄 수 있다. 이러한 감각 영역의 경계를 넘어선 감각 현상을 공감각이라고 한다.

③ 공감각에는 어떤 소리를 듣게 되면 색이나 빛이 눈앞에 떠오르는 색청 현상이 일어나는데 소리의 음정이 변화하면 느껴지는 색감도 다르게 느껴진다. 저음은 어두운 색, 고음은 밝은 색으로 표현되며, 환시로 불리는 색상 지각 현상도 이와 비슷하게 맛, 촉감, 고통, 냄새, 온도 등의 감각을 수반한다.

2) 색채와 공감각

(1) 촉각

피부 및 점막에서 물체의 접촉을 느끼는 현상으로 색조에서 색의 촉감을 느낄 수 있다.

① **강하고 딱딱한 느낌** : 저명도, 고채도

② **평활, 광택감** : 고명도, 고채도

③ **촉촉한 느낌** : 파랑과 청록 등의 한색 계열

④ **건조한 느낌** : 주황색

⑤ **거친감** : 어두운 회색

⑥ **유연감** : 난색계열

⑦ **부드러운 감촉** : 밝은 핑크, 밝은 하늘색

(2) 미각

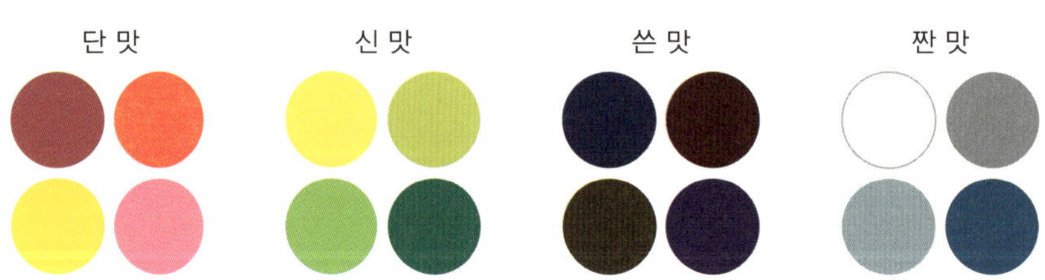

[그림 8-2] 맛과 색채

짠맛, 단맛, 신맛, 쓴맛 4가지로 구별되는 맛을 느끼는 감각으로 혀를 댈 때에 느끼는 감각이다. 주황색, 빨강, 맑은 황색 계통의 색들은 강한 식욕감을 일으킨다.

① **짠맛** : 연녹색, 회색, 청록색과 회색, 연파랑

② **단맛** : 난색 계열, 빨강 느낌의 주황, 노란색

③ **신맛** : 녹색 느낌의 황색

④ **쓴맛** : 한색 계열, 진한 청색, 올리브 그린, 갈색, 파랑

⑤ **새콤한 맛** : 오렌지색

(3) 후각

색상을 통해 냄새를 느끼는 교류 현상이며 좋은 냄새는 맑고 순수한 고명노 색, 나쁜 냄새는 어둡고 흐린 난색 계통의 색상이 연상된다.

① **민트, 박하 향** : 그린색

② **머스크향** : 빨간색, 골드 옐로

(4) 청각

소리를 듣는 감각으로 높은 음, 낮은 음, 표준 음, 탁음 등이 있다.

① **높은 음** : 밝고 강한 고 채도의 색

② **낮은 음** : 저명도, 저채도의 어두운 색

③ **표준음** : 중명도와 중채도의 색

④ **탁음** : 회색 기미의 비교적 채도가 낮은 색

The 알아보기

뉴턴의 색채와 소리 (색을 칠 음계와 연계) : 빨강(도), 주황(레), 노랑(미), 녹색(파), 파랑(솔), 남색(라), 보라(시)

(5) 시각

① 이텐(J. Etten)은 색채와 모양(형태)의 공감각적 연구를 통한 색채와 모양의 조화로운 관계성을 연구하였다.

빨강	주황	노랑	녹색	파랑	보라	갈색	흰색	회색	검은색
정사각형	직사각형	역삼각형	육각형	원	타원형	마름모	반원형	모래시계형	사다리꼴형

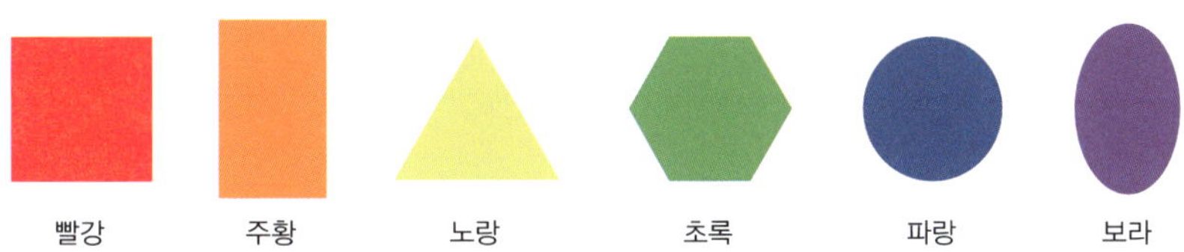

[그림 8-3] 이텐의 색채와 모양(형태)

제 02 강 색채의 연상과 상징

1 색채의 연상

1) 연상

① 연상이란 색채자극으로 생기는 감정의 일종으로 경험과 연령에 따라 변하며, 특정 색을 보았을 때 떠올리는 기억, 느낌을 말한다.

② 색의 연상은 구체적 연상과 추상적 연상, 부정적 연상, 긍정적 연상으로 나뉜다.

③ 색채의 연상은 경험에서 나오는 기억색과 밀접한 관계가 있으며, 생활양식, 문화적 배경, 지역과 풍토, 나이, 성별, 평소의 경험적 감정과 인상의 정도에 따라 개인차가 심하게 나타날 수 있다.

④ 동일 문화권의 경우 색채 연상이 비슷하여 같은 색을 대한 선호도와 지역적, 인종적 특색을 만들기도 하며, 색채는 시대를 초월 지역성을 넘어 언어를 대신하고 의미를 함축하여 소통의 수단으로 사용할 수 있다.

2) 색채 연상의 역할

① **제품정보** : 바나나 우유

② **기능 정보** : TV리모컨(인지성과 편리성 제공)

③ **사회, 문화정보로의 역할** : 붉은 악마(일체감과 유대감 형성)

④ **언어적 기능** : 유니폼, 지하철노선도

⑤ **국제언어로서의 역할** : 국기 색, 안전 색채 등

3) 색채의 구체적 & 추상적 연상

색상		구체적 연상	추상적 연상
	빨강	태양, 사과, 에너지, 피, 불, 태양, 장미, 입술, 신호등, 소방차 등	위험, 분노, 정열, 애정, 화려, 흥분, 분노, 더위, 생명, 열정, 자극, 능동적, 쾌락
	주황	오렌지, 살구, 당근, 가을, 단풍 등	원기, 기쁨, 즐거움, 활력, 적극, 초조
	노랑	바나나, 개나리, 레몬, 병아리 등	희망, 쾌활, 교만, 질투, 명랑, 신경질
	연두	잔디, 새싹, 초여름, 유아 등	친애, 젊음, 신선, 희망, 청순, 천박, 신선
	초록	풀, 초원, 산, 나뭇잎, 자연 등	평화, 고요, 안식, 피로해소, 평화, 휴양
	파랑	바다, 푸른 하늘, 남성, 푸른 보석	시원함, 무서움, 냉정, 성실, 이성, 서늘함
	남색	천사, 살균, 도라지, 출산 등	침울, 숭고, 영원, 무한, 냉정, 신비
	보라	향수, 고전, 라일락, 포도 등	외로움, 우울, 고귀, 세련, 예술, 우아
	자주	코스모스, 와인, 복숭아, 자두 등	애정, 성, 정열, 창조
	흰색	눈, 설탕, 간호사, 백합, 웨딩드레스	청결, 소박, 순수, 순결, 밝음, 신성, 깨끗
	회색	비둘기, 노인, 아스팔트	겸손, 우울, 무기력, 고독, 절제, 중후함
	검정	밤, 죽음, 장례식, 암흑, 눈썹	부정, 허무, 절망, 고급, 세련, 권위, 침묵

2 색채의 상징

1) 상징

① 상징은 눈에 보이지 않는 추상적인 개념이나 사상을 형태나 색을 가진 다른 것으로 직감적으로 알기 쉽게 표현한 것을 말한다. 어떠한 하나의 색을 보았을 때 특정한 형상 또는 뜻이 상징되어 느껴지는 것을 말한다.

② 신분, 계급 구분, 방위의 표시, 지역 구분, 경고 표시, 수치의 시각화 기구 또는 건물의 표시, 주의 표시, 국가, 단체의 상징 등으로 사용되며, 기업의 아이덴티티를 강조하기 위해 하나의 색채로 이미지를 계획하여 사용하기도 한다.

③ 관료의 복장, 오방색의 방위, 올림픽의 오륜 마크, 각국의 국기 등이 이에 해당된다.

제 03 강

색채와 문화

1 색채와 자연환경(지역색, 풍토색)

1) 지역색

각 나라와 지역마다 문화, 종교, 자연환경, 사상 등의 영향으로 고유의 색을 가지는데 이러한 특정 나라와 지역을 대표하는 색으로 한 지역의 정체성을 대변하는 색채이며, 특정지역의 지형적 요소, 토양의 색, 지리, 기후적 자연환경과 자연스럽게 어울리고 선호되는 색채로 국가나 지방의 특성과 이미지를 부각시킨다.

2) 풍토색

특정 지역의 기후나 토지의 색으로 기후나 습도, 바람, 태양빛, 흙의 색, 돌 등 지리적으로 서로 다른 환경적 특색을 지닌 지방의 풍토를 두드러지게 표현하는 특정색을 말한다.

2 문화별 상징색(오륜기)

1) 오륜기

[그림 8-4] 오륜기

근대 올림픽을 상징하는 오륜기는 올림픽의 공식 엠블럼으로 1913년에 쿠베르탱(P. Coubertin) 남작에 의해 만들어졌으며, 유럽(파랑), 아시아(노랑), 아메리카(빨강), 오세아니아(초록), 아프리카(검정)으로 세계를 의미하는 월드의 이니셜인 W를 시각적으로 형상화하였다.

3 인간의 색채 선호

① 색채 선호는 특정 색을 좋아하는 경향을 의미하며, 현대사회 트랜드가 빨리 변화되고 있어 색채 선호도 조사 실시 주기도 짧아지고 있다.
② 색채 선호는 개인, 연령, 문화적 차이, 환경, 구체적인 대상에 따라 차이를 보이며, 국제적으로 성별, 국가 차이 없이 청색-적색-녹색-자색-등색-황색 순으로 선호도를 보인다.
③ 색채 선호는 태양광의 일조량, 성별, 민족, 지역, 세월에 따른 변화, 교양, 소득, 학습, 성격, 연령에 따라 다양한 양상으로 나타난다.
④ 색채 선호도 조사방법으로는 SD법, 감성 데이터 베이스조사법, 순위법 등이 있다.

The 알아보기

SD법(언어 척도법)
심리학자인 오스굿(C.E. Osgoods)의 의해 고안된 색채 이미지 연구법이며, 조사 대상자의 선호도를 비교·분석하여 대상 색채의 지각 현상과 감정 효과를 객관적으로 측정하는 방법이다.

1) 자연환경에 따른 선호색

① 더운 지방은 난색을 선호하고 추운 지방은 한색을 선호한다.
② 일조량이 많은 지역은 장파장, 일조량이 적은 지역은 단파장을 선호한다.

2) 사상별 선호색

① **사회주의 국가 :** 붉은색(혁명, 투쟁, 사회주의 사상)
② **민주주의 국가 :** 푸른색(합의, 조화)

3) 나라별 선호색

① **라틴계 :** 정열이 넘치는 민족, 스페인, 포르투갈, 프랑스, 이탈리아, 선명한 난색 선호
② **게르만인 :** 스웨덴, 덴마크, 노르웨이, 아이슬란드인, 한색 선호
③ **중국 :** 붉은색, 노란색
④ **아프리카 :** 이슬람문화의 영향으로 검푸른 천, 검은색 선호

⑤ **일본** : 섬나라의 환경적 특성, 파란색 선호

⑥ **이스라엘** : 하늘색

⑦ **인도** : 빨간색, 초록색

⑧ **네덜란드** : 오렌지색

⑨ **태국** : 각 요일의 색채 전통적으로 제정, 일요일(빨간색), 월요일(노란색)

4) 종교별 선호색

① **회교**(이슬람) : 초록색, 사막지역 특성, 오아시스 상징

② **불교** : 황금색(부처님 황금상 상징)

③ **힌두교** : 노란색(노란색 옷 선호)

④ **기독교** : 빨간색(예수님의 죽음 상징), 흰색(천사 상징)

⑤ **천주교** : 파란색(성모마리아의 고귀함 상징)

5) 신분 및 계급의 상징색

① **중국** : 황금색

② **로마** : 자주색

③ **우리나라** : 왕족(황금색, 노란색), 1품~3품(홍색), 3품~6품(파란색), 7품~9품(초록색)

④ **기독교** : 빨간색(예수님의 죽음 상징), 흰색(천사 상징)

⑤ **천주교** : 파란색(성모마리아의 고귀함 상징)

6) 사회문화정보로서 색채의 의미

① **노란색** : 동양(신성한 색), 미국(겁쟁이, 배신자), 말레이시아, 브라질 등 혐오색

② **장례식** : 동양(흰색), 서양(검은색)

③ **흰색** : 서양(순결), 동양(죽음)

④ **파란색** : 21세기 디지털 색채, 민주주의, 현대 남성복, 중세시대의 권력의 색

⑤ **환경색** : 녹색(번영), 황색(대지와 태양), 청색(하늘과 바다)

7) 유형별 색채 선호도

① 유아 : 단순한 배색, 고명도, 유채색, 노랑, 분홍, 흰색, 주황, 빨강 선호

② 어린이 : 노란색

③ 낮은 연령 : 장파장 원색, 밝은 톤

③ 성인 : 단파장, 파랑, 초록

④ 노년 : 차분, 약한 색, 원색 선호(색채식별능력 저하)

⑤ 남성 성인 : 어두운 톤, 파랑, 청록색

⑥ 여성 성인 : 밝고 맑은 톤, 주황, 보라색, 다양한 색채 선호

⑦ 사회적 지위 : 차분한 색

⑧ 교육 정도 : 저채도

⑨ 두뇌형 : 노란색

⑩ 근육형 : 빨간색

⑪ 이기적 : 파란색

⑫ 사교적 : 주황색

제 04 강 색채의 기능

1 색채의 기능

색채에 대한 인간의 의식적 또는 무의식적 반응을 이용하여 색채의 기능적 측면을 활용할 수 있는데 대표적으로 색채 조절, 안전 색채, 색채 치료 등이 있다.

1) 색채 조절

색채 효과를 기능적으로 활용한 것으로 색이 가지고 있는 심리적, 생리적, 물리적 성질을 근거로 과학적으로 색을 선택하는 객관적인 방법으로서, 색채 관리, 색채 조화, 색채 심리, 색채 조명, 색채미학 등을 모두 고려, 색채 조절을 통해 능률, 안전, 쾌적성 등의 효과를 향상시킬 수 있다. 색채 조절의 3요소는 명시성, 작업 의욕, 안전성이다.

(1) 색채 조절의 목적

눈 건강, 피로 감소, 빠른 판단력, 스트레스 완화 사고, 재해 감소, 능률 향상, 정리, 정돈 및 청결 유지, 경제적, 행복한 기분 상승

(2) 색채 조절의 활용(배색)

① **병원** : 수술실(청록), 백열등(황달), 약간 어두운 조명, 시원한 색, 병원 대기실이나 복도(700Lux) 정도 조도, 병원(크림색 5.5.YB 5/3.5)벽 사용, 병실(녹색, 청색)
② **공장** : 눈의 피로, 식별 잘되는 색, 밝은색(넓은 면적, 가벼운 효과), 한색(실내온도)
③ **음식점** : 식욕 자극, 난색, 심리적 효과
④ **갤러리** : 흰색, 밝은 회색(작품 부각)
⑤ **실내거주공간** : 약간 어둡게 조절
⑥ **양쪽 기둥, 창틀** : 벽의 색과 조화
⑦ **천장색** : 무광택(반사율 고려)
⑧ **바닥** : 반사율이 낮은 색
⑨ **백화점 현관, 호텔 로비** : 난색

⑩ **내부 분위기 고조, 매출 상승 상업공간 :** 레드, 핑크 계열로 배색

⑪ **실내 환경색 :** 천장(밝은 색), 중간부분(윗 벽보다 어둡게 하여 안정감 고조)

⑫ **식육점 :** 붉은 색광의 조명 사용(육류의 신선함 강조)

⑬ **사무실 주조색 :** 안정감 있는 색채 사용

2) 안전 색채

(1) 안전 색채 : 안전에 관한 의미를 담고 있는 특성을 가진 색을 의미한다.

(2) 안전 표지와 보조 표지

① 색과 모양의 조합 또는 그림 기호 및 문자를 사용하여 안전 사항을 전달

② 보조 표시는 필요할 때 안전 표지와 조합하여 사용하는 것으로 문자만 적혀 있는 표시

(3) 안전 색채 및 안전 표지의 목적

인간의 안전 및 건강에 영향을 미치는 대상물 및 장소에 신속하게 주의를 촉구하는 것임

(4) 한국 산업 규격(KS A 3501) 안전색 및 안전 표지

① 안전색의 일반적 의미

안전색	의미 및 목적	보기
빨강	방화	방화 표시, 배관 관계 식별, 소화전 표시
	금지	금지 표시
	정지	긴급 정지 버튼, 정지 신호기
	고도의 위험	화학 경고표, 발파 경고표, 화약류의 표시
주황	위험	위험 표지, 배스 관계 식별 위험, 스위치 박스. 뚜껑 안쪽 면 기계의 안전 커버 안쪽 면, 노출 기어의 옆면, 눈금판의 위험 범위 표시
	항해, 항공의 보안시설	구명보트, 구명구, 구명대, 수로 표지. 선박 계류 부포 비행장용 구급차, 비행장용 연료 차 표시
초록	안전	안전 지도 표시 및 안전기
	피난	유도 표지, 비상구 방향을 나타내는 표지, 대피소 위치를 나타내는 경표 및 대피소, 갱구, 특정 구역의 방향을 나타내는 표시
	위생보호, 구호	위생 지도 표지, 노동 위생기, 구호 표지, 보호구 상자, 들것, 구급상자 구호소의 위치 및 방향을 나타내는 표지
	진행	통행 신호기
노랑	주의	주의 표지, 감전 주의 표지, 크레인, 구내 기관차의 범퍼, 낮은 대들보(양), 충돌할 우려가 있는 기둥, 바닥의 돌출물, 피트 가장자리, 바닥 면의 끝, 호퍼 주위 및 계단의 발 딛는 곳 가장자리, 높은 다리, 전선 방호구, 바리케이드, 해로운 물질의 사용 장소 또는 용기, 가전제품의 경고 표시

안전색	의미 및 목적	보기
파랑	의무적 행동	지시 표시
	지시	보호 안경의 착용, 가스 측정 등을 지시하는 표지, 휴게소, 스위치 박스의 바깥 면, 수리 중, 요주의 표시
보라	방사능 표시	보호 안경의 착용, 가스 측정 등을 지시하는 표지, 수리 중 또는 운전 휴게 장소를 나타내는 표시. 스위치 박스의 바깥 면, 방사능 위험물의 경고, 작업실, 저장 시설, 관리 시설
하양	-	문자, 파란색이나 초록의 보조색, 통행로, 정돈, 청결, 방향지시
검정	-	문자, 빨간색이나 노란색에 대한 보조색

[그림 8-5] 안전 표시

② 안전색과 대비색의 종류

안전색	빨강	노랑	초록	빨강	주황	자주	초록
대비색	하양	검정	하양	검정	검정	검정	검정

3) 색채 치료

① 색채를 이용하여 신체적, 정신적, 영적 영향을 주어 환자를 치료할 목적으로 사용되는 자연적 치유능력을 강화시켜주는 광선요법이다.

② 고유의 파장과 진동수를 갖고 있는 색의 에너지를 각각의 질병에 맞도록 처방하고 그 반응이 인간의 신체 조직에 어떠한 영향을 미쳐 심신의 균형을 취할 수 있는지를 연구한 것으로, 색채 처방을 통해 자연 면역력 강화와 건강과 정서적 균형을 취할 수 있다.

③ 색채 치료의 기본 색상은 빨강, 노랑, 파랑이며, 주황, 초록, 보라의 중간색이 있으며 인공색채보다 자연 색채가 강력한 치유능력이 있다.

남색	정화, 살균, 출산, 마취성 연구, 구토와 치통
자주	우울증, 저혈압, 노이로제
하양	고독감 증가
회색	우울증 증가
검정	예복, 상복
빨강	감각신경 자극, 혈액순환 촉진, 뇌척수액 자극 교감신경 활성 정신적 자극, 활동성 증가, 혈액순환 자극, 적혈구 강화
노랑	위장장애, 우울증, 불안, 당뇨, 간기능 개선, 기억력 회복
파랑	불면증, 염증 등 온화, 트러블 개선, 심신 안정, 진정, 집중력 증대, 교감신경긴장, 성호르몬 활동 억제, 스트레스 완화, 흥분, 두통 완화
주황	갑상선 기능 자극, 폐 확장, 신장, 방광 긴장, 체액분비 등 개선
초록	부교감신경, 천식, 정신질환, 심장질환, 불면증 개선
보라	정신 자극, 감수성 조절, 불면증 치료, 정신, 피부질환 개선, 다이어트

제 05 강 색채심리효과

컬러는 통합적 감각이다. 우리의 삶은 컬러와 매우 밀접한 관련이 있으며, 컬러는 우리의 몸과 마음을 치유할 수 있는 에너지를 가지고 있다. 우리가 받아들이는 정보의 80%는 시각을 통해 받아들여지고 있고 이 색채는 우리의 심리와 정서에 매우 많은 영향을 미치고 있다. 색채심리는 각각의 색이 가지고 있는 고유의 특징을 파악, 심리적, 생리적인 효과를 통한 색채심리 치료요법으로 활용할 수 있으며, 상대방과의 관계에 있어서 서로의 마음을 이해하고 배려하여 원활한 소통의 수단의 효과를 볼 수 있다. 색채심리효과는 색의 에너지를 활용한 인문학적 접근의 대체치료요법으로 색채심리전문가 즉, 컬러테라피스트가 꼭 학습하여야 하는 전문 분야이다.

1) 빨강(RED) – 힘(STRENGTH)

색의 에너지를 활용한 인문학적 접근의 대체치료요법, 색채 심리전문가 즉 컬러테라피스트들이 꼭 학습하여야 하는 전문 분야이다.

[그림 8-6] 빨강 이미지

① 색상환의 색 가운데 시각적 반응을 가장 먼저 느낄 수 있는 색상이다.
② 굉장히 따뜻하며, 강하고, 화려하고, 예리하고, 무거우며, 품위 있고, 유쾌하고 흥분과 긴장감 그리고 자극적인 효과를 준다.

③ 심리적으로는 정열, 흥분, 적극성 등을 유도한다.

④ 일상 생활 속에서 빨간색이 많이 사용되는 것은 주의를 끌거나 강조하고 싶을 때, 즉 안전색채로써 정지 · 금지의 뜻에서 방화 · 금지 표지 · 소화기 · 경보기 · 긴급정지 등에 빨간색을 활용한다.

⑤ 빨간색은 몸의 감각을 자극하고 향상심과 기력, 용기를 북돋아 주므로 피로하거나 지루함을 느끼거나 무언가를 강조할 때 그리고 우울함을 느낄 때 사용하면 기운이 나고 부정적인 기분을 없애는 데 매우 효과적이지만 너무 많이 사용하면 피로를 느끼거나 주의가 산만해질 수 있으며, 노여움, 성적 욕구, 충동성을 유발하므로 신경이 날카로울 때 빨간색 옷을 몸에 걸치거나 주위에 과다하게 사용하면 공격적이 될 수도 있다.

⑥ 서양에서는 빨강은 귀족 사회나 왕족의 복장을 상징하는 색으로 사용되었다.

⑦ 시상식에서 주로 사용하는 레드 카펫(Red Carpet)은 비유적으로나 실제로 최대의 경의와 극진한 예우를 표하는 뜻이 담겨 있다.

⑧ 빨강은 성욕이나 여성의 성을 상징하는 데도 자주 쓰인다.

⑨ 청교도 시대에는 불의를 범한 여자를 음탕한 여자라고 하여 주홍글씨를 가슴에 붙이도록 하였다. 그 후 붉은 불빛이 켜져 있는 거리(홍등가)는 매춘의 상징이 되었다.

⑩ 일상의 언어 표현이나 실생활에서도 빨강의 상징성은 잘 드러난다.

⑪ 적신호는 도를 지나쳤을 때, '새빨간 거짓말'은 사전적으로 뻔히 드러날 만큼 터무니 없는 거짓을 일컫는다.

⑫ 빨강은 아주 정열적이고 주장이 강한 색으로 눈길을 끄는 성질이 있으므로 이성에게 사랑을 고백할 때 빨강의 꽃이나 소도구를 사용하면 효과가 있다.

⑬ 빨강은 자연 속에서는 잘 익은 과일의 표시이지만 인간에게는 생명, 젊음, 피 등의 육체적 의미와 더불어 정신적 의미로 플라스마 에너지(plasma energy)를 나타낸다.

⑭ 빨강은 삼원색의 하나이며, 색상환에서는 난색에 위치하므로 진출색으로서 장식에 쓰면 외관상 좁아 보이게 된다.

⑮ 빨강의 배색에 있어서 빨강과 초록은 강렬하면서도 자연스러운 색의 조합이다.

⑯ 색에 대한 처방 시 빈혈, 활력이 없는 사람, 강한 자극제, 몸의 지구력 회복, 감수성 자극에 사용한다.

⑰ 빨강을 좋아하는 사람의 특징은 리더십과 열정이 있다.

⑱ 빨간색 옷을 입으면 에너지 즉 기분이 업되는 기분이 드는 이유는 빨간색이 활동성과 파워를 증강시켜 주기 때문이다.

2) 주황(ORANGE(RED+YELLOW의 혼합색)) – 생명력/활력(VITALITY)

[그림 8-7] 주황의 이미지

① 주황은 빨강과 노랑을 혼합한 색으로 두 색의 성질을 복합적으로 가지고 있다.

② 따뜻한 느낌을 주는 난색 계열로서 열정과 밝음의 혼합으로 상큼하고 친근하며 신선한 느낌을 준다. 건강하고 순수한 사람들이 선호한다고도 한다.

③ 주황은 빨강의 강렬함, 정복이미지와 노랑의 열렬한 감정을 조합한 색으로 노랑의 불안함을 편한함으로 바뀌어 주황에 묻어난다.

④ 주황은 기쁨, 쾌락, 경쾌함, 무사태평, 긴장 이완을 나타내며, 너무 진지하거나 무거운 것, 답답한 것을 거부하는 것이 이 색의 특징이다.

⑤ 그러나 너무 많이 사용하면 산만하며, 거부감이나 싸구려 같은 느낌을 줄 수 있으며, 무채색인 회색과 함께 사용하면 화사한 느낌을 한층 더할 수 있다.

⑥ 주황빛의 과일은 각기 독자적인 뜻을 내포하고 있는데 복숭아는 장수, 오렌지는 기쁨과 태양의 힘, 살구는 이집트 여왕의 문장을 상징한다.

⑦ 고대의 많은 학자들은 에덴의 동산에서 이브가 아담을 유혹하여 먹게 한 "선악을 아는 지혜의 나무 열매"를 주황빛을 띤 열매라고 믿고 있다.

⑧ 이차색인 주황은 다양한 색과 잘 어울린다. 이차색이란 빨강, 노랑, 파랑의 삼원색을 섞어 만들어진 색상으로, 빨강+노랑=주황, 노랑+파랑=초록, 파랑+빨강=보라가 나온다. 그러므로 주황은 밝은 파랑이나 노랑, 보라와 조합하여 주거공간에 활용하면 현대적인 분위기를 형성할 수 있다.

⑨ 색의 처방 시 무기력한 사람, 원기회복, 빈형, 에너지 발생, 강장제 역할에 사용한다.

⑩ 주황을 좋아하는 사람은 사교적이며 외톨이로 지내는 것을 싫어하며, 사람과도 금방 친해지며, 항상 미소를 잃지 않으며, 이해심이 빠르고 이야기가 유창하며 발랄한 성격의 소유자가 많다.

3) 노랑(YELLOW) – 투명함(CLARITY)

[그림 8-8] 노랑의 이미지

① 노랑은 원색 중 빛의 반사율이 가장 높은 색으로 가볍고 밝고 대담하고 외향적인 성질을 가지고 있다.

② 흰색 다음으로 밝은 기본 색으로 원색 중에서는 빛을 가장 많이 반사한다. 생동감과 명랑한 느낌을 주는 색상으로 따뜻한 아침 햇살이 연상되며, 아동적 이미지와 봄을 대표하는 색이다.

③ 노랑은 빨강과 주황과 같이 난색이며, 진출색이므로 크게 보인다.

④ 노랑은 주목성(색이나 빛에서 자극이 강하여 눈에 잘 띄는 정도)이 강해서 경고 메시지나 스쿨버스처럼 확실하게 눈길을 끌어야 할 곳에 사용한다. 노랑은 밝은 이미지로 인하여 기분을 즐겁게 한다.

⑤ 그러나 밝은 노랑을 너무 많이 사용하면 정신과 신경을 과하게 자극해서 정신적 초조감을 불러 일으킬 수도 있다.

⑥ 노랑은 옐로 저널리즘(Yellow journalism, 선정주의) 등과 같이 경멸의 뜻을 포함하여 사용하기도 하는데 노랑 장미는 질투나 이별을 꽃말을 가지고 있다.

⑦ 노랑은 모든 색채 중 채도와 명도가 가장 높으므로 높은 명시성(두 가지 이상의 색을 대비시켰을 때 금방 눈에 뜨이는 성질)이 필요한 곳에 주로 사용한다. 예를 들면 작업복과 안전을 위한 겉옷 등이다.

⑧ 노랑과 초록은 색상환에서 이웃이 위치하고 있기 때문에 균형잡힌 조화 관계를 이룬다. 주로 노랑과 금색의 색조에 장식된 방에는 초록이 최적의 강조색이 될 수 있다.

⑨ 색의 처방 시 피로회복, 고독, 불안정한 심리, 도피, 우울증, 신경질, 신경계 이상에 사용한다.

⑩ 노랑을 좋아하는 특성의 사람은 정신적인 모험가로 늘 새로운 것을 추구하며, 자유로운 사고방식과 거침없는 행동의 소유자이며, 표정이 풍부하여 많은 사람들에게 따스함을 준다.

4) 초록(GREEN : YELLOW + BLUE의 혼합색) – 재생(RENWAL)

[그림 8-9] 초록의 이미지

① 초록은 사람의 눈에 가장 편안한 색상으로 마음의 긴장을 풀어주고 진정시키는 등의 효과가 있다.

② 우리에게 생명과 휴식, 위안을 주고 차분함과 안정감을 느끼게 하여 인간의 정신 구조를 가장 이상적인 상태로 유지시켜 준다.

③ 이러한 이유 때문에 병원에서 많이 사용하며, 안전과 진행 및 구급, 구호의 의미가 있다.

④ 최근에는 녹색(green)이라는 말이 환경이나 자연주의와 동의어로 사용되는 경향이 있는데 이는 환경오염문제가 사회문제로 대두됨으로써 많은 기업들이 제품 광고 전략으로 자연보호로 내세우고 자연으로 돌아가자는 등의 슬로건을 내세우고 마케팅에 활용하기 때문이다.

⑤ 초록은 새로운 생명과 에너지를 의미하며, 성장, 재생, 치료의 색이기도 하다.

⑥ 초록은 원색의 노랑과 파랑으로 이루어져 있다.

⑦ 파랑의 관찰력과 직관력을 노랑은 명석함과 낙관성을 가져다 주므로 초록을 몸에 걸치면 어떤 대상에 대하여 긍정적인 생각과 태도를 가지고 되고 항상 이상을 추구하고 노력한다.

⑧ 초록은 이차색으로 초록이 가진 조화로움은 조용하고 차분한 기분을 만들어 주므로 서재나 사무실처럼 집중력이 필요한 곳에 사용하면 효과가 좋다.

⑨ 색의 처방 시 스트레스 해소, 눈의 피로회복, 정신집중, 휴식, 상실감 극복, 긴장완화, 갈증해소, 자극억제 등에 활용한다.

⑩ 초록을 좋아하는 사람의 특징은 감정이 풍부하고 항상 희망에 넘쳐 있으며, 낙천적이며, 착실하고 타인이나 자신을 잘 믿는다.

5) 파랑(BLUE) – 이완(RELAXATION)

[그림 8-10] 파랑의 이미지

① 파랑은 진실의 색이며, 상쾌하고 차분한 느낌으로 많은 사람들이 좋아하고 높은 뜻과 지성, 성실함을 나타낸다.

② 생활 속에서 무의식적으로 받는 스트레스로 인한 긴장을 풀어주며, 시원하고 세련된 느낌을 주는 색상으로 차고 이지적인 분위기를 연출하며, 명상과 집중의 색으로 불리는 파랑은 어느 색상과도 잘 어울린다.

③ 파랑은 끝없이 펼쳐진 푸른 하늘과 바다를 연상시키는 색으로 편안함을 주며, 진정의 효과도 준다. 그러므로 억누를 수 없을 정도로 흥분하거나 노여움, 불안을 느낄 때 파란색의 옷을 입으면 침착해지고 냉정해진다. 주위에 파랑을 많이 사용하면 심사숙고 하여 일을 처리할 수 있고 동요하는 마음을 진정시켜 마음의 평화를 얻을 수 있다.

④ 흰색과 잘 어울리며 공간을 넓어 보이게 하는 역할을 한다. 또한 미래, 신뢰감, 성장의 의미도 있어 미래의 설계를 뜻할 때 쓰는 청사진 이란 말도 이러한 의미 때문이다. 그러나 파랑의 차가움 때문에 소극적이고 지루하며 우울하게 느껴지기도 한다.

⑤ 파랑색은 진보적인 느낌을 주지만 검정을 더하면 보수적인 느낌으로 바뀐다. 그러나 파랑은 부정적인 마음상태를 나타낼 때도 쓰인다.

⑥ 'I'm blues'란 의미는 '우울한 기분이 되다'라는 표현으로 슬픔이나 감정적으로 만족하지 못할 때 사용되며, 블루스란 음악이 애조를 띤 음악으로 이러한 의미이다.

⑦ 파랑은 공간을 차분하게 보이는 효과가 있으므로 밝고 시원하고 넓은 실내공간을 원한다면 파랑색이 이상적인 실내장식색이다.

⑧ 색 처방 시 피로회복, 불안감 해소, 풍부한 상상력, 불면증, 감정을 억제시키는 데 활용한다.

⑨ 파랑을 좋아하는 사람의 특성은 감성이 뛰어나지만 자제심도 있으며, 참을성, 끈기, 대부분 일을 잘 처리하는 뛰어난 인재다.

6) 남색(Indigo : 'BLUE + PURPLE' 혼합색)

[그림 8-11] 남색의 이미지

① 남색은 인간의 본성 중에서 창조 능력을 나타낸다. 현대사회에서 남색을 선호하는 경향이 있는데 이는 남색이 미래에 대한 기대와 희망을 가지고 도전하고자 하는 사람들에게 잘 맞는 색이다.

② 대기업이나 공공기관의 로고에서 남색을 자주 접하는 것은 공동체 생활에 있어서 상호 효율적으로 움직이고 규범에 따라야 하는 곳이라는 의미에서이다.

③ 남색을 좋아하는 사람의 특성은 지식과 권위를 좋아하며, 의사결정을 직업으로 삼는 재판과, 경영자가 많고, 뛰어난 판단력의 소유자이다.

7) 보라(PURPLE : 'RED + BLUE'의 혼합색)와 자주(VIOLET)

[그림 8-12] 보라색의 이미지

① 보라색은 고귀함과 권력의 상징으로 난색인 빨강과 한색인 파랑을 섞은 색이다.

② 정열의 빨간색과 파랑의 불안함을 동시에 내포하는 양면성을 가진 신비롭고 절묘한 색이다. 자연색상에서 흔하지 않은 색이므로 인공적이며 야한 느낌을 주기도 한다.

③ 보라와 자주는 안료(물감)의 비율로 보면 색상의 차이가 있지만 두 색이 상징하는 의미가 거의 같다.

④ 오래 전부터 자주색은 부귀와 기품의 귀족의 상징이었으며 왕후의 색으로 사용되어 왔다. 보라 역시 오래 전부터 서양에서 신성하고 고귀한 색으로 여겨져 성직자들도 보라색 성복을 입었으며, 솔로몬의 마차와 클레오파트라의 배도 보라색이었다.

⑤ 보라는 트로이 전쟁의 오만한 영웅 아이아스가 흘린 피에서 생겨났다는 신비적인 내력을 가진 제비꽃(Violet)과 동일한 이름을 가지고 있어 겸허함을 상징하기도 한다.

⑥ 불안해 보이는 특성이 있기 때문에 정서불안, 우울함, 질투 등 병적인 색으로 인식되기도 한다. 그러나 심신이 지친 사람은 단파장의 색을 아름답게 느끼는 특성이 있어서 단파장인 보라색은 때로는 기분을 고조시키기도 하고 마음의 평온을 되찾아 주기도 한다.

⑦ 색 처방 시 식욕억제, 감성을 자극시키는 데 활용한다.

⑧ 보라를 좋아하는 여성의 특징

- 여성은 자만심이 강하거나 콧대가 높다.
- 남성은 수줍어하는 경향이 있다.
- 생활 속에서도 세련된 것을 추구한다.
- 격조와 주장이 있는 문화를 끊임없이 탐구한다,
- 항상 매력적이기를 바란다.
- 예술을 사랑하며, 예술가로서의 자질이 있다.

⑨ 자주색 라일락을 좋아하는 사람의 특징

- 대체로 화려함을 좋아한다.
- 선천적으로 정열적이고 활발하며 외향적인 성격의 소유자다.
- 자부심이 강하고 멋내기를 좋아하므로 항상 생기 발랄한 매력을 유지한다.

8) 검정(BLACK)

[그림 8-13] 검정의 이미지

① 검정은 하양, 회색과 같이 채도가 없고 명도의 차이만 있는 무채색의 한 종류이다.

② 영원과 신비, 절망과 죽음, 어둡고 우울함 등 가장 공포감을 주는 색이다.

③ 서구에서는 검정을 밤에 비유하였으며, 심리적인 측면에서는 '방어'를 나타내고, 패션계에서는 냉정하고 세련된 기품을, 자동차나 현대 실내 장식에서는 세련된 사치감을 나타낸다.

④ 또한 죽음과 죽은 사람을 애도하는 장례식을 연상시키고, 어둠이나 미지의 세계에 대한 공포와 연결시키기도 하며, 빛을 흡수하기 때문에 분위기를 어둡게 한다.

⑤ "블랙리스트(blacklist, 요주의 인물), 블랙 메일(black mail, 공갈)의 표현도 있다.

⑥ 검정은 비즈니스 모임이나 의례적인 자리에서 흔히 살펴볼 수 있는 색이며, 다른 색을 더욱 선명하게 만들고 돋보이게 하는 성질이 있다. 원색들과 배치 시 대비 효과가 있기 때문에 강한 인상을 남긴다.

⑦ 경건함을 고취시키고 심리적인 기능의 억제에 효율적이다.

9) 하양(흰색(WHITE)) – 일체(WHOLENESS)

[그림 8-14] 흰색의 이미지

① 흰색(하양)은 순결하고 순수하며 청순한 이미지를 지니고 있으며, 화려하고 경쾌하며 밝고 고상해 보이기도 한다. 신성하며 축복 받는 새 출발의 의미이기도 하고 청결하고 순결한 이미지를 보인다.

② 흰색은 기본색이며 또한 강조색으로서 모든 색과 잘 어울려 배색이 쉽다. 강한 대비를 주는 색상들 사이에서 서로의 색을 더욱 돋보이게 하며 조화로움을 지니게 한다. 계절로 분리하면 흰색은 겨울색이다.

③ 시작의 의미로 쓰이기도 하고, 검정과는 반대로 색광을 반사하는 색이다. 검정과 마찬가지로 흰색(하양)도 색상이나 채도가 없고 명도의 차이만을 가지고 있으므로 무채색이라고 부른다. 검정과 흰색의 배색은 다른 유채색보다도 뚜렷한 대조를 이루므로 시선을 집중하는 데 아주 적합한 배색이다.

④ 어떤 색에 검정과 하양을 섞으면 톤(tone)이 생기는데 '톤다운(tone down, 또는 tone up)하다'. 라는 표현도 여기도 비롯되었다.

⑤ 검정과 흰색을 혼합하면 회색이 만들어 지는데 회색에 다른 어떠한 색을 혼합하면 회색을 섞은 그 어떠한 색은 칙칙한 느낌이 들고 본래 가졌던 선명함이 사라지는 특징이 있다.

⑥ 색 처방 시 긴장감이나 자립심을 강화시킬 때 활용한다.

10) 회색(GRAY)

[그림 8-15] 회색 이미지

① 검정과 하양의 혼합색인 회색은 하양과 검정, 양과 음의 중간에 있는 색으로 상반되는 성질을 가지고 있다. 회색은 의식과 무의식, 긍정과 부정의 양쪽의 의미를 다 가지고 있다.

② 큰 특징이 없지만 시각적으로 자극이 없는 색이며 다른 어떤 색들과 배색이 가능하며 다른 색을 돋보이게 한다.

③ 그늘진 느낌의 슬픈 이미지의 색으로 노년과 죽음의 임박을 의미하기도 한다.

④ 회색은 누구에게나 무난하게 어울리기 때문에 의복과 메이크업에 잘 어울린다.

⑤ 승려 복이 회색인 이유는 쪽 풀을 이용한 염색과정에서 짙푸른 남색 빛깔이 덜 착색되어 나타난 결과이며, 그 빛깔이 따뜻하고 평온하며, 비 공격성을 나타낸다.

11) 갈색(BROWN)

[그림 8-16] 갈색의 이미지

① 갈색은 두 가지의 원색이 아닌 세 가지(R.B.Y)의 원색을 섞어서 만든 색으로 삼차색이다.

② 갈색은 어려운 일을 상징하기도 하는데 이러한 일은 성공한다 하더라도 많은 에너지를 소모하게 됨을 뜻한다.

③ 갈색은 쾌적함과 호화로움을 상징하고, 향기가 좋고 맛이 좋은 음식을 연상시킨다.

④ 초콜릿, 커피, 홍차 등이 향기와 맛이 뛰어나 기분 좋게 만든다.

⑤ 갈색은 대지의 색이기도 하며, 비옥함, 잘 마른 나무의 힘 등을 상징한다.

⑥ 갈색은 화려하거나 요란한 장식과는 거리가 멀기 때문에 다른 색들의 강조를 위하여 틀이나 가장자리 장식으로 사용하는데 적당하다.

⑦ 융통성이 부족하지만 어떠한 일이 닥쳤을 때 적극적으로 나선다.

⑧ 성실함과 인내력을 가지고 끝까지 해내는 장점이 있다.

12) 분홍(PINK)

[그림 8-17] 분홍의 이미지

① 분홍은 역동적인 격렬함을 지닌 빨강에 하양이 섞인 컬러이며, 부드럽고 온화하고 연약하고 여성스러운 느낌으로 여인의 아름다움과 소녀를 상징한다.

② 불어로 "Rose"가 분홍을 의미하는 것을 보면 장미꽃은 좋아하는 여성과 분홍의 상징적 관계를 알 수 있다.

③ 분홍은 우아하고 달콤하며 섬세한 색이며, 하양과 같이 부정적인 이미지는 거의 가지고 있지 않다.

④ 분홍은 여성에게 있어서 연애, 모성애의 상징이다. 분홍은 최상의 상태, 위치를 상징하여 "장미빛 인생"이란 표현도 건강과 풍요로움의 표시이다.

⑤ 격무에 시달리는 사람들에게 심리적으로 편안함을 주고 마음을 안정시키는 효과가 있어 분노하고 좌절한 사람들에게 차분함과 위로를 준다. 스트레스 해소, 도전적, 소외감, 자립심 강화, 대인관계를 원만히 만들어준다.

⑥ 분홍을 좋아하는 사람들이 특징은 애정, 감정이 풍부하며, 외로움을 많이 타고, 사랑을 갈구하며, 인심이 좋고 책임감이 강하다.

13) 색의 긍정적, 부정적 이미지

(1) 빨강색

긍정	따뜻함, 정열, 태양, 적극성, 활동적, 역동적, 사랑, 활기, 야망, 자신감, 힘, 생동감, 애정, 안정, 격정
부정	미움, 공포심과 무절제한 열정, 욕정, 지나친 분노심, 흥분, 긴장, 적극, 전쟁, 광기, 피, 희생, 악마, 반항, 죽음, 위험, 불, 정지, 금지

(2) 주황

긍정	열정, 밝음, 활기, 강렬함, 친근함, 건강, 신선함, 적극, 에너지, 관용, 상냥한, 용감한, 온난한, 정력적인, 자랑, 자유, 욕망, 성
부정	대신하는, 둔감한, 무모한, 건방진, 낭비, 허영, 부도덕, 경박함, 싸구려, 절망

(3) 노랑

긍정	기쁨, 지혜, 태양, 목표달성, 경직, 융통성이 있는, 발랄한, 아동, 여린, 햇살, 활력, 소망, 새로운, 밝은, 맑은, 집중,
부정	속임수, 건성, 경솔, 강박관념, 겁쟁이, 불만, 이기심, 경고, 경박함, 불신, 질투, 항쟁, 이별, 아픔

(4) 남색

긍정	무한함, 충실, 진지, 겸손, 안정, 신뢰, 편안함, 차분함, 비즈니스 컬러, 믿음, 기대, 희망, 도전
부정	냉정, 무거움, 의심, 우울함, 차가움

(5) 보라

긍정	신비스러움, 고급, 변화, 귀함, 고귀, 중요, 공정
부정	속물근성, 오만, 독재, 무자비, 기만, 강압, 야함, 불안, 인공, 우울함, 피로, 슬픔

(6) 검정

긍정	신비, 마술, 우아, 세련, 섹시, 영원
부정	공포, 죽음, 분노, 엄숙함. 지옥, 위험, 금기, 고통, 아프리카, 긴장, 어둠, 반항, 고뇌

(7) 흰색(하양)

긍정	우아함, 순결, 청초함, 결백, 진실, 순수, 천진, 고상함, 결혼, 병원, 겨울, 물, 공간, 시작, 수녀
부정	보수적(서양과 동양에서 흰색의 부정적 이미지는 거의 없다.)

(8)회색

긍정	존경, 현실적, 신비적, 수용적, 부드러움, 안정감, 세련됨, 도시, 여유, 무 자극
부정	음울, 지루함, 의기소침, 위축, 배신, 관료적, 평범함, 공포, 절망

(9) 분홍

긍정	사랑스러운, 여성스러운, 어린이다운, 수줍은, 부드러운, 온화한
부정	자신감 없는, 천박한, 유치한

(10) 갈색

긍정	학문에 정진하는, 열심히 하는, 위로, 실용적, 충실
부정	촘촘한, 완고, 의기소침, 혹사당하는, 희생물

(11) 파랑

긍정	깨끗함, 젊음, 미래, 모험, 천국, 안전, 진보, 비즈니스, 편안함, 정적인, 신뢰, 명예, 상쾌함, 차분함, 바다, 하늘, 조화, 정갈
부정	수심, 비애, 우울함, 미숙함, 억압, 둔감, 부실, 광신, 격리

14) 색상이 가지고 있는 이미지

① 레드(RED)

- 강렬, 정열, 활동, 화려, 섹시, 뜨거움, 흥분
- 주목성이 높으며, 프리젠테이션 회의 및 영업직에서 많이 활용하는 컬러

② 오렌지(ORANGE)

- 상큼, 발랄, 활동적, 맛있는, 산뜻, 촌스러움
- 밝고 긍정적인 이미지를 연출할 때 많이 사용함

③ 옐로(YELLOW)

- 귀여운, 따뜻함, 발랄, 화사함, 희망, 새로움
- 첫인상을 부드럽게 만들어 첫 미팅 시 또는 면접 시에 효과적임

④ 그린(GREEN)

- 편한, 자연적, 산뜻, 안정된, 깨끗함
- 안정된 느낌이 들어 비즈니스 시 상대가 편안함을 느낄 수 있다.

⑤ 블루(BLUE)

- 시원한, 차가운, 우울한, 맑은, 정적인, 이성적
- 선호도가 가장 높은 컬러로 세련된 느낌을 주며 신뢰의 컬러라 부른다.

⑥ 퍼플/바이올렛(PURPLE / VIOLET)

- 신비로운, 우아, 화려한, 개성, 환상, 무서운
- 비즈니스 시 중립 의사를 표현하고자 할 때 효과적이며, 세련된 느낌을 준다.

⑦ 그레이(GREY)

- 우울, 세련, 지루함, 때묻은, 침울, 고상함
- 무채색으로 남성적인 느낌이 강하며, 무난한 느낌이 들어 비즈니스 수트로 많이 활용되는 컬러

⑧ 핑크(PINK)

- 귀여운, 여성스러운, 부드러운, 쉽게 질림, 달콤함
- 비즈니스 시 감성적이고 부드러운 이미지를 보여주는 데 좋다.

⑨ 블랙(BLACK)

- 세련된, 어두운, 깔끔, 심플한, 무서운, 차분한
- 깔끔하고 모던한 느낌이 들어 많은 사람들이 선호하는
- 색이나 비즈니스 시 적대감을 형성하므로 주의한다.

⑩ 화이트(WHITE)

- 깨끗함, 순수, 맑음, 심플한, 무서운, 차분한
- 모든 컬러 배색에 있어 기본이 되는 컬러

⑪ 브라운(BROWN)

- 편안한, 차분, 무게감, 중후함, 지루한, 침착
- 편안하고 안정된 느낌이 드나 어울리는 사람이 소수에 한함

⑫ 베이지(BEIGE)

- 부드러운, 무난한, 답답한, 깨끗한, 깔끔한
- 퍼스널 컬러가 웜(Warm)인 사람들에게 비즈니스 슈트로 좋은 컬러

15) 색과 계절

① 봄 : 옐로, 옐로 그린, 그린
② 여름 : 레드, 그린, 어두운 블루
③ 가을 : 브라운, 오렌지
④ 겨울 : 화이트, 블루, 그레이

제 06 강 색채마케팅의 개념

1) 마케팅의 정의

마케팅은 제품이나 서비스를 많이 효율적으로 판매하기 위해 소비자의 심리를 분석, 판촉활동을 펼치는 일련의 활동으로 AMA(미국마케팅협회)에서 "개인이나 조직을 목표로 충족시키는 교환이 이루어지도록 가격결정 및 아이디어 개발, 제품, 서비스 등을 결정하여 촉진, 유통시키는 실천과정이다."라고 정의하고 있다.
기업의 이윤 추구, 대량 판매가 목적이었지만 현재는 구매자 중심의 시장, 품질 서비스 중시, 상호만족, 고객 중심적인 사고와 행동으로 마케팅의 정의가 변하고 있다.

2) 마케팅의 핵심 개념과 순환 고리

욕구 → 필요 → 제품 → 거래 → 시장 → 욕구

3) 마케팅의 종류

① 그린 마케팅 : 인간과 자연의 상호의존성에 초점을 맞춘 마케팅
② 인터넷 마케팅 : 개인이나 조직이 인터넷을 이용 음성, 화면, 동화상 등 활용 마케팅
③ 차별화 마케팅 : 여러 세분화된 시장, 높은 매출, 점유율을 달성하려는 전략 마케팅
④ 스토리 텔링 마케팅 : 브랜드에 맞는 이야기, 소비자의 마음을 움직이는 감성마케팅
⑤ 감성 마케팅 : 제품의 구매 동기, 주위의 분위기, 특별한 추억 등 주관적 가치, 미적추구 마케팅
⑥ 표적 마케팅 : 시장세분화에 따른 시장 표적화, 시장의 위치에 알맞은 제품 선정 마케팅

4) 마케팅의 구성요소

① 4P : 제품(Product), 유통(장소, Place), 촉진(Promotion), 가격(Price)
② 제품의 수명주기 : 도입기(신제품) → 성장기(인지도, 판매량) → 성숙기(경쟁사) → 쇠퇴기(판매량 감소)

5) 색채마케팅의 효과

① 브랜드, 제품 특별한 이미지, 아이덴티티 부여, 인지도 상승효과
② 아이덴티티를 통한 경쟁 제품과의 차별화 전략 효과
③ 기업의 판매 촉진과 수익증대 효과

6) 색채마케팅의 관리과정

목표설정 → 계획 → 조직 → 시장조사분석 → 표적시장 선정 → 색채 마케팅 개발 → 프리젠테이션 → 색채 마케팅 적용→색채 마케팅 관리

7) 색채 마케팅 전략의 발전과정

매스 마케팅 → 표적 마케팅 → 틈새 마케팅 → 맞춤 마케팅

8) 소비자 구매 과정(AIDMA법칙)

① A(Attention, 인지) : 주의를 끈다.
② I(Interest, 관심) : 흥미유발
③ D(Desire, 욕구) : 가지고 싶은 욕망 발생
④ M(Memory, 기억) : 제품을 기억, 광고 효과가 가장 크다.
⑤ A(Action, 수용) : 구매한다(행동)

The 알아보기

온라인에서 소비자 구매 과정(AISAS 법칙)
주목(Attention) → 흥미(Interest) → 검색(Search) → 구매(Action) → 공유(Share)

9) 소비자 행동에 영향을 미치는 한경

① 평균수명 연장
② 여성의 사회참여 기회 확대
③ 여가시간 증대
④ 소비자의 소득과 수입 증가
⑤ 인터넷 이용 구매 증가

10) 소비자 생활유형 별 색채 반응

① **컬러포워드**(color forward) : 색에 민감하여 최신 유행색에 관심이 많으며, 적극적인 구매활동을 한다.

② **컬러프루던트**(color prudent) : 신중하게 색을 선택, 트랜드를 따르며, 충동적 소비를 하지 않는다.

③ **파퓰러유즈**(popuar use) : 집단이 선호하는 색에 따라 구매활동을 하는 소비자

④ **컨슈머유즈**(consure use) : 개인의 기호에 따른 색이나 디자인을 선택하는 소비자

⑤ **템포러리 플레저 컬러**(temporary pleasure colors) : 개인의 일시적인 호감에 따라 색이나 디자인을 선택하는 소비자

⑥ **컬러로열**(color loyal) : 항상 동일한 색을 고집하고 변화를 거부하며 최신 유행에 흔들리지 않는 소비자

11) SWOT 분석

① SO전략(강점-기회) : 시장의 기회를 활용하기 위해 강점을 사용하는 전략

② ST전략(강점-위협) : 시장의 위협을 회피하기 위해 강점을 사용하는 전략

③ WO전략(약점-기회) : 약점을 극복함으로써 시장의 기회를 활용하는 전략

④ WT전략(약점-위협) : 시장의 위협을 회피하고 약점을 최소화하는 전략

12) 색채 마케팅 전략 수집 단계

① 1단계 : 글로벌 마켓 출시 제품의 경우 전 세계 공통의 색채 환경 사전에 조사

② 2단계 : 경쟁사 브랜드 매출, 제품디자인 마케팅 전략의 변화추이 파악

③ 3단계 : 과거의 색채 디자인 트랜드 변화추이 분석, 미래에 나타나게 될 트랜드 예측

④ 4단계 : 자사 브랜드를 중심으로 사회, 문화, 소비자 라이프 스타일 등의 동향을 파악

미용색채학
BEAUTY CHROMATOLOGY

CHAPTER 09

퍼스널 컬러의 이해

제 01 강 퍼스널 컬러에 대한 이해

1 퍼스널 컬러란?

① 사람은 태어나면서부터 각자의 피부색, 모발색, 눈동자색을 가지고 태어난다.
개인의 취향이나 기질, 환경, 심리 상태에 따라 자신에게 어울리는 색이 다르고, 선호하는 색 또한 다르다. 흔히 자신에게 어울리는 색상을 이야기 할 때 검정색, 분홍색, 빨간색 이라든지 어떠한 특정한 색에 중점을 두어 말을 한다. 어느 날 타인에게 '너무 멋있어 보인다.', '너무 예뻐 보인다.', '잘 어울린다.'라는 칭찬을 들었던 색이 자신에게 잘 어울리는 색이라 생각하고, 선호하게 되고, 어울리지 않는다는 말을 들었던 경험이 있던 색은 선호하지 않게 된다.

② 퍼스널 컬러란 개인이 가지고 있는 고유의 색을 말하며, 생기가 돋고 활기차 보여서 나를 더욱 더 돋보이게 만드는 컬러를 말하며, 퍼스널 컬러는 퍼스널 컬러 진단을 통해 찾을 수 있다,

③ 퍼스널 컬러 진단은 개인이 가지고 있는 고유의 색을 토대로 하여 개개인의 피부색과 조화를 이루는 색들을 컬러 테스트 천을 얼굴 가까이에 드레이핑한 후 그 사람에게 맞는 색들을 찾아내어 개성에 맞게 진단하여 컨설팅하는 것이다.

④ 감성시대를 살아가는 현대인에게 성공적인 인간관계, 좋은 이미지를 전달하고픈 감정을 상대방에게 적절히 연출해 내는 전달력이 필요한데, 이러한 나를 대변할 수 있는 총체적인 이미지연출의 수단으로 컬러를 활용한다. 그 이유는, 인간의 오감 중 가장 빠른 반응을 보이는 것이 시각이며, 눈으로 보여질 때 강렬한 느낌과 깊은 신뢰를 보일 수 있다.

⑤ 퍼스널 컬러 진단을 통해 개인이 태어나면서 가지고 난 색(피부바탕, 눈동자, 머리카락)을 웜톤과 쿨톤으로 나누고 다시 봄, 여름, 가을, 겨울 즉 4계절 색채로 나눠서 개개인에게 어울리는 컬러와 어울리지 않는 컬러를 객관적으로 분석하여 얻은 색상을 개개인의 미용디자인분야 퍼스널컬러 메이크업 · 헤어염색 · 디자인, 손, 발톱 컬러링, 패션 의상, 액세서리 및 개인의 전반적인 생활환경에 활용하도록 컨설팅한다. 즉, 따뜻하고 밝은 느낌의 색, 따뜻하고 어둡게 표현하는 색, 밝고 무겁게 표현하는 색으로 나타나며, 사람의 피부 색소에 따라 봄, 여름, 가을, 겨울컬러 타입으로 분류할 수 있다.
예를 들어, 빨간색이라고 해도 사계절의 각 계절에는 다양한 빨간색이 있는데 봄 컬러 타입의 사람은 오렌지 빨강이, 여름타입은 수박색의 빨강, 가을타입은 봄보다는 칙칙한 오렌지 빨강이, 겨

울타입의 사람은 선명하고도 푸른기가 도는 빨강이 어울린다.
본인의 계절에 맞는 색깔을 접하게 되면 얼굴색이 밝아져 생기가 돌고, 건강해 보이며, 어울리지 않을 경우 얼굴색이 우울해 보이거나 환자처럼 보이게 된다.

⑥ 퍼스널 컬러의 이미지는 '어울린다.'로서 대외/사교적인 이미지, 타인으로부터의 감정 평가이며, '좋아한다.'취미와 호기심, 행복, 기쁨, 의미를 부여하는 개개인의 감정과는 구별된다. 즉 퍼스널 컬러는 내적인 이미지 보다는 외적인 이미지에 자신감을 부여하는 것이다.

[그림 9-1] 계절별 톤에 따른 퍼스널 컬러 색상환표

The 알아보기

뮤트 타입

① 계절별 컬러를 봄, 여름, 가을, 겨울로 구분. 톤에 따라서 사계절을 2~3개의 톤에 의한 컬러로 구분할 수 있다.
② '뮤트타입'이란 퍼스널 컬러 여름타입, 가을타입에서 분류되고 있고 본 컬러에서 조금 부연 컬러를 뮤트타입 컬러라고 한다.

2 퍼스널 컬러의 중요성

① 감성을 다루는 색채를 활용하는데 있어서도 단순하게 선호도와 유행에 그치는 것이 아닌 개개인에 따른 자신만의 색과 필요로 하는 색을 선별하고 각각의 분야에서 경쟁력을 발휘하는 수단으로 활용되기에 체계적인 색채 기획의 중요성과 활용도가 커지고 있다.

② 색채가 인간에게 미치는 영향이 단순히 외형적으로 보여지는 이미지에 국한된 것이 아니라 정신적인 영역과 생물·생리학적인 요인에까지 미치는 효과가 있다.

③ 자신만의 이미지로 발전하여 하나의 커뮤니케이션 역할을 하게 된다.

④ 인간의 기본적인 욕구 중 인정받으려는 욕구와 자기실현의 욕구가 제일 높은 단계의 욕구로 현대인들은 누구나 이를 지향하게 된다.

⑤ 이로 인해 나름대로 자신의 이미지·정체성을 높이는데 끊임없이 노력하게 된다.

⑥ 사회생활에 적응하기 위해, 더 나아가 생존전략으로 보다 나은 이미지를 위해 많은 노력과 경제적인 대가를 지불하고 있다.

⑦ 이런 현상은 고도화로 발전된 정보화시대, 속도의 시대 속에서 빠른 시간 내에 정보를 얻고자 하고 판단하기에 첫인상이나 이미지가 더욱 중요시되기 때문이다.

1) 좋은 인상

① 미인·미남의 기준이 아닌 건강하고 호감이 있는 매력적인 이미지를 지닌 얼굴을 의미한다.

② 좋은 인상의 출발은 마음으로부터 발생한다고 할 수 있다.

③ 긍정적인 사고와 자신감, 적극적인 마인드를 지닌 사람의 경우 그 사람의 표정에서 에너지를 느끼게 된다.

④ 이미지란 시각적인 부분이 강하게 적용되기에 보여지는 색채에 의해 긍정적인 이미지와 부정적인 이미지를 부여하게 된다.

⑤ 사람은 고유한 신체 색상이 있으며 그 색과 주변 색과의 조화에 의해 피부색이 달라진다.

⑥ 어울리는 색을 통해서 피부에서 느껴지는 투명함과 혈색이 도는 건강함, 눈빛에서 느껴지는 생기와 활력이 느껴진다.

⑦ 단점을 보완하여 더욱 건강하고 젊어 보여 자신감을 통해 호감이 가는 이미지, 긍정적인 이미지를 연출할 수 있다.

2) 커뮤니케이션

① 자신만의 색을 지니고 개성을 표현할 수 있다.

② 비언어적인 컬러이미지로 개인의 정신건강과 사회적응의 척도로 지각하게 된다.

③ 단순히 유행을 따라가는 것이 아닌 자신의 스타일을 보완하여 선택할 수 있다.

④ 색채는 개개인의 이미지를 표현하는 매개체로 이를 산업에 응용 제품의 경쟁력을 높이고 인간의 삶의 질을 향상시킬 수 있는 퍼스널 컬러 시스템의 중추적인 역할을 한다.

⑤ 퍼스널 컬러는 인간을 위한 감성 제품 개발에 중요한 요소이다.

⑥ 그 중 한국인의 감성과 신체 색상에 맞는 화장·의상·액세서리 등의 배색을 찾는 게 중요한 역할을 하게 된다.

⑦ 색채 감성은 소비자에게는 만족감·쾌적감·고급스러움을 창출하고, 기업에게는 제품의 부가가치·경쟁력을 향상시키는 중요한 요소가 된다.

⑧ 뷰티산업의 대표적인 미적 요소의 색에 대한 비중이 커지고 있다고 볼 수 있다.

⑨ 색채는 소비자의 구매의사를 결정하는 동기부여 요소 중 가장 큰 부분을 차지한다.

3 퍼스널 컬러의 장점

1) 장점

(1) 얼굴색을 보완한다.

① 자신에게 어울리는 색과 어울리지 않는 색에 따라 피부색의 명암의 차이가 크게 나타난다.

② 그로 인해 피부색이 어둡고 탁하게 변하게 된다.

③ 붉은 피부의 경우 붉은 색소가 두드러지게 하거나 감소하는 것은 색상 대비에 따른 변화이다.

④ 붉은 피부, 어두운 피부, 노르스름한 피부, 혈색이 없는 피부 등의 경우 → 어울리는 색을 입으면 밝고 투명하며 혈색 있는 건강한 얼굴색으로 화사하고 생기 있어 보이게 한다.

⑤ 색상의 변화와 명암과 채도의 변화를 통해 최적의 피부색을 연출할 수 있다.

⑥ 얼굴색이 밝은 사람의 경우 대부분의 색에 무난히 어울리는 반면, 어두운 피부는 더욱 어둡거나 탁하게 보이게 되어 색을 선택하기 어려움 → 이는 얼굴색의 변화로 인해 얼굴 형태의 변화를 가져오기 때문이다.

⑦ 얼굴은 평면이 아닌 입체이므로 굴곡과 선을 지니고 있어 골격에 따라 음영을 지니게 된다.

⑧ 어울리지 않는 색의 경우 얼굴의 굴곡을 어둡게 하는 결과를 가져오기에 얼굴색이 어둡고 탁하게 보이게 한다.

(2) 얼굴형을 보완한다.

① 일반적으로 작은 얼굴과 부드러운 얼굴형을 선호하게 된다.

② 배색을 통해 색상 변화를 활용한 일종의 착시 현상과 같은 것이다.

③ 자신에게 어울리는 색의 경우 얼굴이 작아지면서 입체적으로 보이며, 광대 뼈·턱 선 등이 두드러지지 않아 보이게 된다.

④ 어울리지 않는 색의 경우 피부색이 어둡고 칙칙하고 평면으로 보이거나 각이 두드러지면서 강한 인상을 주게 된다.

⑤ 이러한 요인은 주변의 인접 색에 의해 피부색의 색상·명도·채도의 변화에 따라 얼굴 형태의 변화를 가져오게 된다.

(3) 젊고 건강해 보인다.

① 그늘지고 칙칙한 면이 감소되어 투명감과 혈색이 좋아보인다.

② 주름이나 그늘이 없고 눈 밑 처짐·다크서클·기미·잡티·여드름 등이 두드러지지 않는다.

③ 어울리지 않는 색을 배색할 경우 더욱 나이 들어 보이거나 지쳐 보이게 한다.

④ 또한 눈동자의 흰 부분이 탁하게 보여지고 눈동자의 선명한 빛이 사라지고 피곤하거나 지쳐 보이게 한다.

⑤ 반면에 어울리는 색의 경우 이러한 단점이 감소된다.

⑥ 피부가 투명하며 건강하게 느껴지고 눈동자 색상에 빛을 지녀 선명하게 보인다.

⑦ 얼굴에 그라데이션이 깊게 생기기에 더욱 배색의 조화가 중요시되며 그 효과가 크게 작용한다.

(4) 자신만의 이미지로 자신감을 높인다.

① 자신에게 어울리는 색과 필요로 하는 색을 통해 자신의 단점을 보완한다.

② 최대한 매력적이고 당당한 이미지로 타인으로 하여금 긍정적인 평가로 보다 나은 생활을 하게 된다.

③ 차별화 된 자신만의 이미지를 통해 개개인의 사고·취향·감정·고유한 느낌을 유리하게 활용한다.

④ 성공적인 이미지로 설득력 있는 중요한 메시지의 시각적인 이미지를 활용한다.

(5) 경제적인 효율성이 있다.

① 자신의 이미지나 색상을 알고 있는 경우 충동 구매가 자제되고 자신에게 필요한 소비가 형성되므로 매우 경제적이다.

② 의상 코디를 할 때, 자신에게 어울리는 색상이나 스타일을 알고 구입한 경우 기존의 의상과 코디가 용이하며 오랫동안 활용하게 된다.

③ 불필요한 소비나 충동 구매로 인한 경제손실을 줄일 수 있고, 시간을 낭비하지 않는다.

(6) 차별화된 색채 전문지식으로 활동영역을 넓힐 수 있다.

① 컬러 이미지 연출의 색채 활용법을 알면, 색을 활용하는 데 전문적이고 차별화된 지식활용으로 자신의 영역뿐만 아니라 관련 영역을 활용할 수 있다.
② 의상·메이크업·네일·헤어색상 등 토탈코디네이션으로 활용할 수 있으므로 한 단계 높은 전문적인 분야에서 활동이 용이하다.

(7) 퍼스널 컬러 진단의 장점

① 색채 조화를 활용하여 본인에 맞는 이미지 컬러를 찾아줄 수 있다.
② 개인에게 어울리는 메이크업, 헤어, 액세사리, 소품, 의상을 쉽게 선택하여 시간절약을 할 수 있다.
③ 개개인의 가지고 있는 장점을 최대한 표현할 수 있다.
④ 자존감과 자신감을 증폭할 수 있다.
⑤ 얼굴색을 보완할 수 있다.
⑥ 얼굴형을 보완할 수 있다.
⑦ 젊고 건강한 외모 표현을 할 수 있다.
⑧ 자신만의 이미지로 자신감을 높일 수 있다.
⑨ 경제적 효율성을 높일 수 있다.

4 퍼스널 컬러의 역사

1) 1920년대 : 컬러 컨디셔닝(색채 조절)이 보급

로버트도어(Robert Dorr : 1905~1979) : 블루 언더 톤과 옐로 언더 톤을 기본으로 한 색채 조화론을 발표(1928), 병원 · 수술실의 환경색채 시작

2) 1940년대 : 미국에서 컬러컨설턴트가 탄생

파버 비렌(Faber Birren : 1900~1988) : 색채학자, 색채의 역사와 심리에 관한 많은 저서를 남김. 색의 쾌적성과 구매 효과는 많은 분야에서 색채의 역할을 적극적으로 도입하게 되는 기틀을 만듦

3) 1960년대 : 이미지 컨설턴트, 컬러 컨설턴트의 활동

① 컬러TV의 보급
② 1960년대의 케네디와 닉슨 대통령 선거 → 공개토론 → 이미지 전략의 승리 → 컬러컨설턴트라는 직업이 전문직으로 인정받게 되는 계기가 됨

③ 마침 컬러 텔레비전의 보급으로 많은 사람들이 그 효과를 실감하게 됨

4) 1970년대 : 개인 → 기업 전략화

① 클라이언트가 개인에서 기업으로 정치가나 샐러리맨 등이 개인을 대상으로 했던 Image making은 점차적으로 기업의 비즈니스 전략의 하나로 생각되어 CI나 상품기획에도 적극적으로 활용되었다.

② 로버트도어가 제창한 '컬러키(Color Key Program1967) 이론'에 근거하여 텍스타일이나 인테리어 분야에서 배색들로 유효성이 평가되었다.

③ 1978년 함부르크 대학, 컬러컨설팅, 이미지메이킹, 컬러디자인과 신설

5) 1980년대 : 퍼스널 컬러의 관심 부응

캐롤 잭슨(1942~), 게리 핑크니(1935~) 등의 선구자에 의해서 이미 제안되어 있던 퍼스널 분석방법과 4분류 방법을「컬러 미 뷰티풀(1980)」이라고 하는 교본에 정리하여 출판, 책의 판매와 함께 많은 여성들에게 관심을 모았으며, 퍼스널 컬러는 컨설팅 비즈니스를 탄생시켜 미국 전역으로 펴져 나갔다. 거의 같은 시기에 프티죤존 유미코 번역으로 동일한 책이 일본에서 소개되었다.

6) 1990년대 : 프랑스의 미셀 뒤마

4계절 화장품을 만들었다.

제 02 강 컬러 패밀리 유형 분석

1 Warm & Cool 톤(웜톤과 쿨톤)

① 퍼스널 컬러에서 4계절(봄, 여름, 가을, 겨울) 색상은 크게 따뜻한 색(난색)과 차가운 색(한색)으로 구분하며, 따뜻한 색 즉 난색은 봄과 가을 타입, 차가운 색 즉 한색은 여름과 겨울 타입으로 구분한다. 또한 사계절 컬러는 색채 혼합에 의해서 옐로, 블루, 화이트, 블랙 등의 컬러 혼합에 따라 Warm & Cool 톤으로 구분된다.

② 퍼스널 컬러를 웜톤(Yellow Base, 따뜻한 컬러), 쿨톤(Blue Base, 차가운 컬러)으로 나누어 나에게 웜톤과 쿨톤 중 어느 톤이 더욱 더 나를 돋보이게 하는지를 파악할 수 있다.

1) 따뜻한 색 : Warm 톤(난색)

① 따뜻한 색은 기본적으로 노란색과 황색을 지니고 있으며, 모든 색은 노란색이 혼합되어 조색을 이룬다.

② 따뜻한 색의 이미지는 풍요롭고 생동감을 주는 인상을 지니고 있어 무채색은 속하지 않는다. 따뜻한 색의 성격은 (1차, 3차 – 강조색)으로 이루어져 있어 강하고 선명한 색상이 많아 활동적인 성격을 지닌다.

③ 따뜻한 색의 이미지는 온화하면서 풍요롭고 동적인 이미지를 가지고 있어 감성적인 색상이 주를 이룬다.

④ 대표적인 색상은 레드, 옐로 베이지, 옐로, 오렌지, 옐로 그린, 올리브 그린, 카키, 피치, 브라운, 골드 등이다. 남색은 존재하지 않는다. 봄의 웜톤은 옐로, 가을의 웜톤은 브라운이 된다.

2) 차가운 색 : Cool 톤(한색)

① 차가운 색은 기본적으로 푸른색, 흰색, 검은색을 지니고 있는 것이 특징이다.

② 차가운 색의 이미지는 이지적이면서도 부드러움을 지니고 있으며, 모던한 느낌을 준다.

③ 차가운 색의 성격은 정적이면서도 차분한 느낌(1차, 2차색)이 많다.

④ 무채색인 경우에도 차가운 색과 따뜻한 색으로 구분이 되며, 레드, 옐로, 또한 블루가 혼합되면 차가운 색이 된다.

⑤ 대표적인 색상은 블루, 마젠타, 와인, 블루 그린, 퍼플, 그레이, 실버 등이며, 오렌지와 골드는 존재하지 않는다. 여름과 겨울 색상은 차가운 색이다.

3) Warm tone color(웜톤 컬러)

① 봄과 가을 type의 색이다.

② 모든 색에 노랑(봄)과 황색(가을)의 기미를 가지고 있다.

③ 따뜻한 색의 이미지는 온화하고 풍요로우며 동적이다.

④ 레드, 옐로 베이지, 옐로, 오렌지, 옐로 그린, 올리브 그린, 브라운, 골드

⑤ 웜톤 피부는 코럴, 오렌지, 피치 컬러와 같이 따뜻한 느낌의 컬러가 얼굴을 더욱 생기 있어 보이게 만들어 준다.

⑥ 피부가 노르스름하고 햇빛에 잘 탄다.

⑦ 실버보다 골드가 잘 어울리며, 건강하고 귀여우면서도 생기발랄하고 밝고 긍정적인 에너지를 가지고 있으며, 피부 톤이 노르스름한 웜톤 피부의 소유자로서 오렌지 또는 피치 계열의 컬러가 잘 어울린다.

⑧ **대표 연예인** : 이효리, 박신혜, 아이유, 수지, 조이, 조보아, 이성경, 혜리

4) Cool tone color(쿨톤 컬러)

① 여름과 겨울 type의 색이다.

② 모든 색에 파랑, 흰색(여름), 검은색, 흰색(여름)의 기미를 가지고 있다.

③ 차가운 색의 이미지는 모던하며 이지적이고 정적이면서 차분한 느낌이다.

④ 강조색인 블루, 마젠타, 와인, 블루 그린, 퍼플, 그레이, 실버로 이루어져 있다.

⑤ 선명한 색상, 활동적인 성격, 핑크립스틱이 잘 어울린다.

⑥ 쿨톤 피부는 핑크, 라벤더, 오키드 컬러와 같이 차가운 느낌의 컬러가 쿨톤의 하얀 피부를 더욱 화사하게 느끼게 해주나 피부가 햇볕에 노출되면 붉어진다.

⑦ 골드보다 실버가 더 잘 어울리는 쿨톤은 피부가 얇고 하얀 피부를 소유하여 청순하고 도도해 보이는 이미지를 보이며, 핑크 등이 잘 어울리며, 골드보다는 실버 액세서리가 잘 어울리며, 선명하고 차가운 컬러로 원 포인트 메이크업이 잘 어울린다.

⑧ **대표 연예인** : 전지현, 송혜교, 이영애, 시크릿 한선화, 김혜수, 서효림, 이나영

5) 색상에 따른 웜톤(한색), 쿨톤(난색) 구분

① 쿨톤이 없다(주황색), 웜톤이 없다(남색)

② 빨, 주, 노, 초, 파, 보, 청녹, 연두색은 웜톤에서 시작

③ 남색과 자주색은 쿨톤에서 시작

④ 본연의 원색에 화이트(White)나 블랙(Black)이 섞이게 되면 웜톤 컬러가 쿨톤 컬러로, 쿨톤 컬러가 웜톤 컬러로 바뀌게 된다.

⑤ 중성색이란 먼셀의 20색상환에서 따뜻함이나 차가움을 느끼게 않게 하는 색으로써 자주색, 보라색과 연두색, 초록색 등의 색이 여기에 해당된다.

⑥ 빨강에서 노랑까지가 난색, 청록색에서 남색까지가 한색에 해당된다.

⑦ 중성색이란 먼셀의 20색상환에서 따뜻함이나 차가움을 느끼게 않게 하는 색으로써 자주색, 보라색과 연두색, 초록색 등의 색이 여기에 해당된다.

[그림 9-2] 한색과 난색

제 03 강 4계절 유형 퍼스널 컬러

1 봄(Spring)

봄은 모든 컬러에 노란색을 지닌 따뜻한 유형으로 선명하고 강한 비비드(vivid)톤의 원색이 주를 이루며 톤(색의 밝고 환한 정도, 명도와 채도)이 높아 생동감과 화사한 에너지를 상징한다. 신체 색상은 노란색(Yellow Base)이 기본 바탕색으로 봄의 컬러는 화사하고 원색적이며 선명하고 강하다. 색채 전문가 캐롤 잭슨은 봄의 색조는 유일하게 산뜻한 색채들이고 선명하거나 은은한 것 중의 하나이며, 광택이 없는 것과 지나치게 어두운 색은 포함되지 않는다 하였다. 또한 산. 쿠오레는 전체적인 색조가 맑고 젊으며 생동감 있어 신선한 야채의 이미지라 정의하였다.

① 봄의 이미지

- 실제 나이보다 젊어 보이는 스타일로 화사하고 귀여운 이미지
- 혈색이 좋으며, 밝고 경쾌하며 투명한 이미지
- 캐주얼한 이미지
- 맑고 깨끗한 이미지
- 부드럽고 따뜻한 이미지

[그림 9-3] 봄의 이미지

1) 피부색

연한 상아색을 띠는 밝고 투명감이 있는 피부, 윤기가 있고 기본적으로 노르스름한 피부, 피부가 밝아 우윳빛을 띠는 피부, 볼이 분홍빛을 띠는 장미나 복숭아 색 피부, 투명하면서도 섬세한 피부이나 햇볕에 노출되면 곧 타버리는 타입이라 얼굴에 기미 같은 잡티가 생기기 쉬운 피부, 즉 봄의 피부색은 노르스름한 피부, 노르스름한 피부 중 밝은 피부, 노르스름한 피부에 붉은 빛이 감도는 피부, 노르스름한 피부에 갈색이 감도는 피부로 나눌 수 있다.

- 노란색 성향의 상아색(cream ivory)
- 분홍색 성향의 연한 갈색(peach beige)
- 노란색 성향의 연한 갈색(yellow beige)

2) 머리카락 색

노란빛이 감도는 연한 갈색, 짙은 갈색으로 회색이나 검은색은 지니고 있지 않으며 대체로 눈동자 색과 비슷한 밝은 갈색이며, 부드럽고 윤기 나는 머리카락을 가졌다.

3) 눈동자 색

밝고 깨끗한 연한 녹색을 가미한 파란색과 금색을 띤 밝은 갈색, 대부분 밝은 갈색의 눈동자가 많으며, 유리구슬처럼 밝고 반짝이는 눈동자가 특징이다.

- 황금 갈색(golden brown)
- 밝은 황금 갈색(light golden brown)
- 선명한 녹색(bright green)
- 황금빛의 녹색(golden green)

4) 봄의 컬러

[그림 9-4] 봄의 컬러

봄의 컬러는 원색의 옐로(Yellow), 오렌지(Orange), 옐로 그린(Yellow Green), 피치핑크(Pitch Pink), 아이보리(Ivory), 핑크 마젠다(Pink Maenta)등이 있으며, 봄의 색으로 배색을 하면, Pretty, Romantic, Fresh, Clear, Active한 느낌을 줄 수 있다.

2 여름(Summer)

여름은 모든 컬러에 흰색과 파랑색을 지닌 색으로 차갑고 부드러운 파스텔 톤이 주를 이룬다. 신체 색상은 강하고 밝은 톤보다 중간 톤으로 파란색이 바탕색(Blue Base)를 이룬다.
색채전문가인 캐롤 잭슨은 여름 색채들은 푸르고 장밋빛 이거나 회색조를 지니고 있으며, 광택이 없고 명암도가 떨어진다고 하였다. 산. 쿠오레는 명도가 높고 채도는 낮으며, 파란색의 파스텔 톤으로 이루어져 부드러운 색상이라고 정의하였다.
여름의 색상은 매우 다양한 편이며, 전체적으로 가라앉는 느낌의 차가운 색을 배색하면 여름 색상에 잘 어울린다. 완만한 차가움으로 우아하고 화려한 엘레강스 이미지를 가지고 있다.

① 여름 이미지

- 차가우면서도 부드럽고 여성스러운 이미지
- 이지적이고 낭만적이며, 친근감을 주는 이미지
- 4계절 중 가장 좋은 인상을 가진 타입으로 여성스럽고, 우아하며, 기품 있고 고전적인 엘레강스한 이미지
- 로맨틱한 이미지

[그림 9-5] 여름의 이미지

1) 피부색

분홍 기조를 지닌 색으로 약간 붉은 기조(로즈 계통)의 피부색이다.
투명하고 섬세한 장미색 피부, 분홍빛 피부, 희고 창백한 피부, 약간의 부드러운 회색조가 가미된 피부색, 피부가 얇아 쉽게 햇빛에 타며, 화상을 입기도 한다. 한국 사람에게 가장 많은 타입이 여름 색상군이다.

- 자연스러운 연한 갈색(natural beige)
- 붉은 성향의 연한 갈색(rose beige)
- 붉은 성향의 갈색(rose brown)

2) 머리카락 색

윤기가 나지 않으며, 가늘고 밝은 갈색, 흑갈색까지 회색을 지니고 있다.

3) 눈동자 색

부드럽고 흐린 푸른빛이나 회색이 가미된 푸른색, 붉은 빛이 도는 연한 갈색 눈동자의 흰자와 검은자의 대비가 확실하지 않고 눈동자 색이 부드러운 갈색이고 친절하고 부드러운 느낌을 준다.

- 붉은 성향의 갈색(rose brown)
- 회색 성향의 갈색(gray brown)
- 부드러운 청색 성향의 회색(soft blue gray)
- 부드러운 녹색 성향의 회색(soft green gray)

4) 여름 컬러

[그림 9-6] 여름의 컬러

여름 컬러는 화이트나 블루베이스를 가진 색으로서 화이트가 기본으로 들어가기 때문에 채도가 강하지 않고 Light(밝은)톤, Pale(연한)톤의 색이 들어 있다.
인디언 핑크(Indian Pink), 인디고(Indigo), 블루그레이(Blue Grey), 바이올렛(Violet), 레몬 옐로(Lemon Yellow) 등이 있다. 여름 컬러로 배색을 만들면 우아하면서도 시원하고 깔끔하면서도 여성스러운 배색을 만들 수 있다.

3 가을(Autumn)

가을 색상은 깊고 풍부한 색으로 신체 색상은 차분한 중간이나 어두운 성향(기조)으로 노란 바탕색(Yellow Base)인 따뜻한 톤이다. 즉, 모든 컬러에 황색과 노란색을 지닌 따뜻한 유형으로 황색이 기본 바탕색이며 가을의 컬러는 어둡고 차분하며 깊고 풍부한 색으로 가라앉은 톤이 주를 이룬다.
색채 전문가 캐롤 잭슨은 가을 색조들은 모든 색에 황색 빛을 지닌 색으로 차분하면서도 은은한 느낌을 주고 부드러우며 이지적인 이미지이며, 모든 색에 노랑과 검정을 섞은 색으로 따뜻한 느낌을 주며, 땅 색과 같은 어둡고 연한 색들이라고 정의하였다. 산. 쿠오레는 '가을 색은 명도는 중명도이고, 채도는 약간 낮은 채도로 깊이 있는 색이다'라고 정의하였다. 가을 색상은 가을 들판에서 연상 되는 편안함과 깊이가 느껴지는 클래식한 이미지를 가지고 있다.

① 가을 이미지

- 따뜻하고 부드러우며 내추럴한 이미지
- 고전적이며 여성스러운 이미지
- 친근하며 클래식하고 차분한 이미지
- 편안하며, 도회적이고 세련된 느낌의 이미지
- 깊이 있으면서 호사스러운 이미지

[그림 9-7] 가을의 이미지

1) 피부색

기본적으로 황색, 갈색, 골든 베이스의 갈색 빛 피부, 다갈색에 붉은 빛이 감도는 피부, 노르스름한 피부에 갈색 빛이 감도는 피부, 검은 피부에 노르스름한 빛이 감도는 피부, 윤기가 없이 푸석푸석하고 얼굴의 혈색이 좋지 않고 볼에 붉은 기가 별로 없어 아프면 어두운 녹색 빛이 나타나는 피부

- 자연스러운 연한 갈색(natural beige)
- 황금빛의 연한 갈색(golden beige)
- 황금빛 갈색(golden brown)

2) 머리카락 색

기본적으로 황금빛과 붉은빛을 지니고 있는 적갈색이나 흑갈색으로 다른 계절에 비해 붉은 색이 많이 포함되어 붉은 머리카락이 많다. 동양인의 경우 검은 머리카락이 많은 편이며, 검은색은 적갈색 빛을 지니고 있다. 대부분 머리카락에 윤기가 없고 어두운 암갈색의 푸석푸석한 느낌이다.

3) 눈동자 색

황금빛의 갈색, 노란색 성향의 갈색, 검은색 계열의 깊고 진한 갈색
가을 사람의 눈은 암갈색으로 깊고 포근한 느낌을 주며, 대체로 눈빛이 약하다.

- 황금 갈색(golden brown)
- 어두운 갈색(dark brown)
- 풀색(olive green)
- 붉은 기미의 갈색(auburn brown)

4) 가을 컬러

[그림 9-8] 가을 컬러

Deep(진하고)톤과 Dark(어두운)톤의 깊고 풍부한 느낌의 컬러가 많으며, Light(밝은)톤은 스킨 핑크(Skin Pink), 베이지(Beige)톤도 가을 컬러에 속한다.

4 겨울(Winter)

겨울은 모든 컬러에 파랑과 흰색, 검정을 지닌 차가운 유형으로 선명하고 강렬할 톤이 주를 이룬다. 신체 색상은 파랑색(Blue Base)이 기본 바탕색으로 겨울의 컬러는 채도가 높으며, 모든 색에 푸른빛을 지닌 색으로 모던하고 도회적인 세련된 이미지를 준다. 겨울 색상은 여름 색상과 마찬가지로 푸르면서 흰색이 기본색상이며, 푸른빛이 감도는 색 중에서도 강하고 가라 앉는 느낌을 주는 색상이 겨울 색으로 선명하고 어두운 계열이 주를 이룬다. 밝음과 어두움이 공존하여 모던하며 도시적인 이미지를 가지고 있다.

① 겨울 이미지

- 모던(간결한)한 이미지
- 선명하고 강하고 견고한 이미지
- 화려함과 날카로움을 겸비한 멋지고 댄디(남성멋쟁이)한 이미지
- 시원스럽고 섹시하며 다이나믹한 이미지

[그림 9-9] 겨울의 이미지

1) 피부색

창백하거나 분홍빛을 지닌 피부로 매우 희거나 어두운 편인 피부, 희고 밝은 피부에 푸른빛이 감도는 피부, 붉은 피부의 푸른빛이 감도는 피부, 노르스름한 피부에 푸른빛이 감도는 피부, 검은 피부에 푸른빛이 감도는 피부이다.

- 엷고 연한 갈색(pale beige)
- 붉은 성향의 연한 갈색(rose beige)
- 황록 계색(olive)

2) 머리카락 색

어두운 검은색, 회갈색, 어두운 갈색 성향과 흰색 계열로서 암갈색으로 윤기가 있고, 차가운 색 계열인 포도주 색 염색이 잘 어울린다.

3) 눈동자 색

밝거나 진한 검은색, 홍채 주의에 회색이 가미된 청색이나 녹색이 혼합되어 있으며, 동양인의 경우 유난히 검은색이거나 밝은 회갈색이며, 여름 타입의 눈동자 색상보다 강한편으로 뚜렷하고 선명하다.

- 회색 성향의 청색(gray blue)
- 청색 성향의 검은색(blue black)
- 어두운 갈색(dark brown)
- 회색 성향의 갈색(gray brown)
- 붉은 색 성향의 갈색(rose brown)

4) 겨울 컬러

[그림 9-10] 겨울 컬러

지적이면서도 강력한 파워를 가진 겨울 컬러의 대표적인 컬러는 마젠타(magenta), 크리스마스 레드(Christmas Red), 크리스마스 그린(Christmas Green), 딥바이올렛(Deep Violet) 등이 있으며, 채도가 분명하고 4계절 중 가장 힘이 넘치는 컬러다.

겨울 컬러로 배색을 하면 모던하면서도 댄디한 남성의 느낌을 주며 스포티한 이미지를 연출할 수 있다.

Vivid(선명한), Deep(진한), Dark(어두운), Strong(강한), Very Pale(매우 연한) 톤들로 이루어져 있다. 여름 컬러와 겨울 컬러를 분류하기가 쉽지 않지만 톤 느낌을 떠올리면 쉬울 것이며, 여름은 커피의 프림을 탄 것처럼 희고 부드러운 느낌, 겨울은 얼음처럼 깨끗하면서도 차가운 느낌이 든다.

제 04 강

퍼스널 컬러 진단방법

1 퍼스널 컬러 진단

1) 정보 분석

① 사회적 환경 분석

시대에 따라 요구되는 색채 환경이 다르기에 색채에 미치는 거시적·미시적 환경을 분석함

② 시장 흐름 분석

경기흐름과 유통 흐름, 상품의 색채 경향 등을 분석함

③ 소비자 행동과 소비패턴 분석

소비자의 선호하는 유행색이나 라이프스타일의 변화를 추구하는 감성 등을 분석함

④ 국내외의 트렌드 분석

국내·외의 트렌드를 통해 색채 경향과 요구되는 색채를 분석함

⑤ 관련 분야 분석

직·간접적으로 영향을 미치는 관련 분야의 색채 정보를 분석함

2) 컬러 진단

색채 환경과 색채 심리 분석	개개인의 선호색이나 기호색을 통해 추구하는 감성과 주변 환경을 측정함
신체 색상에 따른 유형 분석	피부색·머리카락 색·눈동자 색을 통해 유형을 측정함
컬러 드레이핑 분석	계절별·색상별로 구분된 컬러 천을 통해 어울리는 색을 진단함
컬러 활용방법 제시	측정결과에 따른 컬러 이미지 색채활용법을 제시함

3) 컬러 이미지 연출 컨설팅

① **토탈 컬러이미지와 스타일 제안** : 색채 유형을 통해 이미지와 스타일을 컨설팅 함
② **패션 코디네이션** : 어울리는 색과 피해야 할 색을 통해 의상색과 스타일을 제안함
③ **메이크업, 네일, 페디, 컬러링** : 자신에게 어울리는 메이크업 색상과 패턴을 제안함
④ **헤어** : 자신에게 어울리는 헤어 색상과 스타일을 제안함
⑤ **소품 및 향수** : 의상을 제외한 소품과 향수를 컬러 이미지에 맞게 활용법을 제안함

2 퍼스널 컬러 진단 시 고려사항

퍼스널 컬러의 진단을 위해서는 개인의 피부색, 머리카락 색 그리고 눈동자 색에 따라 결정되므로 피부색, 머리카락 색, 눈동자 색은 멜라닌 색소에 의하여 결정되며, 거의 대부분 청갈색 또는 황금색, 검은색으로 크기와 양에 의하여 나타난다. 즉, 퍼스널 컬러 진단은 개개인의 신체 고유의 색상인 피부색, 머리카락 색, 눈동자 색과의 조화를 이루는 사계절 유형의 색채를 진단하여 자신에게 어울리는 색과 어울리지 않는 색에 따라 메이크업, 헤어, 의상 등의 색채 이미지를 연출하는 시스템이다.

1) 피부색

사람의 피부색은 인종이나 지역, 연령, 성별 등에 따라 각각 다르게 나타나며, 건강상태나 스트레스 정도에 따라서도 변화가 된다.
피부색을 결정짓는 색소는 카로틴(carotin) 황색, 멜라닌(melanin) 갈색, 헤모글로빈(hemoglobin) 적색이 있다. 멜라닌은 표피의 기저층, 헤모글로빈은 진피의 혈관, 카로틴은 피하조직에 분포되어 있다. 이중 멜라닌 색소는 피부색을 결정 짓는 색소이다.
표피의 멜라닌 세포 수는 인종과 피부색에 관계없이 일정하며, 백인종, 흑인종의 피부색 차이는 색소세포의 수에 따른 것이 아니라 색소세포의 크기와 양의 차이라 할 수 있다.

① 멜라닌 색소의 종류

- 유멜라닌(Eumelanin)

알갱이 형태의 과립성 색소(Granule pigments)로 모발의 어두운 색(적갈색에서 검은색까지)을 결정한다. 동양인에게 많은 색소이다.

- 페오멜라닌(Pheomelanin)

좀더 작고 동그란 모양의 흩어져 있는 확산성 색소(Diffuse pigments)는 모발의 옅은 색(옅은 노란색부터 밝은 적색까지)를 결정한다. 주로 서양인에게 많다.

(1) 피부색에 따른 인종의 분류

① 백인종(白人種)

피부는 흰색이나 일부는 갈색이며, 넓은 이마, 높은 코, 청갈색이나 검은 눈동자, 많은 체모 등, 중 · 장신의 신장을 소유하고 있다.

페오멜라닌이 많은 인종이다. 백인종은 유멜라닌 색소가 적어서 자외선에 잘 노출되어서 피부 손상이 가장 심한 인종이다.

[그림 9-11] 백인종의 피부색

② 황인종(黃人種) 중 한국인의 피부색

한국인의 피부의 특징은 피부색이 황색 내지 밝은 갈색 또는 분홍색 피부도 있으며, 두발은 검은 갈색이며, 체모는 적고 얼굴 모양은 폭이 넓고, 눈동자는 갈색 내지 흑갈색을 하고 코는 낮다. 유멜라닌이 페오멜라닌보다 많다. 한국인의 피부색은 크게 황색계(노르스름한 피부)와 분홍계로 나뉘며, 황색계는 노르스름한 피부와 짙은 황갈색 피부, 분홍색계는 흰 피부와 희고 붉은 피부로 구분할 수 있다. 그러므로 한국인의 피부색을 붉은 톤, 보통의 톤, 황색톤으로 나누어 흰 피부, 보통 피부, 짙은 피부라고 구분하고 있다.

피부의 색상 구분은 10.0R은 분홍으로 백인에 가까운 분홍 피부, 6.5YR은 노란 기미의 연한 갈색으로 한국인에게 가장 많은 피부이다.

즉 한국인의 색상의 범위는 주황색 기미의 빨강에서 노랑에 이르는 색상 범위에 있으며, 5YR-7.5YR, 명도는 6~8까지 나타난다. 6.5YR 기준으로 명도 7 이상의 피부의 사람은 하얀 피부, 명도 6.5 이상의 사람은 보통 피부, 명도 6.5 미만의 피부는 짙은 피부라고 한다.

채도 구분을 보면 2는 맑지 않은 피부, 3~4는 건강한 피부, 4~5는 혈색이 좋은 피부로 구분할 수 있다.
색상면에서는 5YR계의 사람은 적색 피부, 6.5YR의 사람은 보통 피부, 7.5YR의 사람은 황색 피부로 말하며 특징적으로 하얀 피부일수록 채도는 낮아지고 검은 피부일수록 채도가 높아지는 경향이 있다.
한국인의 피부색은 따뜻한 유형보다 차가운 유형이 더 많이 분포되어 어울리는 색상 또한 원색이나 무채색보다 중간색의 톤으로 부드러운 파스텔 톤과 차분한 밝은 회색 톤이 잘 어울리는 것을 볼 때 부드럽고 차분한 색이 한국인에게 잘 어울린다 할 수 있다.

[그림 9-12] 아시아계 황인종

[그림 9-13] 한국인의 피부색

③ 흑인종(黑人種)

주로 아프리카에 거주하는 인종으로써 피부색은 갈색 내지 흑갈색, 두발은 흑갈색이며 말려져 있거나 고수머리이다. 눈은 갈색 내지 흑갈색이며, 코는 낮고 입술은 두껍다. 유멜라닌 색소가 인종 중에 가장 많은 크기와 양을 가지고 있고 농도가 가장 높다.

[그림 9-14] 흑인종의 피부색

(2) 북방계와 남방계

① 북방계

북방계 얼굴의 형태는 얼굴 위, 아래가 긴 타원형이나 직육면체로 안면의 좌우가 좁은 형태이다. 서양인의 일반적인 얼굴형태, 북미, 남미대륙의 인종

[그림 9-15] 북방계 얼굴형

② 남방계

남방계의 얼굴의 형태는 북방계보다 안면 좌우의 비율이 넓다. 동양인의 일반적인 얼굴형태. 서양인으로 따지만 태평양 주변, 오스트레일리아의 일반적인 얼굴형태이다.

[그림 9-16] 남방계 얼굴형

(3) 피부색에 따른 Warm & Cool Class

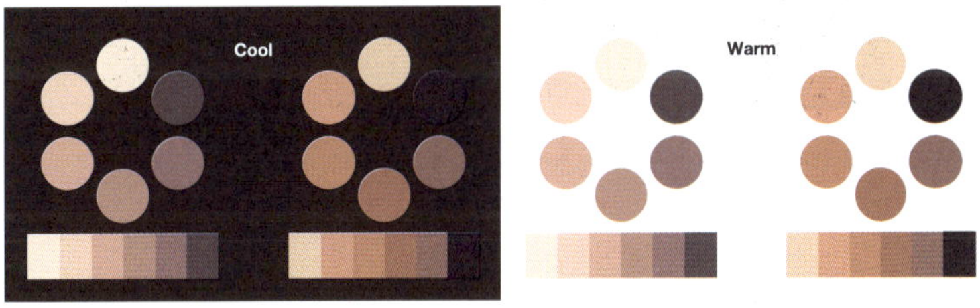

[그림 9-17] Warm / Cool Class

① 피부색-Warm

Warm Class에 속한 사람들은 얼굴의 인상에서 풍기는 전체적인 색조를 노란빛과 황색 빛과 같은 따뜻한 느낌의 옐로라고 표현할 수 있는 사람들이다. 일반적으로 밝고 노르스름한 피부, 중간 톤의 노르스름한 피부, 노르스름하고 붉은빛이 감도는 피부, 노르스름 하면서도 갈색 빛이 감도는 피부 등의 피부색을 가진 사람들이 해당된다.

Warm Class에 속하는 사람들은 일반적으로 따뜻하고 건강하고 친숙한 이미지를 가지고 있다.

Warm Class에 어울리는 컬러는 따뜻한 컬러의 대표 색상인 옐로를 바탕으로 했을 때 잘 조화되는 컬러이다.

② 피부색-Cool

Cool Class에 속한 사람들은 얼굴의 인상에서 풍기는 전체적인 색조를 흰색과 푸른색과 같은 차가운 느낌의 블루로 표현할 수 있는 사람들이다.

일반적으로 흰색이 감도는 밝은 피부, 흰빛이 감도는 어두운 톤의 피부 등의 피부색을 가진 사람들이 해당된다. Cool Class에 속하는 사람들은 일반적으로 도시적이고, 차가워 보이며, 샤프한 이미지를 가지고 있다. Cool Class 와 어울리는 컬러는 차가운 컬러의 대표 색상인 블루를 바탕으로 했을 때 잘 조화되는 컬러들이다.

(4) 피부의 부속 기관인 모발(머리카락)의 이해

[그림 9-18] 헤어 컬러

머리카락은 인종에 따라 색감의 차이는 보이지만 대략 YR계열에서 명도는 낮고, 채도는 중간에서 저채도 정도로 분포된다. 나이가 들수록 희어지거나 그레이 계열로 나아간다.

① 유멜라닌(Eumelanin)

알갱이 형태의 과립성 색소(Granule pigments)로 모발의 어두운 색(적갈색에서 검은색까지)을 결정한다. 동양인에게 많다. 동양인의 모발에 탈색을 1회 정도 시술하면 붉은색이 도는 밝은 갈색톤으로 보여지는 이유가 동양인이 유멜라닌을 많이 함유하고 있기 때문이다. 동양인의 모발 색상을 결정짓는 것이 유멜라닌이다. 또한 모발이 붉을수록 시스틴이 많이 함유하고 있는데 이는 동양인이 퍼머넌트 시술이 서양인에 비하여 잘 나오는 이유이다.

② 페오멜라닌(Pheomelanin)

좀더 작고 동그란 모양의 흩어져 있는 확산성 색소(Diffuse pigments)는 모발의 옅은 색(옅은 노란색부터 밝은 적색까지)을 결정한다. 주로 서양인에게 많다.

모발 염색 시에도 명도를 1~10단계로 나누어 사용하는데, 일반적으로 밝은 색은 1~3 고명도, 중간 밝은 색은 4~6 중명도, 어두운 색 7~10은 저명도라고 한다. 헤어에서 명도는 유멜라닌과 페오멜라닌의 크기와 양에 따라 결정되며 명도를 고명도, 중명도, 저명도로 나누며, 저명도 영역은 유멜라닌 영역, 중명도 영역은 유멜라닌과 페오멜라닌의 영역, 고명도 영역은 페오멜라닌 영역이 된다.

(5) 눈동자 색

눈의 구조 중에서 멜라닌 색소를 판별하는 부위는 홍채이다.
홍채의 색조가 변하는 것은 색소의 종류가 다른 것이 아니라 색소의 양이 적거나 많기 때문이며, 홍채가 흑갈색을 띠는 것은 홍채의 앞면에 많은 멜라닌 색소가 있기 때문이다.
개인 색채의 눈동자 색은 주로 홍채 색을 말하는 것으로서 한국인의 경우 흑갈색으로 보인다.

3 퍼스널 컬러 진단방법

[그림 9-19] 퍼스널 컬러 진단 컬러칩

1) 진단 준비

자연광 또는 백색 조명을 준비함

- 메이크업을 지운 후 얼굴 및 헤어스타일을 정돈함
- 액세서리·렌즈·안경 등 색상이나 반짝임이 있는 아이템은 착용하지 않음
- 자연광을 마주 보고 앉거나 얼굴에 그늘이 지지 않도록 앉음
- 거울 앞에 앉아 얼굴이 잘 보이도록 거울을 조정함

2) 퍼스널 컬러 진단 시 주의 사항

① 자연광에서 진단한다. (오전 10시에서 3시 사이가 가장 좋다)

② 화장하지 않은 본연의 얼굴로 다른 색의 영향을 받지 않기 위하여 흰색 머리 두건을 하여 모발색을 감추고 어깨에는 흰색 케이프를 두르거나, 흰색 상의를 착용하도록 하며, 진단하는 사람도 흰색 옷을 착용하는 것이 좋다.

③ 진단 받기 15일 전에는 비타민A나 카로틴 성분이 들어간 음식은 피부를 더욱 노랗게 보이게 하므로 섭취를 중지하는 것이 좋다.

④ 선탠을 하였을 경우는 여름 색상군의 피부처럼 보일 수가 있으므로 선탠 여부를 확인한 후 진단하는 것이 좀 더 객관적인 진단이 될 수 있다.

⑤ 과음, 과로, 임신 시에는 피부색이 칙칙하게 변할 수 있으므로 신체 컨디션을 정상화시킨 후 측정하는 것을 권한다.

⑥ 평균 2~3시간 정도 시간적 여유를 갖고 천천히 행하는 것이 좋다.

3) 퍼스널 컬러 진단 절차

(1) 방문상담/첫인상 파악/개개인의 색채 선호도와 기호도 분석

현재의 심리상태 및 건강상태를 분석한 후 개개인의 성격, 나이, 직업, 주변 환경에 따른 라이프스타일을 분석하여 개개인이 가지고 있는 성향과 기질을 파악한다.

(2) 퍼스널 컬러 진단

- 피부색(따뜻한 피부(황색) 또는 차가운 피부(적색))를 구분한다.
- 뒷머리 두피 색과 팔목 안쪽 부분의 피부색을 확인한다.
- 머리카락은 염색이 되지 않은 부분을 확인한다.
- 눈동자 색을 확인한다.
- 4계절 컬러 드레이핑을 한다. 색채 진단 천이나 색채 보드 판을 통하여 우선 따뜻한 유형(Warm 톤)과 차가운 유형(Cool 톤)을 구분한 후 봄과 가을 유형, 여름과 겨울 유형 중 어느 계절에 속하는지 분석한다.
- 퍼스널 컬러를 선정하여 개개인에게 가장 잘 어울리는 색상을 선별한다.
- 보디분석으로 개개인이 가지고 있는 체형에 맞는 옷을 선정한다.

[그림 9-20] 퍼스널 컬러 진단 도구

[그림 9-21] 퍼스널 컬러 진단 천과 거울

• 신체 색상 육안 측정

퍼스널 컬러에서 제작한 신체 색상 가이드를 참고하여 신체 색상 체크 시트에 체크한다.

피부 색	피부색 가이드와 비교하여 노르스름한 피부 또는 붉은 피부인지 체크함
모발 색	타고난 모발 색을 기준하여 밝은 갈색 계열을 Warm, 블랙 계열을 Cool로 체크함
눈동자 색	기본 분류로 밝은 갈색 계열을 Warm, 블랙 브라운과 블랙 계열을 Cool로 체크함
대비감	피부색과 모발 색, 눈동자 색과의 전체적인 대비감을 봄

[그림 9-22] 인종별 피부색(인도여성/흑인/아시아/백인)

• 진단 천을 이용한 컬러 진단

① 준비

진단 천, 상반 거울, 진단 차트

② 드레이프 컬러에 따른 체크사항

- **어울리는 색 :** 혈색이 좋음·밝음·건강해 보임·투명감 화사해 보인다.
- **어울리지 않는 색 :** 창백함·칙칙함·탁해짐·다크 써클이 진해짐·주름이 깊어 보인다.

Pink	피부색과의 조화
Red	피부의 붉은 기와 조화
Yellow	피부의 윤기
Green	모발 색, 눈동자 색과 조화
Blue	피부의 밝기, 피부색과 모발 색 대비로 인한 인상의 변화

4 컬러 퍼스널 컬러 진단차트

1) 뷰티 퍼스널 컬러 고객 진단용 상담리스트

① 뷰티 퍼스널 컬러 고객 진단용 상담 리스트

성명		전화번호	
나이		주소	
직업		방문 동기	

1	남들이 보는 나의 이미지는 어떤가요?	
2	내가 원하는 나의 이미지(선호 이미지)는?	
3	내가 선호(좋아)하는 색은?	
4	내가 선호하지 않는(싫어하는) 색은?	
5	주로 착용하는 옷 컬러와 패션 스타일은?	
6	착용을 피하는 옷 컬러와 패션 스타일은?	
7	주로 내가 바르는 립스틱 컬러는?	
8	내가 주로 피하는 립스틱 컬러는?	
9	내가 선호하는 네일 컬러는?	
10	내가 선호하는 헤어 컬러와 헤어스타일은?	
11	내가 선호하는 쉐도우 컬러는?	
12	내가 선호하는 아이브로우 컬러는?	
13	내가 좋아하는 액세서리 컬러는?	골드( ) /핑크( ) /실버( ) /진주( ) /로즈골드( ) /기타( )
14	나의 얼굴에서 커버하고 싶은 부위?	
15	나의 현재 스트레스 정도는?	
16	나의 스트레스 대상은?	
17	현 스트레스에 대한 상세 내역?	
18	내눈에 들어오는 첫번째 색은?	
19	내눈에 들어오는 두번째 보이는 색은?	
20	내눈에 들어오는 세번째 색은?	
21	내눈에 들어온 첫번째 색을 바라보는 느낌은?	

② 뷰티살롱 퍼스널컬러 진단 컨설팅

(뷰티퍼스널컬러컨설턴트 작성하는 곳)

1. 퍼스널컬러타입	SPRING(봄)	Bright / True / Light	
	SUMMER(여름)	Light / True / Soft	
	AUTUMN(가을)	Mute /True /Dark	
	WINTER(겨울)	Dark /True /Bright	
2. 베스트 컬러(Best Color)		3. 워스트 컬러(Worst Color)	
4, 베스트 색조(톤)		5. 네일컬러링 색과 색조	
6. 메이크업 추천 색과 색조 / 피해야 하는색		7. 헤어 스타일, 헤어 염색 추천 색과 색조	
8. 피부색		9. 모발 색	
10. 눈동자 색		11. 액세서리 추천 / 패션스타일 추천	

2) 셀프 퍼스널 컬러 진단차트

(1) 개인의 셀프 퍼스널 컬러 진단법(피부톤 – 눈동자 – 헤어 – 손목 안쪽 – 두피)

① **웜톤과 쿨톤 확인**

- 손목 안쪽이나 뒷목 바로 위 두피를 확인하여도 좋다.
- 손목 안쪽(핏줄포함)에 노란색에 초록(푸른)기운이 돌면 웜톤
- 손목 안쪽(핏줄포함)에 붉은색에 푸른 느낌이 돌면 쿨톤
- 두피컬러가 노란색만 보인다면 웜톤
- 두피컬러가 노란색에 흰색이나 푸른색이 섞여 보이면 쿨톤
- 웜톤과 쿨톤 타입이 결정이 되었다면 아래와 내용으로 4계절 중 내가 속해있는 계절을 파악한다.

(2) 퍼스널 컬러 셀프 진단

① **나의 피부톤을 확인** : 손목 안쪽의 피부톤을 확인하여도 좋다. 피부색을 기준으로 헤어컬러를 맞춘다.

A. 노르스름한 느낌이 베이스로 깔린 피부
B. 황색 노란색이 베이스로 깔린 피부
C. 약간의 옐로 베이스에 흰빛과 붉은빛이 감도는 피부
D. 붉은 베이스에 푸른빛이 감도는 피부

② **나의 헤어컬러는 확인** : 헤어염색 시 눈썹색을 참조

A. 노란빛이 도는 밝은 브라운 또는 다갈색
B. 회색빛이 도는 짙은 브라운 또는 회색브라운
C. 황색빛이 도는 어두운 브라운
D. 푸른빛이 도는 어두운 검정 또는 짙은 브라운

③ **나의 눈동자 컬러 확인:** 컬러렌즈를 끼지 않는 원래의 눈동자 컬러로 확인한다. 거울 가까이에서 확인한다.

A. 홍채테두리 노란빛에 밝은 브라운 또는 홍채 전체가 밝은 브라운
B. 홍채테두리 푸른빛에 소프트한 브라운 또는 홍채 전체가 소프트한 브라운
C. 홍채 테두리 황갈색에 어두운 브라운 또는 홍채 전체가 어두운 브라운
D. 홍채테두리 푸른빛에 검정에 가까운 브라운 또는 홍채 전체가 검정에 가까운 브라운

④ 나의 머리카락 질감 확인

A. 가늘고 부드럽다.
B. 윤기가 없고 부드럽다.
C. 굵고 윤기가 없다.
D. 굵고 윤기가 있다.

⑤ 즐겨하는 액세서리 확인: (금색/은색/광택유무)

A. 광택이 있는 골드
B. 광택이 없는 실버
C. 광택이 없는 골드
D. 광택이 있는 실버

⑥ 나의 이미지 확인

A. 밝고 생기 있으며 귀여운
B. 부드럽고 여성스럽고 우아한
C. 차분하고 분위기 있고 성숙한
D. 눈동자가 또렷하고 도시적인

퍼스널 컬러 셀프 진단 결과
• A가 많으면 '봄' • B가 많으면 '여름' • C가 많으면 '가을' • D가 많으면 '겨울'

(3) 퍼스널 컬러 진단의 개인에게 어울리는 색의 기준

얼굴형태 : 이마 - 눈 - 눈 밑 - 광대 - 기미/잡티 - 턱 선 - 탄력성 - 이미지

① 어울리는 색의 반응

- 피부색이 화사하고 밝아(명도) 보이고 노란색이나 붉은색이 감소하며, 피부가 투명해 보인다.(채도)
- 눈이 또렷하다.
- 눈 밑이 밝다.
- 광대가 작아 보인다.

- 기미/잡티, 눈 밑 다크서클 색소침착 부분이 희미해 보인다.
- 턱 선이 부드러워 보인다.
- 리프팅된 것처럼 보인다.
- 이미지가 부드러워 보인다.

② 어울리지 않는 색의 반응

- 피부색이 어두워(명도)보이고 칙칙해(채도)보이며, 붉은색과 노란색이 증가하며 파란색이 돌아 보이고 붉은색과 노란색이 증가한다.
- 눈이 흐릿하다.
- 눈 밑이 어둡다.
- 광대가 커 보이고 얼굴의 인상이 강하게 보인다.
- 기미/잡티가 짙어 보인다.
- 턱 선이 강해 보인다.
- 탄력성이 처져 보이고, 이미지는 강해 보인다.

5 컬러 이미지 연출

1) '컬러 이미지 연출'이란?

① 개개인의 신체 색상(피부색·머리카락 색·눈동자 색)에 따른 어울리는 색을 진단하여 그에 따른 색채유형·이미지·스타일에 따라 패션과 뷰티에 적용하는 토탈 코디네이션 개념의 컨설팅이 이루어진다.
② 퍼스널 컬러를 통해 긍정적인 외모의 변화로 심리·정서적 변화를 얻을 수 있다.
③ 보다 나은 자신의 이미지를 통해 사회적으로 긍정적인 평가를 얻게 되면, 그에 따른 자신감과 적극적이고 긍정적인 성향으로 자신의 능력을 극대화할 수 있다.
④ 컬러이미지를 통해 단순한 외적 이미지를 아름답게 하는 것이 아니라, 자신의 장단점을 파악하고 자신이 추구하는 이미지를 통해 자아정체성을 확립하는 데 효과적으로 활용하는 것이 더 큰 의미를 지니게 된다.

(1) 계절별 컬러 분석

① 개개인의 신체 고유의 색상(피부색·머리카락색·눈동자색)과의 조화를 이루는 색채 유형을 사계절 유형으로 구분한다.
② 그에 따라 자신에게 어울리는 색과 어울리지 않는 색을 구분하여 이미지 연출을 색채 중심으로 구분한 프로그램이다.

2) 좋아하는 색과 어울리는 색

① 퍼스널 컬러 시스템의 출발은 어울리는 색과 좋아하는 색을 구분하는 것이다.
② 일반적으로 색에 대한 기호나 선호 색의 경우는 좋아하는 색을 중심으로 선택하게 된다.
③ 어울리는 색의 경우 주관적인 판단이나 주변 환경, 심리적인 요인에 의한 선호색·기호색 중심으로 선택하는 경향이 있다.
④ 어울리는 색과 좋아하는 색은 반드시 일치되는 것이 아니다.
⑤ 좋아하는 색은 문화적·시대적·사회적 영향에 따라 달라지며 주변 환경에 의해 영향을 받게 되는 색으로 외형적으로 어울리는 색은 아니기에 그 구분의 색채 인식이 필요하다.

(1) 좋아하는 색

① 개인적인 경험·성격·연령·학력·계층 등에 따라 달라지고 상황이나 기분에 따라 변화를 지닌 색이다.
② 선호색은 심리적 상태와 잠재의식이 반영되어 있기에 색채 치료에 반영된다.
③ 색채에 대한 기본적인 기호는 태양 광선·공기의 투명도·환경에 따라 정해진다.

- 좋아하는 색을 결정하는 요인 - '개인의 성격과 기질에 따른 색채 선호'
  - 사람마다 성격이 다르듯이 색에도 각각이 지닌 성격과 기질이 있다.
  - 사람은 자신의 성격이나 취향에 맞는 색을 좋아하게 된다.
  - 성격이 밝고 외향적이며 적극적인 사람의 경우 대개 난색 계열을 선호한다.
  - 그 요인은 기질적인 측면에서 비슷한 성향을 선호하기 때문이다.
  - 반면에 내성적이고 소극적인 사람의 경우 한색 계열을 선호하게 된다.
  - 선호하는 색의 경우 편안함과 즐거움을 주지만 반면에 반대의 성질의 색을 통해서는 불안정함과 불쾌함을 주기에 부담스러워하기 때문이다.
  - 색조에 따라 선호도가 달라지는 것 또한 성격적인 면과 관련이 있다.
  - 좋아하는 색은 자신의 심리적인 면과 성향이나 기질과 연결되며, 사람은 저마다 이끌리는 색이 있다.

기질	성격과 역할	선호색
다혈질	장기간 작업에서의 훌륭한 제안자, 문제를 얕잡아 봄	노란색
우울질	세부적인 것에 관심, 계획을 실천하는 데 능숙함, 슬픔에 쉽게 빠짐	파란색
담즙질	화를 잘 내며, 생각해보기 전에 참을성 없이 행동함	빨간색
점액질	무기력하고, 앞으로 생길 일을 끝없이 기다림	초록색

② **좋아하는 색을 결정하는 요인** : '주변 환경이나 경험에 의한 기억의 색에 따른 색채 선호'

- 주변 환경과 기억이나 경험의 색으로 친숙한 색을 선호하게 된다.
- 비교적 빛을 많이 받는 지역의 사람은 난색을 좋아하며 성격이 활발하고 적극적이며 감성적 이다.
- 반면에 빛의 양이 적은 지역의 사람들은 한색을 좋아하고 성격이 차분하고 내성적이고 소극적인 면을 지니고 있다.
- 이는 환경에 의해 영향을 받기 때문이다.
- 색은 인간의 감정과 지적 사고와 행동에 반응을 하고 성격과 정서에 영향을 미치게 되므로 이러한 특성으로 주변 환경의 색채가 매우 중요시 된다.
- 일반적으로 좋아하는 색 위주로 의상이나 메이크업 등의 제품을 구매하는 경우가 흔하다.
- 자신에게 어울리는 색을 모르는 경우 충동 구매로 구입하는 경우 대부분 이끌리는 색에 의해 구매하기 때문이다.
- 순간적으로 기분이나 감정에 이끌리는 색 또한 적지 않다.
- 이러한 변화는 에너지 상태·질병 등에 의한 변화로 일상생활에서 느끼는 생체 변화인 바이오리듬이나 자율신경의 변화에 따라서도 변하게 된다.
- 현재의 심신 상태에 따라 필요로 하는 에너지와 정서에 의해서도 영향을 받는다.
- 좋고 싫음을 결정하는 요인은 각 개인의 색상 자극보다 톤 자극에 의해 좌우되는 경우가 많다.
- 강도 그라데이션과 농도 그라데이션 축의 차이에 따라 개인차를 느끼게 된다.
- 같은 색이라도 톤의 변화에 따라 좋고 싫음이 바뀌게 된다.
- 좋아하는 색은 주변 환경이나 개인의 성격, 심리상태 등에 따라 지극히 감성적인 면에 의해 변하게 된다.

(2) 어울리는 색

- 자신에게 어울리는 색은 개개인의 고유의 색인 신체 색상에 따라 달라진다.
- 이에 따라 어울리는 색과 피해야 할 색이 구분된다.
- 어울리는 색이 중요한 것은 그 색으로 인해 보다 건강하고 아름답게 보이기 때문이다.
- 자신에게 어울리는 색은 선천적인 요인을 객관적으로 구분하며 개개인의 기본적인 색채 유형은 변하지 않는 것이 특징이다.
- 황인종인 우리나라 사람 피부의 경우 거의 비슷하다고 생각하고 일반적으로 밝기, 즉 명도나 채도만 구분되어 왔다.
- 그러나 같은 색이라고 해도 어떤 이는 어울리고 어떤 이는 어울리지 않는 것은 명도 차이에서 비롯되는 것이 아니라 색상·명도·채도의 조화의 원리에 의해 달라진다.
- 개인마다 각기 지니고 있는 신체의 색상과 톤이 다르고 얼굴 형태의 특징이 다르기에 단순하게 구분되는 것이 아니다.

- 밝은 피부 톤에도 흰 피부에 투명하면서 붉은 빛이 도는 피부가 있는가 하면, 흰 피부에 노르스름한 빛이 도는 피부로 구분이 된다.
  - 색상의 차이로 인해 달라지는 것
- 어울리는 색의 구분에서 출발점은 '색상의 구분'이다.
- 따뜻한 색인지 차가운 색인지를 구분하는 것이 매우 중요한 분석 요인이다.
- 어울리지 않는 색은 피부색이 어둡고 칙칙해지거나 창백하게 되며 주름이나 그늘·기미·잡티 등이 더욱 짙어지는 변화를 가져온다.
- 또한 얼굴 형태의 변화에서 얼굴형에서 각기 두드러지거나 얼굴이 평면적으로 변하며 크게 보이게 된다.
- 어울리는 색은 색의 모든 단점을 보완하여 두드러져 보이지 않게 되며, 피부색과 눈동자 색이 선명하게 보이고 피부의 투명감과 젊어 보이는 현상이 나타난다.
- 한국인의 경우 일반적으로 개개인의 신체 색상을 세분화하기 보다 노르스름한 황색 피부에 검정이나 갈색 머리 색상과 눈동자색상으로 인해 검정이나 따듯한 계열의 브라운계열이나 베이지계열이 무난하게 여겨져 잘 어울리는 것으로 인식하지만 반드시 그렇지는 않다.
- 한국인의 신체 색상에 따른 사계절유형의 분포도를 보면 차가운 계열이 우위를 차지하며 그 중에 여름의 유형이 가장 많이 분포를 차지하고 있다.
- 한국인은 따뜻한 색에서 흐리고 짙은 어두운 계열이나 원색 계열보다 차가운 색의 부드럽고 화사한 파스텔 색상이나 선명하고 깨끗한 블루 계열이 잘 어울린다.
- 한국인의 경우 비교적 봄의 유형과 혼합 유형은 적은 분포를 지니고 있다.
- 신체색상에서 머리카락 색과 눈동자 색이 짙은 갈색과 검정 계열이며, 피부색의 경우 희고 밝으며 홍조를 띤 핑크 톤 피부색은 드물게 나타난다.
- 겨울 유형은 핑크 빛이 도는 흰 피부로 특징은 신체색상 간의 콘트라스트가 강한 것이다.
- 가을 유형은 동양인의 특징인 노르스름한 황색 피부와 적갈색과 흑갈색의 머리카락과 눈동자 색 때문에 비교적 우위를 차지하고 있다.
- 그러나 가장 많이 분포된 유형은 '여름 유형'이다.
- 피부색을 보면 붉은 빛이 도는 베이지나 흰 빛과 푸른 갈색의 노르스름한 피부보다 많이 분포되어 있음을 알 수 있다.
- 한국인이 황인종이지만 지형적으로 북반구에 위치하고 사계절이 뚜렷한 온난한 기후의 영향과 산과 바다로 둘러 싸여 있는 환경적인 요인으로 인해 따뜻한 유형보다 차가운 유형이 더 많이 분포하고 있다.

3) 신체 색상

- 사람은 개개인마다 피부와 머리카락, 눈동자 등에 타고난 고유색을 갖고 있다.
- 모든 인간은 적·황·갈색의 3가지 색소로 인해 신체 색상이 구분되어진다.
  - 단지 피부의 밝기만이 아니라 따뜻한 색과 차가운 색상을 구분하는 요인
- 피부색 역시 피부, 중간 피부, 어두운 피부로 구분하지만 컬러 이미지 연출에서는 명도보다 중요한 것은 기본적인 색상을 구분하는 것이다.
- 모든 색에 따뜻한 색과 차가운 색이 있듯이 신체 색상 역시 구분이 되어 있다.
  - 이것이 퍼스널 컬러에서 신체색상을 구분하는 첫 번째 요인이 됨
- 눈동자 색이나 피부색, 머리카락 색 등과 서로 보완작용을 할 수 있도록 색채 배색을 활용한다.
- 신체 색상은 3가지의 색인 멜라닌·카로틴·헤모글로빈의 분포에 따라 달라진다.
- 신체색상을 기본적으로 따뜻한 색과 차가운 색의 구분한 뒤, 밝고 어두운 명도와 채도에 따라 부드러운 톤과 딱딱한 톤으로 구분한다.
- 그 후, 신체 색상 간의 대비가 강한지 약한지에 따라 봄·여름·가을·겨울의 4가지 타입으로 구분한다.
- 퍼스널 컬러를 선별하기 위해 우선 신체색 상의 밝기보다 색상 구분이 먼저 이루어져야 한다.
  - 그 기준은 피부색을 중심으로 구분하게 된다.

(1) Warm & Color 색상 구분

- 신체 색상이 따뜻한 색과 차가운 색인지를 구분한다.
- 따뜻한 색은 기본적으로 노르스름한 옐로 베이스를 지니고 있는 색이다.
- 차가운 색은 희고 붉으며 푸른빛을 지니고 있는 블루베이스이다.

(2) Light & Dark 명도 구분

- 밝은 색, 중간색, 짙은 색으로 피부 톤을 구분한다.
- 밝기에 따라 흰 피부색, 중간색, 어두운 피부로 구분한다.

(3) Clear & Muted 채도 구분

- 피부색에서는 색상에서 느껴지는 것 이외에 투명도에 따라 구분되기도 한다.
- 봄과 여름의 경우 비교적 피부색이 투명하고 선명한 편이다.
- 반면, 가을의 피부색을 불투명하고 차분한 톤을 지니고 있는 것이 특징이다.

(4) Low & High Contrast

- 신체 색상 간의 콘트라스트를 구분한다.
- 사계절 색상에서 신체 색상의 콘트라스트는 매우 중요하다.

- 일반적으로 봄·여름·가을의 경우 콘트라스트가 적은 편이며, 가을의 경우 콘트라스트가 큰 편이다.
- 그러나 각 계절마다 낮은 콘트라스트와 높은 콘트라스트가 있다.

6 미용색채디자인

미용, 즉 뷰티 서비스 분야에서의 색채(컬러)는 빠질 수 없는 중요 부분이 되었다.
뷰티 서비스 업종을 살펴보면, 패션, 헤어, 메이크업, 네일 아트, 피부관리 등으로 나눌 수 있다.
미용분야에서의 색재의 중요성을 살펴보면 얼굴색 및 얼굴형의 보완, 젊고 건강한 외모를 표현할 수 있으며, 자신만의 이미지 즉 퍼스널 컬러 진단을 통하여 자신감을 상승시킬 수 있으며, 효율적인 소비로 경제적 효율성도 높일 수 있다.
외모의 개선에 따른 개인의 이미지는 색채를 이용하여 바뀔 수 있음을 확인할 수 있다. 색채를 이용하여 외모를 개선한다면 개인의 자신감이 상승하는 효과로 좀 더 긍정적인 삶을 살아갈 수도 있을 것이다.

[그림 9-23] 토탈뷰티코디네이션(메이크업, 헤어, 네일 아트, 컬러 아로마, 심신안정테라피)

The 알아보기

미용 서비스업에서 요구되는 고객 퍼스널 컬러 진단에 대한 이해를 위한 자질
- 색에 대한 고정관념과 선입견이 없어야 한다.
- 감성의 유연성과 감각적인 감성이 필요하다.
- 색채의 정보수집능력과 응용 능력이 요구된다.
- 시각적인 감각 발달 및 예술적, 미술적 감각이 요구된다.
- 색에 대한 분별력, 진단 지도력, 판단추진력을 지니고 있어야 한다.
- 감성적인 면과 논리적인 사고를 통해 감각적인 면을 객관화하는 능력이 필요하다.
- 색에 대한 대한 끈임 없는 관심과 관찰력, 색을 통한 표현력을 지니고 있어야 한다.
- 패션, 디자인, 예술을 비롯한 다양한 분야에 폭넓은 지식과 시대적, 문화적, 사회적 흐름을 파악해야 한다.
- 적극적인 행동력과 긍정적인 사고를 통해 급변하는 사회적인 흐름에 대응하는 능력을 지녀야 한다.

CHAPTER 10

퍼스널 컬러와 미용색채의 활용

01강 퍼스널 컬러의 미용디자인 분야의 활용

02강 퍼스널 컬러 진단에 따른 토털 뷰티 코디네이션

제 01 강 퍼스널 컬러의 미용디자인 분야의 활용

1 뷰티&패션 퍼스널 컬러 진단 시스템의 적용범위

- 외면의 컬러에너지를 활용한 개인의 색채유형과 개인 성향에 따라 이미지와 스타일을 표현하는 의상, 액세서리, 소품 등 패션과 메이크업, 헤어, 네일아트 뷰티 관련 산업 분야에 적용한다.
- 내면의 심리적인 개개인의 컬러에너지 측면을 반영하는 아로마 컬러 보틀을 활용한 스킨케어 미용 분야의 심신 릴렉싱 관리 및 컬러테라피 심리 상담 분야에 적용한다.

2 퍼스널 컬러의 미용디자인 분야의 활용

1) 메이크업 분야

- 퍼스널컬러 진단을 통한 개개인의 피부톤에 따른 기초화장품부터 색조화장품을 활용하는데 있어 자신의 피부색과 이미지에 맞는 메이크업 컬러와 메이크업 패턴으로 구분하여 보다 나은 이미지를 표현할 수 있다.
- 메이크업은 색과 선, 명암으로 이루어지므로 직접적인 얼굴의 변화를 줄 수 있기에 중요한 역할로 즉각적인 이미지 개선의 효과를 볼 수 있다.
- 자신이 가지고 있는 장점은 부각시키고, 단점을 보완하여 연출하는 것으로 얼굴이미지를 보다 긍정적인 이미지로 연출하고자 하는 중요한 도구로 활용된다.
- TPO에 맞는 메이크업의 연출로 자신감을 갖는 동기부여가 되며, 컬러 에너지에 따라 타인으로부터 긍정적인 평가를 받을 수 있어 좋은 이미지메이킹을 연출할 수 있다.
- 동양에서는 피부색을 보고 하루의 운을 점칠 만큼 얼굴에서 느껴지는 색은 매우 중요하다.
- 인상이 강하게 느껴지거나, 지쳐 보이고 자신감 없어 보이는 이미지로 인해 자신이 원하지 않는 결과가 나타나기도 하므로 피부색의 경우 혈색과 투명도의 변화, 눈썹의 색과 모양, 두께, 눈동자의 선명, ·눈매, 입술형태와 색 등 미세한 부분을 통해 얼굴의 인상이 달라져 보일 수 있으며, 단순히 미를 목적으로 하는 것뿐만 아니라 인상을 좌우하기에 자신의 장단점을 파악하고 원하는 이미지를 연출하여야 한다.

[그림 10-1] 메이크업 분야

2) 헤어 분야

- 헤어컬러는 피부톤과 매우 밀접한 관계를 가지고 있으므로, 퍼스널컬러 진단을 통한 개개인에게 어울리는 헤어컬러와 스타일을 디자인한다.
- 얼굴형에 따라 머리 형태가 바뀌듯이 피부색에 따라 헤어 색상이 달라져야 한다.
- 남녀노소를 불문하고 염색이 보편화 되면서 자신에게 어울리는 색을 원하게 되며 색상에 대해 민감하게 반응한다.
- 개개인의 첫인상에 많은 영향력을 차지하는 헤어컬러는 시각적으로 가장 크게 영향력을 주며, 헤어컬러 변화로 이미지의 변화뿐만 아니라 피부색의 변화를 직접적으로 주기에 헤어 염색 시 반드시 자신의 신체색상을 고려하여 컨설팅을 받고 디자인하여야 한다.
- 그 이유는 헤어색상에 따라 얼굴의 크기·밝기·투명도·혈색 등의 변화를 가져오기 때문이다.
- 헤어색상에 따라 피부색의 변화나 선명도의 변화로 때론 나이 들어 보이거나 얼굴형이 커 보이는 등의 변화와 의상과의 부조화로 자신의 고유의 이미지보다 오히려 마이너스 요인이 되는 경우가 흔하며, 자신에게 어울리는 의상색을 선택하듯이 헤어컬러 역시 자신에게 어울리는 색상을 헤어전문 디자이너에게 컨설팅 후 이루어져야 한다.

[그림 10-2] 헤어 분야

3) 네일 분야

- 손.발톱에 어울리는 색을 컬러링, 디자인하는 일은 립스틱의 경우처럼 같은 색이라도 어울리는 사람과 어울리지 않는 사람이 있는데 개개인의 피부톤에 어울리는 색을 우선 찾아야 한다.
- 그러므로 퍼스널컬러 진단을 통한 어울리는 색과 어울리지 않는 색을 잘 파악하여, 좀 더 나에게 어울리는 색을 찾아 디자인을 하는 것이 좋다. 네일을 하는 경우 색상과 길이의 변화를 주어 아름다운 손을 추구하는데, 네일 색상에 따라 얼굴색이 변하듯이 네일 색상에 따라 피부색이 달라져보인다.
- 어울리는 색으로 표현하면 피부색이 환하고 맑고 깨끗해 보이는 효과가 있고, 반대로 어울리지 않는 색의 경우 피부가 탁하고 칙칙하고 어둡거나 길이가 짧게 보인다.
- 네일 색상을 선별할 때 퍼스널 컬러진단을 통해 어울리는 색을 구분하는 것이 매우 중요하며, 사계절 이미지에 따라 색상, 명도, 채도에 맞는 네일 색상을 네일아트 디자이너의 전문 컨설팅을 통하여 균형이나 조화있는 네일아트 디자인을 하는 것이 더 효과적이다.

[그림 10-3] 네일 분야

4) 패션 분야

- 색은 뷰티와 함께 패션 커뮤니케이션의 가장 중요한 요소인 동시에 자신만의 스타일을 발견하는데 있어 커다란 영향을 미친다. 자신의 퍼스널 컬러 진단에 따른 패션 이미지 스타일에 따른 의상연출이 이루어져야 최상의 효과를 거둘 수 있으며, 신체에서 가장 많은 범위를 차지하는 의상색은 얼굴색의 변화와 이미지에 가장 크게 영향을 미친다.
- 패션에 있어서 가장 중요한 것은 전체적인 균형과 통일을 통한 '조화로운 배색'이다.
- 조화로운 배색을 통해 아름다움을 추구하고 더 나아가 체질이나 심리·건강상태에 따라 색채배색을 달리하여 건강한 정신과 마음을 유지할 수 있게 패션을 통해 연출할 수 있다.

[그림 10-4] 패션 분야

5) 액세서리 및 소품 분야

- 퍼스널컬러진단을 통한 뷰티와 패션스타일의 조화를 완성한다.
- 토털뷰티&패션코디네이션 개념으로 액세서리와 소품은 매우 잘 활용하여야 하며, 색은 조화와 균형에 의해 완성되는 것으로 작은 부분에 의해 균형이 깨어지기 쉬우므로 너무 과하지 않고 조화롭게 소품을 활용 뷰티와 패션의 완성을 하는 중요한 부분이다.
- 스카프·주얼리·슈즈·가방·안경·선글라스 등의 활용이 전체적인 이미지를 좌우하므로 일반적으로 같은 유형의 색채를 활용하여 통일감과 조화, 균형감을 주기도 한다.

[그림 10-5] 액세서리 및 소품 분야

6) 이미지메이킹

- 이미지메이킹의 목적은 자신의 이미지를 의도적인 변화과정을 통해 긍정적으로 개인적인 비전을 갖는 자신감과 자존감을 부여하는 계기가 된다.
- 직접적 이미지로는 타인에게 외형적으로 보여지는 첫인상에서 보여주는 이미지이며, 간접적 이미지는 내면적 감성 이미지, 언행이나 성격 등을 통한 이미지를 말한다.
- 이미지메이킹은 자신을 좀 더 매력적이고 차별화하기 위한 타인과의 소통의 수단이 되며, 색을 통해 자신이 전하고자 하는 이미지를 연출할 수 있고, 자신의 단점을 최소화하여 사회적으로 성공을 이끌고자 하는 사람에게 필수 관리 요소가 되며,. 직업에 맞는 맞춤형 이미지메이킹을 통하여 자신이 추구하는 목적을 달성하는데 효과를 두고 있으며, 개개인의 외면과 내면적 측면의 컬러를 적극적으로 활용하여 이미지메이킹 전문가들이 뷰티와 패션에 대한 개개인의 퍼스널 토털뷰티&패션코디네이션을 진행한다.

[그림 10-6] 이미지메이킹

제 02 강 퍼스널 컬러 진단에 따른 계절별 토털 뷰티 코디네이션

1 괴테와 색채

괴테(Johann Wolfgang von Goethe, 1749-1832)는 양극성의 원리를 주장하였으며, 모든 색은 노랑과 파랑의 두 극 사이에 든다고 말했다. 괴테는 세상의 이치에 따라 색도 두 가지로 나뉜다고 정의하면서 빛과 암흑 사이의 대립관계에서 색이 형성이 되는데 빛으로부터 황색이 나타나고 암흑으로 청색이 생겨난다고 언급하였다.

이 이론은 현재 색채를 접함에 있어 기본 베이스 즉 바탕색을 옐로와 블루로 나누는 이론의 기본이 되었으며, 또한 미용색채의 퍼스널 컬러에 있어서 웜톤과 쿨톤의 기본이 되는 옐로와 블루가 생겨난 것도 괴테의 양극성의 원리가 기본바탕이 된 것이다.

퍼스널 컬러에서 따뜻함과 차가움은 일반적인 컬러의 따뜻함(난색을 의미하는 빨강, 주황색 등)과 차가움(한색을 의미하는 파란색, 초록색)이 아니다. Warm Tone(웜톤)은 다양한 컬러에 노란색(Yellow Base)이 많이 섞여진 빨강, 분홍, 노랑, 파랑, 초록 등을 의미하며, Cool Tone이란 다양한 컬러에 파란색(Blue Base)가 많이 섞여진 빨강, 분홍, 노랑, 파랑, 초록 등을 의미한다.

2 캐롤잭슨의 「Color Me Beautiful」과 4계절

퍼스널 컬러 진단은 몸의 색상 중 피부색, 머리카락색, 눈동자색을 중심으로 진단한다. 그러면 퍼스널 컬러는 왜 통상 4계절로 나누는 것일까? 색채의 기본서인 「Color me beautiful」를 집필한 미용색채 전문가 캐롤잭슨(Carole Jackson 1980)이다. 캐롤은 학교를 다닐 때 교복을 입으면 자신이 아파보인다는 사실에 주목하고, 다른 친구들은 예뻐보이는데 본인한테는 학교교복이 전혀 어울리지 않았다고 한다.

1967년 요하네스 이텐의 패션아카데미를 수강한 캐롤잭슨이 1980년대에 독립하여 관련 저서인 「Color me beautiful」을 출간하면서 본격적으로 미국 · 유럽 · 일본을 중심으로 활성화되기 시작했다.

그녀가 집필한 「Color me beautiful」의 서론에서 그녀는 다음과 같이 이야기한다.

"나는 어린 시절, 좀 더 귀여운 여자아이가 되고 싶다고 생각하며 거울 속의 창백한 얼굴을 보며 슬퍼하고 있었습니다. 친구들에게는 파우더 블루색의 교복이 잘 어울렸지만 나에게는 어딘지 모르게 어색했습니다. 혈색도 없어 보이고 기운없이 축 쳐져 보였습니다. 어른이 되어 립스틱을 바르면 예뻐보인다고도 생각했습니다. 그러나 블루색 자체가 본인에게 어울리지 않는다는 사실을 알게 되고 패션전문아카데미를 통해 퍼스널 컬러를 만나게 됨으로써 본인에게 어울리는 컬러를 이용한 옷을 입는다면 피부색이 훨씬 생기가 있고 건강해 보인다는 사실을 알게 됨으로써 외면뿐만 아니라 내적으로도 긍정적인 작용을 하게 된 결과가 되었습니다."

캐롤잭슨은 인간의 이미지를 계절별로 4개의 유형으로 분류하였으며 봄은 Yellow를 기본바탕색으로, 가을은 Golden(황금색)을 기본바탕색으로, 여름은 White-blue(흰색과 파란색을), 겨울은 Blue-black(파란색과 검정색)을 기본 바탕색으로 놓고 개개인에게 맞는 헤어, 메이크업, 패션 코디네이션에 대하여 제안하였다.

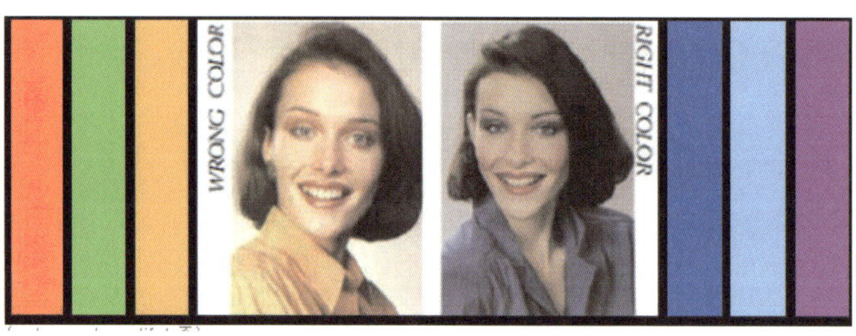

[그림 10-7] 작가 캐롤잭슨의 사진, 색채의 기본서인 캐롤잭슨의 「Color Me Beautuful」

3 퍼스널 컬러 진단에 따른 계절별 토털 코디네이션

1) 퍼스널컬러 봄의 토털 뷰티 코디네이션

따뜻하고 화사하며, 생동감 있고, 귀엽고 사랑스러우며 스포티한 이미지

[그림 10-8] 봄의 이미지

(1) 퍼스널 컬러 봄의 헤어 스타일

고명도의 밝은 계열의 붉은색, 브라운색상의 단발머리나 층이 난 굵은 웨이브의 헤어스타일이 잘 어울린다. 헤어컬러는 기본적으로 눈동자색에 가깝게 하는 것이다.

(2) 퍼스널컬러 봄의 메이크업

- 로맨틱 · 큐트 · 액티브한 느낌의 메이크업 패턴이 어울린다
- 강한 색조 메이크업보다는 가볍고 귀여운 느낌에 부드럽고 은은하게 표현한다.
- **베이직 섀도컬러**(Basic Color) : 노란빛이 도는 아이보리 화이트나 부드러운 회색을 사용
  액센트 섀도컬러(Accent Color) : 산호색, 밝은 피치, 코럴, 선명한 오렌지, 파스텔핑크
- **피해야 할 섀도컬러** : 탁한 핑크, 로얄퍼플, 짙은 보라, 머스타드, 황토색
- **메이크업베이스 컬러** : 핑크베이지, 아쿠아그린 계열의 베이스로 화사함을 표현한다.
- **파운데이션** : 피부톤이 밝은 편인 봄타입은 밝고 화사하고 섬세하게 표현을 위한 가벼운 리퀴드 타입을 선택 소량으로 여러 번 패딩하여 투명감있게 표현한다.

- **파운데이션컬러** : 밝은 베이지, 내추럴 베이지, 산호 베이지, 옐로 베이지
- **파우더컬러** : 내추럴 베이지, 연산호, 핑크 베이지 파우더
- **볼터치(치크)컬러** : 산호, 오렌지, 핑크, 연갈색, 코럴, 클리어피치 계열을 선택, 볼 가까이 표현하여 화사함을 더한다.
- **립스틱컬러** : 핑크베이지, 산호, 누드베이지, 오렌지, 누드핑크, 선홍빛 레드 계열 등의 밝은 색이나 중간색을 주로 사용하여 립글로스를 소량 가미, 촉촉하고 부드러운 이미지를 연출한다.

[그림 10-9] 봄의 메이크업 & 헤어 이미지

(3) 퍼스널컬러 봄의 액세서리 및 소품

액세서리는 작은 크기의 가볍고 귀여운 스타일, 리본, 머리띠, 스카프나 코사지가 어울린다.
액세서리 색은 골드, 산호빛의 보석, 아이보리 진주, 산호, 에메랄드, 호박 등 선명한 색상이 잘 어울리며. 노란빛의 크림색 구슬 종류도 무난하다. 은색계열은 피한다.
안경테는 봄에 속하는 색 금색, 노란밤색, 녹색, 연어색, 복숭아색, 구두는 상아색, 낙타색, 금밤색, 노란밤색, 황토색, 약간 밝은 색 핸드백을 추천한다.

(4) 퍼스널컬러 봄의 패션 코디네이션

봄 타입의 패션 이미지는 실루엣은 A라인 곡선, 격식을 갖추어야 할 때는 로맨틱, 프리티 트랜디셔널, 평상시에는 캐주얼, 스포티 패션 이미지 연출을 추천하며, 모든 색에 노랑이 섞인 색으로 따뜻함을 주는 색상이 어울리며, 고채도의 노란색 및 회백색, 형광색 계열의 산뜻하고 맑은 느낌이 나는 원단의 의상을 선택한다.

- 공단, 실크소재, 교복스타일, 등산복, 트레이닝복, A라인 원피스, 레이스스커트, 리본, 프릴블라우스, 꽃무늬 패턴 등이 잘 어울린다.
- 검정색, 흰색, 어두운 색, 차가운 색, 은색, 청회색, 청색 바탕색은 피하는 것이 좋다.
- Bright(Clear), Ture(Warm), Light 스프링으로 구분 색조(톤)를 조절하여 컨설팅한다.

[그림 10-10] 퍼스널컬러 봄의 색조(톤)

[그림 10-11] 봄의 패션이미지

2) 퍼스널컬러 여름의 토털 뷰티 코디네이션

부드럽고 인상이 좋으며, 겸손하고 우아한 이미지

(1) 퍼스널컬러 여름의 헤어 헤어스타일

- 헤어컬러는 밝은색 또는 중간밝기의 갈색이 잘 어울린다.
- 황색빛이나 오렌지빛이 들어간 헤어컬러는 피한다.
- 여성스러운 긴 스트레이트나 약간 굵은 웨이브 헤어스타일이 잘 어울린다.
- 지나치게 강한 웨이브나 짧은 헤어 커트는 피하는 것이 좋다.

[그림 10-12] 여름의 이미지

(2) 퍼스널컬러 여름의 메이크업

- 엘레강스, 내추럴, 퓨어한 느낌의 메이크업 패턴이 어울린다.
- 전체적으로 맑고 투명하며, 부드럽고 세련된 이미지로 연출한다.
- **메이크업 베이스컬러** : 라이트그린, 아쿠아그린, 라이트블루, 화이트 퍼플 계열
- **파운데이션** : 피부표현을 두껍게 하기 보다는 자연스럽게 표현 하는 것이 효과적이므로 리퀴드 타입을 소량으로 여러 번 패딩하여 자연스럽게 표현한다.
- **파운데이션컬러** : 내추럴 베이지, 핑크베이지, 화이트베이지
- **파우더컬러** : 내추럴 베이지, 라이트 핑크, 라이트 블루파우더로 자연스럽게 표현한다. 노르스름한 베이지나 오렌지 계열의 파우더는 피하는 것이 좋다.
- **볼터치** : 화이트핑크, 연핑크, 내추럴브라운 계열로 자연스럽게 혈색을 느낄 수 있게 표현한다.
- **섀도컬러** : 화이트나 실버 펄을 가미하여 표현하고 연하게 넓은 면으로 그라데이션하여 표현한

다. 부드럽지만 대체로 흐리고 연한 그레이시한 파스텔 톤의 라이트한 소라색 계열이나 라이트블루, 아쿠아그린, 라이트 핑크, 화이트, 라이트한 보라 계열 등을 사용하면 가볍고 부드럽고 시원하면서 화려한 느낌을 준다.

- **립스틱컬러** : 중간계열의 핑크베이지, 누드베이지, 브라운, 와인색으로 자연스럽고 연하게 표현한다.

[그림 10-13] 여름 메이크업 이미지

(3) 퍼스널컬러 여름의 액세서리 및 소품

액세서리는 큰 사이즈로 실버계열이나 자연을 소재로 무광택의 큰 소품을 활용한다.
실버, 백금, 핑크, 청색, 회색, 아이보리색 진주, 루비, 토파즈, 터키석, 로즈골드 등이 잘 어울린다. 작은 사이즈의 액세서리, 골드(황금색)은 피하는 것이 좋다.

- **안경테** : 여름 색상 회색, 밝은 청색, 밝은 회색, 연보라 파스텔톤
- **구두색** : 회색, 와인색, 회청색, 청색,
- **핸드백** : 구두색보다 약간 밝은 색의 핸드백
- **피해야 하는 컬러** : 검정색, 흰색, 너무 어두운 색, 따뜻한 색

(4) 퍼스널컬러 여름의 패션코디네이션

우아하고 여성스러우며, 부드러운 계절 이미지로, 실루엣은 직선의H라인, 격식을 차릴 때는 모던, 엘레강스, 페미닌, 트레디셔널한 패션이미지로, 일상생활에서는 모던하고 내추럴하면서 엘레강스한 이미지를 연출한다.
여름타입은 강하지 않은 파스텔톤과 소프톤, 연한톤, 소프트옐로, 베이지, 블루그린, 레드퍼플 등 화사하고 부드러운 이미지의 컬러가 잘 어울린다.

여름컬러도 톤에 따라서 Light, True(Cool), Soft summmer로 나뉘며, 소프트썸머를 여름뮤트 타입이라고 한다.

여름의 패션 코디네이션은 모든 색에 흰색이 들어가 있는 파스텔 계열의 색상이 잘 어울리며, 고명도의 순백색, 저명도의 검정색, 황금색, 오렌지색은 여름 타입에는 어울리지 않는다.

[그림 10-14] 퍼스널컬러 여름의 색조(톤)

[그림 10-15] 여름 패션이미지

3) 퍼스널컬러 가을의 토털 뷰티 코디네이션

따뜻하고 부드러우며, 성숙, 우아, 섹시한 이미지

[그림 10-16] 가을이미지

(1) 퍼스널컬러 가을의 헤어스타일

브릿지나 헤어 코팅이 잘 어울리고 지나치게 밝게 연출하지 않게 한다.
복고나 풍성하고 부드러운 곡선의 웨이브 스타일이 어울린다.
짧은 머리의 경우 웨이브를 주어 풍성하고 부드럽게 표현하며, 지나친 스트레이트형이나 숏커트는 피하는 것이 좋다.
저명도의 붉은 계열의 짙은 갈색, 오렌지 빛 브라운, 레드브라운, 체리레드, 로즈색을 추천한다.
모발색이 윤기가 없고 얼굴에도 혈색이 돌지 않기 때문에 파스텔톤이나 레몬색, 다크핑크색, 검정색, 밝은 계열의 색은 피하는 것이 좋다.

(2) 퍼스널컬러 가을의 메이크업

- 내추럴, 클레식, 스모키 메이크업 패턴이 잘 어울리며, 모든 색에 노랑과 검정이 섞인 색이 잘 어울린다.
- 베이지색, 황금색, 주황색, 갈색, 벽돌색, 자주색 등도 부드럽고 따뜻하고 깊이감이 느껴지는 색상으로 메이크업을 한다.
- 피해야 할 컬러는 흑색, 회색, 백색은 피하고, 저명도와 저채도의 색이 잘 어울린다.
- **메이크업베이스컬러** : 노르스름한 피부톤으로 칙칙해보일 수 있으므로, 아쿠아 그린 계열이나 자연스럽게 베이지 계열을 사용한다.

- **파운데이션 :** 다른 계절에 비해 피부를 두께감 있게 표현하며, 크림타입이나 스틱타입 파운데이션을 사용하여 피부톤을 고르게 표현한다.
- **파운데이션컬러 :** 내추럴베이지 계열이나 산호베이지 계열로 피부색보다 한 단계 어둡게 표현, 노르스름한 피부톤으로, 노란색이 많이 도는 피부는 자칫 칙칙하게 보일 수 있으므로 아쿠아그린 파운데이션을 사용한다.
- **파우더컬러 :** 내추럴 베이지, 연한 산호, 아프리코트, 오렌지계열의 색을 사용한다.
- **볼터치컬러 :** 베이지, 산호색 계열, 딥피치, 오렌지, 브라운색 계열로 표현한다.
- **아이섀도컬러 :** 오렌지, 브라운, 그린계열로 아이보리, 연베이지, 라이트 옐로 사용.
- **립스틱컬러 :** 중간색, 짙은 색 산호계열, 브라운색, 핑크베이지, 와인, 레드색에 브라운이 포함된 색을 사용하여 표현한다.

[그림 10-17] 가을 메이크업&헤어이미지

(3) 퍼스널컬러 가을의 엑세서리 및 소품

사이즈가 큰 골드계열이나 브라운 계열로 짙고 화려한 액세서리들이 잘 어울리고 순수한 자연 소품이 에스닉 스타일이 잘 어울린다.

- **안경테 :** 골드옐로색, 초록, 밤색
- **구두색 :** 밤색, 올리브색, 낙타색, 상아색
- **핸드백 :** 구두와 같은 색이거나 약간 환한 색
- **피해야 하는 색 :** 검정, 흰색, 선명한 색

(4) 퍼스널컬러 가을의 패션 코디네이션

가을형의 사람은 따뜻하고 부드러운 이미지로 상대적으로 친근감과 편안함을 주며 차분하고 원숙한 이미지를 지니고 있으며, 우아하고 고전적인 스타일이 많다.

몸의 라인을 강조한 곡선의 실루엣으로 패션이미지 연출은 격식있는 자리는 클래식, 클레식 엘레강스, 일상생활에서는 클레식 스포티, 보헤미안, 에스닉 패션이미지 연출이 잘 어울린다.
가을 타입은 저명도와 저채도의 차분하고 짙은 계열인 검정과 노랑이 섞인 색, 골드 옐로(황색), 노란색, 오렌지, 레드, 올리브 그린, 레드 브라운, 다크 브라운 등의 색으로 배색한 고상하고 온화한 이미지가 많다. 광택이 나는 옷은 피하고, 순백색이나 검정색은 어울리지 않는다.
광택이 없고 차분하고 수수한 재질의 옷이 잘 어울리며, 트렌치 코트, 에스닉, 보헤미안스타일, 벨벳, 가죽자켓, 무스탕, 레오파드(호피)패턴, 털 재질의 옷, 롱부츠, 터들넥, 가디건, 체크무늬가 잘 어울린다.
가을 컬러도 Soft, Trum(Warm), Dark(Deep) Autumn 으로 색조(톤)에 따라 나뉜다.

[그림 10-18] 퍼스널컬러 가을의 색조(톤)

[그림 10-19] 가을 패션 이미지

4) 퍼스널컬러 겨울의 토털 뷰티 코디네이션

차갑고 이지적이고 도시적이고, 개성과 섹시한 이미지

[그림 10-20] 겨울 이미지

(1) 퍼스널컬러 겨울의 헤어스타일

- 헤어컬러는 짙은 회갈색이나 검정색, 블루 블랙 와인계열의 색이 잘 어울린다.
- 골드, 붉은 밤색, 두 가지 컬러의 머리나 브릿지는 어울리지 않는다.
- 헤어스타일이 심플하고 라인이 정확한 스타일이 좋다.
- 헤어 스타일은 커트나 단정한 형태의 헤어 스타일로 심플하고 라인이 정확한 것이 잘 어울린다. 웨이브나 브릿지는 피하는 것이 효과적이다.

(2) 퍼스널컬러 겨울의 메이크업

모던·섹시·럭셔리·원 포인트 메이크업 패턴이 잘 어울리며, 아이라인을 또렷하게 하고 눈화장보다 입술을 뚜렷하게 표현하는 것이 좋다.

- **메이크업베이스컬러** : 피부톤이 희고 창백한 타입으로 연핑크나 화이트 퍼플, 화이트 블루 계열로 화사함과 혈색을 주면 효과적이다.
- **파운데이션** : 지나치게 내추럴한 것보다 어느 정도 피부표현을 하며 흰 피부색일 경우에는 지나치게 어둡게 표현하는 것은 피한다.
- **파운데이션컬러** : 화이트 베이지, 핑크 베이지, 베이지 브라운 계열로 피부톤을 고르게 펴 바를 정도의 두께감으로 표현한다.
- **파우더컬러** : 투명, 연핑크, 연보라, 코코넛 파우더 계열로 하며, T존이나 중앙부위에 화이트 파우더를 활용한다.

- **볼터치컬러 :** 핑크, 베이지 계열로 표현하되 강조하지 않는 것이 효과적이다.
- **아이섀도컬러 :** 화이트나 실버를 활용하면서 회색 계열이나 청보라, 블루, 브라운, 와인, 퍼플계열을 활용한다. 아이섀도는 연하게 한 톤으로 표현하고, 명암을 정확하게 표현해야 깊고 또렷한 눈매를 연출할 수 있다.
- **립스틱컬러 :** 누드베이지, 레드, 다크브라운, 하바나로즈, 보라, 핑크계열이 잘 어울린다.

[그림 10-21] 겨울 메이크업&헤어 이미지

(3) 퍼스널컬러 겨울의 액세서리 및 소품

심플한 스타일로 단색계열로 포인트를 줄 수 있는 강렬한 색상이 잘 어울린다.
골드 · 실버 · 화이트다이아몬드 · 사파이어가 잘 어울린다.

- **안경테 :** 은회색, 청색, 빨강색, 핑크색
- **구두색 :** 검정색, 회색, 청색, 와인색
- **핸드백 :** 구두색과 같은색이나 약간 밝은 색
- **피해야 하는 색 :** 따뜻한 색, 탁한 색

(4) 퍼스널컬러 겨울타입의 패션 코디네이션

매우 도시적이고, 차갑게 강렬하고 섹시한 이미지를 주는 겨울타입은 소피스트케이트, 겨울의 패션이미지는 에스라인을 강조하는 모래시계형 실루엣, 격식있는 자리는 아방가르드, 소피스트케이트, 섹시, 드라마룩 이미지로, 일상생활에서는 믹스앤매치, 아방가르드 패션이미지 의상의 무채색(검정색), 핑크베이지, 와인색, 보라색, 갈색등의 강하고 짙은 느낌 색상의 의상이 잘 어울리며, 화이트, 블랙과 같은 무채색(모노톤)과 차갑고 선명한 색인 아이스 컬러를 사용하는데 대표적인 컬러는 아이스블루, 와인레드, 레몬옐로, 크리스마스트리 그린, 사파이어 등 인공적이면서 얼음처럼 차갑고 강한 컬러들이다.

겨울도 톤에 따라서 Dark(Deep), True(Cool), Bright(Clear) Winter로 나뉜다.

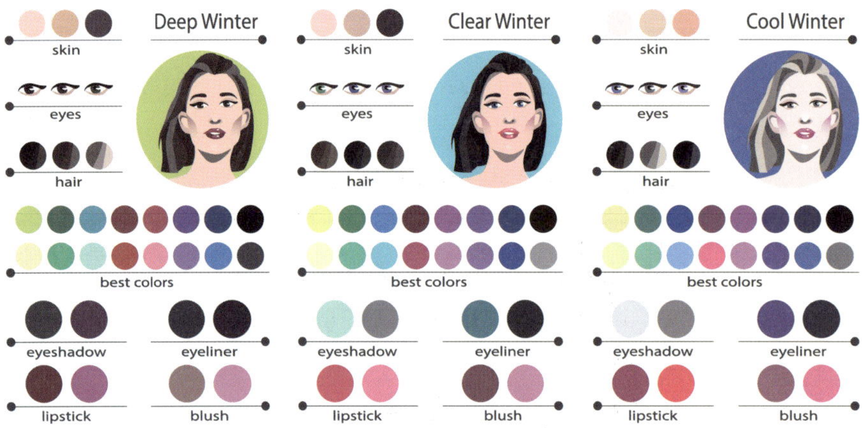

[그림 10-22] 퍼스널컬러 겨울의 색조(톤)

[그림 10-23] 겨울 패션 이미지

(5) 퍼스널컬러 사계절 톤(색조)

- **봄** : Pale, Light, Bright, Strong, Vivid
- **여름** : Light, Soft, Light Grayish, Dull, Grayish, Gray
- **가을** : Light Grayish, Soft, Grayish, Dull, Dark Grayish, Dark, Deep
- **겨울** : Dark, Dark Grayish, Black, Vivid, Strong, Bright

(6) PCCS톤 배색이미지

① Vivid : 중명도(N5), 고채도의 선명한 톤

배색이미지: 강한, 명쾌한, 인상적인, 화려한, 자극적인

② Strong : 중명도(N5)고채도의 강한 톤

배색이미지 : 강한, 주목성 있는, 다이나믹한, 화려한

③ Bright : 고명도(N7)고채도의 밝은 톤

배색이미지 : 경쾌한, 활동적인, 선명한

④ Deep : 저명도(N4) 고채도의 짙은 진한 톤

배색이미지 : 진한, 깊은, 중후한, 침착한, 강한, 다이나믹한

⑤ Light : 고명도(N8), 중채도의 은은한 톤

배색이미지 : 가벼운, 부드러운, 귀여운, 사랑스러운

⑥ Pale : 고명도(N9), 저채도의 연한 톤

배색이미지 : 맑은, 가벼운, 부드러운, 투명한, 약한, 옅은

⑦ Soft : 고/중명도(N8)저채도의 흐린 톤

배색이미지 : 부드러운, 약한, 흐린, 옅은

⑧ Dull : 중명도(N5), 중채도의 탁하고 차분한 톤

배색이미지 : 차분한, 탁한, 클래식한, 동양적인

⑨ Dark : 저명도(N3), 저/중채도의 어두운 톤

배색이미지 : 어두운, 무거운, 딱딱한, 견고한, 남성적인

⑩ Light Grayish : 고/중명도(N7), 저채도의 흐릿한 톤(밝은회색톤)

배색이미지 : 온화한, 흐릿한, 편안한, 소박한, 부드러운

⑪ Grayish : 중명도(N5), 저채도의 탁한 톤(회색톤)

배색이미지 : 은은한, 정적인, 단순한, 수수한, 조용한

⑫ Dark Grayish : 저명도(N3), 저/중채도의 어둡고 흐린톤(어두운 회색톤)

배색이미지 : 어두운, 무거운, 딱딱한, 견고한, 남성적인

⑬ Blackish : 검은

⑭ Whitish : 흰

The 알아보기

남성 패션(슈트,셔츠,타이)에 대한 팁

- 블랙 정장에 화이트 셔츠를 입을 경우는 블랙, 그레이, 블루 넥타이를 추천한다. 그 이유는 전반적으로 단정한 느낌이 들면서 블랙 타이는 좀 더 깔끔하고 심플한 이미지(타이 폭에 따라 그 느낌도 달라진다. 슬림타이는 더 세련된 느낌)를 연출.
- 그레이 타이는 모노톤 컬러 대비로 무난하면서도 지적인 이미지 연출.
- 블루 타이는 세련되면서도 신뢰감이 있어 보여서 블랙정장과 쉽게 멋내기에 좋은 컬러이다.
- 트랜디한 넥타이 컬러로는 퍼플색으로 고급스러우면서 화사해 보인다.
- 회색정장에 어울릴만한 셔츠 컬러는 화이트, 핑크이다. 이 경우 넥타일 컬러는 네이비 컬러, 무늬감 있는 사선 스프라이트 문양의 블랙컬러가 잘 어울린다. 그 이유는 세련된 느낌을 파스텔 계열 핑크나 퍼플은 컬러감이 있으면서도 회색정장과 고급스럽게 어울릴 수 있는 컬러이다.

The 알아보기

슈트, 셔츠, 타이의 컬러관계

1. 셔츠는 슈트보다 밝은색으로 한다.
2. 타이는 셔츠보다 짙은 색으로 한다.
3. 가능한 타이의 색깔은 3가지 색 이하를 쓰며 그 색 계열 안의 색이 좋다.
   셔츠 : 슈트 : 타이 = 밝음〉 중간 〉어두움 = 1 : 2 : 3

[그림 10-24] 넥타이이미지

[그림 10-25] 블랙정장 착용 이미지

4 색채 아로마

1) 아로마테라피

향기 나는 식물에서 추출한 물질을 사용하여 심신을 건강하게 하는 것으로 방향요법 또는 향기요법 이라고 한다. 아로마테라피는 몸과 마음을 건강하게 하는 대체요법의 하나로 고대로부터 전해 내려오는 민간요법이다.

고대 이집트인들은 그들의 몸과 마음의 질환을 치유하거나 종교의식을 위해 널리 사용했으며, 인도와 중국에서도 여러 가지 목적으로 아로마테라피를 행하고 있다.
아로마테라피의 매력은 육체뿐만 아니라 정신과 감정적인 부분까지 다스릴 수 있다고 알려져 있는 대체요법으로 식물에 존재하는 향기와 물질이 두뇌와 신체의 특정 기관을 자극하여 몸과 마음의 건강을 유지시켜주는 특성이 있어 질병의 예방 및 개선효과가 있다고 하며, 일상에서 향기를 지닌 대표적인 아이템으로는 방향제를 들 수 있다.
컬러심리테라피를 진행할 때 천연 향인 아로마 에센셜 오일과 천연색상을 가미하여 제조된 컬러 아로마 보틀을 활용한다.

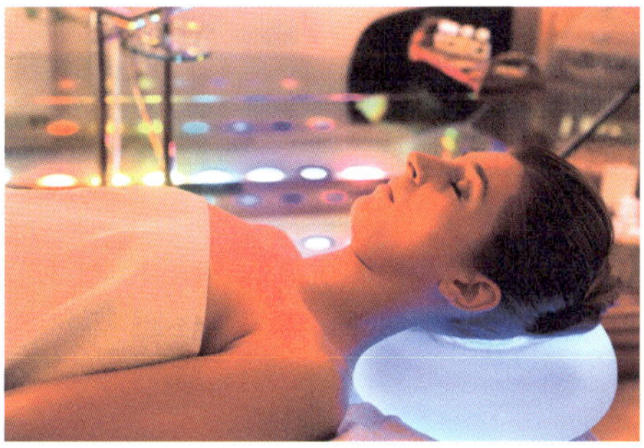

[그림 10-26] 컬러와 스파테라피

[그림 10-27] 솔트컬러테라피

[그림 10-28] 컬러아로마보틀을 활용한 컬러심리테라피

미용색채학
BEAUTY CHROMATOLOGY

CHAPTER 11

패션 코디네이션 및 컬러 심리 파워

제 01 강

패션 코디네이션

1 개념

① 퍼스널 컬러 진단을 통하여 의복에 대한 제안을 하는 데 있어서 계절별 의복의 재료 및 색채의 선택이 매우 중요하다.

② 의복의 색채 선택에 있어 개개인에게 잘 어울리고 심리적으로도 좋은 효과를 얻을 수 있도록 잘 선택하여야 하며, 의복 색은 주조색, 액센트 색으로 이루어 주는데 주조색은 면적을 많이 차지하는 색이므로 주조색에 의하여 이미지 또는 분위기가 상대방에게 전달된다.

③ 의복에 있어서 시원하게 보이는 색은 여름에, 따뜻하게 보이는 색은 겨울의 특성에 맞게 기능면으로 분류하는 것이다.

④ 명도나 채도가 높은 색은 봄의 신선함을, 밝고 명도가 중간 정도되는 중명도의 색은 여름을, 명도가 낮고 어두운 색은 가을과 겨울의 색을 많이 연상시킨다.

⑤ 즉 봄의 색상으로 밝은 파스텔 톤의 색상을, 여름에는 생동감 있는 색상을, 가을과 겨울에는 어둡고 풍부한 느낌의 색상을 많이 선택한다.

[그림 11-1] 4계절 색상

⑥ 일반인들이 연상하는 봄의 색상은 분홍, 라이트 그린, 노란색을 연상하며, 여름에는 하늘과 바다를 연상하는 파란색, 스카이 블루, 바캉스를 나타내는 오렌지색, 노란색, 태양의 작열을 나타내는 빨간색을 연상한다.

⑦ 가을에는 단풍 등을 연상하는 자연색인 갈색, 황토색, 카키색, 진한 갈색 등을 연상하고, 겨울에는 눈, 얼음을 연상하는 흰색, 아이보리색과 그레이, 검정, 네이비 블루를 연상한다.

⑧ 의복 색은 계절감을 잘 나타내고 있고 계절별로 잘 조화가 되는 의복 색은 다음과 같다.

(1) 봄

[그림 11-2] 봄

봄은 만물이 소생하고 싹트는 어린아이와 같은 이미지로서 새싹이라 느껴지는 노란색, 밝은 녹색, 분홍, 연두, 풀색, 초록색, 살색, 황록색 등 맑고 화사한 색상이 사용되며, 미래의 희망적인 이미지도 포함한다.

(2) 여름

[그림 11-3] 여름

여름은 작열하는 태양이라고 하여 매우 활기가 넘치고 힘이 느껴지는 계절로 젊음이 느껴진다. 봄에 이어진 색상들로 태양이 연상되는 빨간색, 바다가 연상되는 흰색을 기초로 한 파란색, 감청색, 바다색, 엷은 보라, 스카이 블루 등이 있다.

(3) 가을

[그림 11-4] 가을

가을은 '성숙', '완숙'의 계절로 가을 단풍의 이미지에 산과 들도 조금씩 갈색으로 물들어 주황색, 귤색, 노랑 연두, 다홍색, 갈색, 카키색, 황토색, 진한 갈색, 베이지 등의 색상이 사용된다.

(4) 겨울

[그림 11-5] 겨울

겨울은 휴식과 노년을 뜻하기도 한다. 만물이 쉬는 시기에 들어가는 시기가 되므로 자연색으로 검은색, 빨강색, 다홍색, 하양, 그레이, 아이보리, 검정, 회색 등이 겨울 색에 해당된다.

2 의복색과 피부색

피부색은 퍼스널 컬러 진단의 3요소 중 하나로서 건강과 아름다움, 감정을 나타내는 것으로 중요시되어 미용 분야에 있어서 특히 피부색은 모든 스타일, 즉 이미지 연출 시 중요한 부분을 차지한다.
의복과 피부색의 조화는 아름다움의 기본이 되는 조화로움이며 본인이 가지고 태어난 계절의 색상으로 옷을 입게 되면 조화롭게 보이고 피부색도 생기 있어 보이고 건강한 혈색이 돈다.
얼굴이 가지고 있는 결정을 보완해 주기도 하는데 자신에게 어울리지 않는 계절의 색을 입게 되면 피부색도 칙칙해 보이고 얼굴에 회색 빛 음영이 생기고 그로 인하여 눈 밑, 다크 서클, 미간, 입 꼬리, 미소 주름이 더 잘 보이게 되고 광대 부분이 더 돌출되어 보인다.

[그림 11-6] 피부색

이처럼 의복에 있어서 피부색과의 조화가 매우 중요하기 때문에 여러 가지 색을 이용하여 의복을 제작하는 데 있어서 피부색을 중심으로 한 의복 색의 조화가 이루어져야 한다.
피부색은 피부의 색소의 양과 크기에 따라서 백인종, 황인종, 흑인종으로 나뉘는데 서양인의 경우 머리카락과 눈의 색깔이 매우 다양하여 의복 색과의 조화는 매우 까다롭고 제한이 많이 나타난다.
하지만 우리나라 사람들은 다소의 차이는 있지만 노란색 기미(황색)피부에 검은색 또는 갈색의 머리카락을 지녔기 때문에 서양인들보다는 좀 더 간단히 의복 색을 사용할 수 있다.

① **엷은 분홍색을 띤 흰 피부** : 엷은 보라색, 엷은 초록색
② **창백한 피부** : 장미색, 크림색
③ **거무스름한 피부** : 짙은 감색, 짙은 갈색
④ **누런 피부** : 포도주 색, 회색 빛 청색
⑤ **푸릇푸릇하면서 검은 피부** : 푸른 기가 있는 짙은 초록, 황갈색

의복 색을 피부색에 따라 선택 시 피부가 밝고 흰 사람은 명도가 낮고 어두운 색상이 잘 어울리고, 피부가 어두운 사람은 명도가 높고 반사력이 강한 홍색 계열의 의복이 잘 어울리며, 의복에 있어서 피부색과의 조화가 매우 크게 기여하므로 자신의 피부색을 잘 파악하여 의복 색을 선택하는 것이 중요하다.

3 의복 색과 연령

① 생후 한달 정도부터 영아들은 색채에 대한 반응을 보이게 되고 만 3세까지 강한 반응을 보이는 색에는 노랑, 빨강, 자색, 검정, 장미색, 오렌지색, 회색, 초록, 파랑 순으로 나타난다. 유아들(만2세~6,7세)은 고명도, 고채도의 색이나 따뜻한 색, 난색에 관심을 보인다고 한다.

② 그 후, 아동기(6, 7세~12,13세)까지 초록색을 선호하다가 청소년기(13~19세)가 되면서 남아는 노란색을, 여아는 빨간색을 선호하는 경향이 나타나고 청소년기에는 조용하고 사교적인 분위기의 파란색 계통을 좋아한다고 한다. 성년기가 되면 여성은 밝은 느낌의 빨간색, 남성은 청색계, 암색계의 색을 선호한다.

③ 중년기가 되면 온화한 분위기의 초록색을, 노년기가 되면 어두운 초록이나 크림색, 갈색을 선호한다고 한다. 의복 색은 기호색, 계절 감각, 직업, 재료의 차이 등 여러 영향에 따라 결정되지만, 연령별로 다음과 같은 의복 색을 활용한다.

- 어린이 의복 색

어린이 의복 색은 엷고 자극이 덜한 색을 사용하는데 베이비 블루, 베이비 분홍 등을 사용하여 아이들의 더 예쁘게 보이도록 하나 아이들이 자라면서 각각의 아이들에게 어울리는 색이 달라진다.

[그림 11-7] 어린이 의복 색

• 10대의 색

귀엽고 발랄한 느낌의 색을 많이 사용하는데 빨간색, 다홍, 주황, 귤색, 노랑, 노랑 연두, 자주, 연지, 파랑 등 명도와 채도가 높고 파스텔 빛깔은 부드러운 느낌의 옷을 사용한다.

[그림 11-8] 10대의 색

• 20대의 색

인간으로서 성숙되어 가는 시기이므로 어른스러운 느낌이 풍기는 색을 사용하는데 오렌지색, 파란색, 보라색 등 중명도, 중채도의 색으로 사용하며, 밝은 색의 배색으로 화려함을, 어두운 색과의 배색으로 칙칙한 느낌도 주는 색을 사용하나 비슷한 배색을 피하여 배색한다.

• 40대의 색

40대에는 동안과 노안으로 많이 분류하는데 완성된 감각을 가지는 시기이므로 명도와 채도가 낮은 색을 안정감을 주며 포인트 색으로 밝은 색을 이용하여 강조한다. 주황, 초록, 청록, 파랑, 남색, 회청색, 은회색, 진한 적갈색, 진한 초록 등이 잘 어울린다.

4 의복 색과 체형

① 체형에 있어서 색의 수축과 팽창, 전진과 후퇴의 성질을 이용하면 매우 효과적이다. 즉, 개개인의 체형에 맞게 코디네이션(coordination)을 하는 것인데 코디네이션이란 뜻은 '대등하다, 조정, 통합'이란 뜻이기도 하다.

② 코디네이션에는 의복 및 아니라 구두, 핸드백, 헤어스타일, 메이크업, 액세서리 등이 해당되어 토탈 코디네이션이라고 한다.

③ 과거의 여성들은 정적이면서도 생활양식이 한정이 되어 있었는데 사회적 참여도가 높아지고 활동적으로 변화하면서 의복도 좀 더 자유롭고 편안하며 개성을 고려하고 자신만의 스타일을 연출하여 입게 되었다.

④ 패션 코디네이션에 있어 1970년대 중반 이후부터는 라이프 스타일이나 생활 공간의 조화에 이르기 까지 그 범위가 확대되었으며, 소재감에 의한 균형과의 조화, 문양을 활용한 코디네이션, 각각의 다른 패션 아이템을 활용한 코디네이션 등이 있다.

⑤ 의복의 코디네이션에 있어서 유행보다는 TPO에 해당되도록 코디네이션 하는 것이 좋은 이미지를 형성하는데 매우 중요하다 할 수 있다.

5 어울리는 코디네이션

1) 체형별 코디네이션

① 마른 체형

마른 체형의 경우 엷은 노랑, 빨강, 오렌지, 로즈와 같은 따뜻한 이미지를 주는 색상을 사용하는 것이 좋은데 이러한 색들은 모두 팽창색에 해당되는 색으로, 차가운 색보다 체형을 마르지 않게 보이도록 효과가 있다. 고명도의 색을 사용하면 확대 효과에 의하여 결점을 보완할 수 있으며, 고명도의 색을 사용할 때는 옆에 줄이 가도록 디자인을 넣으면 체형에 굴곡이 있어 보인다.

② 뚱뚱한 체형

수축색과 저명도의 색인 감색, 청록색의 어두운 색이 적절하며, 엷은 색을 사용할 경우는 옷의 일부분에 액센트를 주는 것이 좋다. 예를 들어 허리에 진한 색을 써서 허리를 가늘게 하게 보이게 하는 것이다.

③ 평범한 체형

체격이 평범한 C형은 회색을 주로 하는 배색으로 낮은 채도와 중간 정도의 명도 색을 선택한다.

2) 여성을 위한 체형별 패션 코디네이션

체형별 의복 패션 코디네이션은 나에게 어울리는 체형을 잘 파악하여 내가 가지고 있는 형의 장점과 단점을 알아내어 단점은 잘 커버하고 시선을 분산되게, 장점은 강조하여 살리도록 유도하는 데 의미가 있다.

① 이상적인 체형

일반적으로 키가 크고 어깨와 힘의 균형이 잘 잡히고 허리선이 확실히 들어가고 계란형의 얼굴형을 가지고 있는 체형을 이상적인 체형이라고 한다. 이러한 체형들의 경우 매우 완벽한 체형으로 어떠한 스타일의 옷도 잘 어울린다.

② 역삼각형

삼각형을 뒤집어 놓은 것 같은 체형으로 역삼각형의 체형을 가진 사람의 특성은 어깨가 넓고 허리와 엉덩이는 어깨 폭에 비해 좁은 체형으로 등은 넓고 튼튼하고 다리는 보통 가늘다. 우리나라보다는 서구 여성의 체형으로 볼 수 있고 가슴이 매우 발달되어 있어 상반신을 작게 보이게 하는 의상이나 디자인으로 착시효과를 주도록 코디네이션을 하여야 하며, 하의는 볼륨을 주어 엉덩이 힙을 강조하는 것이 좋다.

- 어울리는 스타일

  폭이 넓은 플리츠스커트, 플레어스커트, 옷자락에 모양이나 장식이 있는 스커트, 디자인이 간단한 블라우스, V 네크라인 옷, 상의를 피트하게 입는다.

- 피해야 할 스타일

  어깨장식이나 폭이 넓은 깃 등 어깨를 강조한 스타일, 가로로 디자인된 상의, 짧은 재킷이나 상의, 목까지 채우는 단추가 있는 옷, 레이스, 큰 단추, 가슴 포켓

③ 삼각형

삼각형의 체형 즉, 종모양의 체형을 가진 사람의 특성은 어깨의 폭이 엉덩이보다 가는 체형으로 넓적다리와 엉덩이에 살이 많아 균형 잡혀 보이지 않고 앉아서 일하는 시간이 많은 사람이나 나이가 들어가면서 운동량이 부족한 사람에게 많이 나타나며, 이러한 체형은 하체를 보완한 코디네이션으로 상반신을 최소화 하고, 상체에 포인트를 주어 하체에서 시선을 끌어 상체로 이동시키는 것이 좋다. 제니퍼로페즈와 비욘세(삼각형의 체형) 등이 있다.

- 어울리는 스타일

  상반신이나 어깨에 장식이 들어가 있는 스타일, 풍성한 소매, 넓은 네크라인, A 라인이나 주름, 플레어스커트가 잘 어울린다.

- 피해야 할 스타일

  타이트한 스커트, 짙은 색 상의에 밝은 색 스커트나 바지, 벨벳소재의 스커트

④ 모래시계형

모래시계형은 볼륨 있는 가슴과 엉덩이에 비해 허리가 가늘고 모래시계를 연상시키게 하는 체형으로 가는 허리부분을 넓은 벨트로 강조하여 가슴과 엉덩이에 비해 가는 허리를 시각적 착시효과로 코디한다. 살이 찌더라도 골고루 찌기 때문에 굴곡이 있고 풍만해 보인다. (36-24-36)

• 어울리는 스타일

폭이 넓은 벨트, 부드러운 소재로 허리선과 힙선을 감싸는 디자인, 플레어 스커트, 부드럽게 퍼지는 스커트

• 피해야 할 스타일

가슴을 강조한 옷, 겹쳐지는 재킷, 두터운 스웨터, 가슴의 리본 장식, 몸에 꽉 끼는 스타일의 옷, 힙 부분을 강조한 디자인

⑤ 타원형

타원형의 체형은 전체적으로 신체 모든 부분이 둥글고 허리, 가슴, 엉덩이 등 사이즈가 크고 배도 많이 나와있는 살이 많은 체형이다. 전체적으로 상반신에 볼륨이 많은 스타일로 직선이나 각으로 또한 시선을 상승시켜 가늘게 보이도록 하고 가능하면 몸 부분에 시선이 집중되지 않도록 한다.

• 어울리는 스타일

차가운 계열이나 검은 계열의 색상, 허리선이 없는 심플한 디자인의 원피스, 길이가 긴 헐렁한 스타일의 상의, 세로 줄무늬, 사선 무늬

• 피해야 할 스타일

수평선 무늬, 라운드 네크라인, 큰 어깨의 패드, 부풀린 소매, 몸에 딱 맞는 옷, 폭이 넓은 벨트, 눈의 띄는 색, 두툼하고 볼륨 있는 소재의 의복

⑥ 장방형

장방형의 체형은 상체 부분과 하체 부분, 허리선이 거의 같은 폭으로 전체의 실루엣이 동일해 보이는 사각형 느낌의 체형이다. 허리의 볼륨이 없어서 굵어 보이고 어깨 폭과 엉덩이의 밸런스는 맞지만 부드러운 느낌을 주지는 않는다. 전체적으로 라인을 충분히 느슨하게 하고 허리 부분과 몸통을 여유 있게 감싸주는 것이 좋다. 허리를 가늘게 보이게 하는 것이 중요하고 허리와 앞 중심을 강조하여 시선을 몸 중심으로 이끌어 낸다.

• 어울리는 스타일

오버 블라우스, 허리선이 들어가 보이는 재킷, 튜닉상의, 슈미즈, 플레어 스커트, A라인의 주름 스커트, 로우 웨스트 원피스, 바지

• 피해야 할 스타일

수평 라인의 무늬의 옷, 어깨가 넓은 재킷, 허리에 큰 주머니가 있는 옷

⑦ 마른 형

마른 체형의 특징은 어깨 폭과 엉덩이 폭이 매우 좁으며 전체적으로 직선적이고 허리와 가슴에 거의 살이 없어 매우 허약하게 보이는 체형이다. 날카롭게 보일 수도 있고 연약해 보일 수 있어 부드러워 보이게 하는 것이 좋다.

적당한 주름 선을 넣어 마른 체형을 보완하고 볼륨감 있는 소재와 디자인을 염두에 두고 코디를 하면 효과적이다.

- 어울리는 스타일

개더 스커트, 패치 포켓 등 주름 장식, 볼륨감 있는 옷, 타원형, 모직 등의 질감 있는 소재

- 피해야 할 스타일

몸에 붙는 스타일의 옷, 부피가 큰 소재, 큰 무늬 패턴, 소매 없는 원피스나 상의

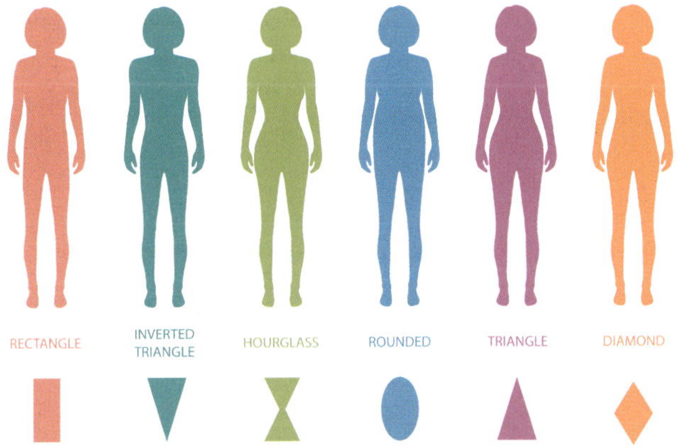

[그림 11-9] 여성의 체형 분류

3) 신체부위에 따른 코디네이션

① 가슴이 큰 체형

둔해 보일 수 있는 체형이나 코디를 잘하면 섹시한 이미지로 보일 수 있는 체형이다. V네크라인의 옷, 디자인이 심플한 수트, 원피스, 테일러드 스타일의 컬러가 좋으며, 7부나 긴 소매의 옷 등도 잘 어울린다.

② 가슴이 빈약한 체형

가슴이 빈약해 보이는 체형은 가슴이 커 보이도록 기능성 속옷으로 부풀리거나 시선을 다른 쪽으로 유도하는 것이 효과적이다. 수평의 줄무늬, 가슴 선에 두른 스카프, 넓거나 꽉 죄는 벨트, 뻣뻣하거나 두꺼운 소재의 옷감을 선택하는 것이 좋다.

③ 짧고 굵은 목을 가진 체형

주로 몸에 살이 많이 찐 비만체형으로 목이 짧고 굵게 보이므로 목이 길어 보이게 하기 위해서 V나 U자형의 넥라인을 선택하는 것이 좋다. 가디건이나 재킷, 스웨터는 앞을 열고 입는 것이 좋다. 목을 강조한 디자인이나 견장 장식은 피하는 것이 좋다. 목걸이는 긴 것이 어울린다.

④ 목이 길고 마른 체형

어떠한 분위기 연출에도 이상적인 현대 여성의 스타일이지만 너무 긴 스타일의 소품은 피하는 것이 좋다. 넓고 둥근 보트형의 넥라인, 스텐드업 칼라, 목선까지 올라오는 니트 웨어, 목선에 러플이나 주름이 있는 디자인의 옷, 스카프나 머플러로 연출해도 좋다. 챙이 넓은 모자, 큰 귀걸이, 뻣뻣한 질감의 옷이 좋다.

⑤ 팔이 굵은 체형

팔이 굵은 체형은 헐렁한 소매의 상의를 선택하여 입고 숄이나 세로 줄무늬의 옷이나 작은 무늬가 좋다. 무거운 소재보다는 가벼운 소재의 직물을 선택하고 소매가 없거나 어깨 끈이 없는 디자인보다는 소매가 긴 것을 선택하는 것이 좋다.

⑥ 팔이 짧은 체형

팔이 짧은 체형으로 팔이 길어 보이게 하는 것이 중요하며, 소매가 없는 민 소매나 세로 줄무늬의 소재가 어울리고 무늬를 많이 넣은 소재의 소매는 피하는 것이 좋다. 9부 소매나 손목에서 1~2cm 정도 더 긴 소매가 좋다.

⑦ 허리가 굵고 아랫배가 나온 체형

허리가 굵고 아랫배가 나온 체형은 전체적으로 A라인으로 보이게 하여 허리선이 없는 재킷, 긴 스웨터, 토닉, 넓은 어깨선과 어깨 패드를 이용하는 것이 좋으며, 플레어 스커트, 조끼 등이 잘 어울린다. 허리선에 주름이나 넓은 벨트, 짧은 상의는 피해야 한다.

⑧ 상반신이 길고 하체가 짧은 체형

긴 상체가 짧아 보이도록 하는 것이 포인트로 상하로 분리된 의상이나 상의를 밝게 환하게 입거나 눈의 띄는 액세사리 연출로 시선을 위로 올라가게 유도하는 것이 중요하다.
주름 스커트, 벨트가 있는 재킷과 미니스커트가 잘 어울리며, 힙 선이 가려지는 의상이나 허리선을 드러내는 스타일의 옷은 피하는 것이 좋다.

⑨ 굵은 다리를 가진 체형

종아리가 굵은 체형으로 통이 좁지 않은 긴 팬츠를 입어 결점을 보완하는 것이 효과적이며, 롱 팬츠나 두꺼운 소재를 사용한 개더 스커트가 어울리나 종아리 부분을 절단한 스커트나 바지는 피하는 것이 좋다.

⑩ 짧은 다리를 가진 체형

스탠드 업 칼라, 허리선을 약간 올려져 보이게 하는 연출을 하는데 단색이나 한 가지 색조로 된 옷, 일자형의 옷, 허리선부터 잡혀진 주름치마, 가벼운 재질의 치마나 바지, 구두와 이어지는 색상의 스타킹, 세로줄 디자인이 잘 어울린다. 밑으로 처진 허리선이나 롱 재킷, 밑으로 처진 벨트는 어울리지 않는다.

⑪ 힙이 큰 체형

골반이 넓어졌거나 선천적으로 골반이 넓은 사람으로서 큰 엉덩이를 가리기 위해 헐렁한 의상 착용, 긴 재킷, 롱 코트, 세로줄 무늬, 사선 무늬 장식을 한다. 어깨 폭이 넓은 스타일의 옷을 선택하고 주름이 많이 들어간 플레어 스커트, 몸에 꼭 조이는 벨트, 부피가 크고 무게감 있는 소재는 피하는 것이 좋다.

⑫ 힙이 처진 체형

낮은 엉덩이의 곡선을 위로 끌어올리도록 시선을 유도하며 헐렁한 의상을 선택하여 입는다. 길이가 긴 조끼나 스웨터, 재킷이 좋고 허리선이 없는 원피스나 A라인의 실루엣, 플레어 스커트가 좋다. 목걸이나 귀걸이에 포인트를 주고, 시선을 위로 유도하고 꼭 끼는 바지나 스커트는 피한다.

4) 남성을 위한 코디네이션

① 키가 크고 뚱뚱한 체형

전체적으로 큰 선을 이루고 있어 둔해 보일 수 있어 남성적이고 안정감을 주는 느낌의 코디를 하는 것이 매력적으로 보일 수 있다. 색상은 검은색, 밤색, 회색이 체형을 축소되게 보이게 하며, 상의와 하의의 색상 선택을 다르게 하는 것이 좋다. 차가운 계열의 색상, 작은 물방울 무늬가 어울린다. 너무 헐렁한 옷을 피하고 적당히 피트감 있는 옷을 입고 가로로 분할된 7부 바지를 입으면 키가 덜 커 보이는 효과가 있다.

② 키가 크고 마른 체형

키가 크고 마른 체형은 자칫하면 구부정해 보이고 허약해 보일 수 있으므로 이러한 점을 보완하여 코디를 하여야 한다. 조끼를 이용하거나 상의나 하의 색을 다르게 입고 체크무늬도 좋다. 색상은 군청색이나 회색 베이지가 좋다.

③ 키가 작고 마른 체형

이 체형은 왜소해 보이거나 약하게 보일 수 있는 체형으로 남성적인 느낌이 나도록 코디를 하는 것이 중요하다. 어깨에 패드를 넣고 재킷의 길이는 엉덩이를 다 덮지 않도록 하고 넥타이는 물방울 무늬, 상의와 하의는 같은 색상으로 스트라이프 상의 셔츠나 수트가 좋고 컬러는 베이지색이나 회색과 같은 옅은 난색 계열이 좋다.

④ 키가 작고 뚱뚱한 체형

작고 답답해 보일 수 있는 이미지로 재킷의 길이는 중간 정도로 엉덩이를 다 덮지 않도록 하고 색상은 짙은 회색, 군청색이나 검은색 계열, 스트라이프가 좋고 상의와 하의를 동일색상으로 하거나 유사 색으로 하는 것이 좋다. 셔츠는 와이드 칼라나 롱 포인트 칼라를 선택하여 넥타이는 사선의 무늬를 선택하는 것이 좋다.

제 02 강 맛과 힘을 느끼게 하는 색

① 인간은 인체의 오감 즉 시각·청각·후각·미각·촉각의 감각기능을 통하여 감각의 차이(강도)에 따라서 대비 현상이 일어난다. 인체의 오감 중 별로 의식하지 못하지만 미각과 색은 밀접한 관련이 있다.

② 색채요법에는 사람들은 여러 가지 다양한 색깔들이 다양한 신경병 치료에 적용되어 왔으며, 색채가 인간의 심성을 다스린다고 알려지고 있다.

- 식품에서 연상되는 색
  - **스포츠음료** : 파랑, 하양
  - **건강식, 자연식** : 초록, 하양
  - **커피색** : 갈색, 검정
  - **카레** : 노랑, 빨강
  - **야채** : 주황, 노랑, 초록
  - **과일** : 보라
  - **쌀, 면류** : 하양
  - **깨나 김** : 검정

- 맛으로 연상되는 색
  - **달다** : 분홍 계열색(복숭아, 케익, 아이스크림 등)
  - **짜다** : 바닷물을 연상할 수 있는 파랑 및 회색 계열의 색
  - **시다** : 레몬, 귤, 키위 등의 노랑, 밝은 연두 계열의 색
  - **쓰다** : 한방약이나 약초, 커피 등의 어두운 갈색
  - **맵다** : 거무스레한 빨강 계열의 색

컬러푸드는 레드를 비롯해 퍼플, 오렌지, 그린, 화이트, 블랙 7가지 컬러로 이루어져 있는데, "피토케미컬"이라는 성분에 의해 식재료의 색과 영양소가 달라지며, 피토(phyto) '식물'이라는 뜻과 케미컬(chemical) '화학'이라는 뜻의 합성어로, 일반적으로 채소와 과일에 함유된 성분을 말하며, 화려하고 짙은 색소가 많고 비타민과 무기 염류가 풍부해 암 예방, 항산화 작용, 혈중 콜레스테롤 저하, 염증감소에 효과적이다.

① RED

빨간색 채소나 과일에는 심장의 기운을 돕는 성분들이 다량 함유되어 있어서, 유해산소와 독소를 제거하는 역할을 통해 면역력 강화, 혈관 건강에 도움을 주며, 혈액순환을 돕고 심장을 건강하게 만든다. 안토시아닌은 아스피린보다 10배 강한 소염작용을 하며, 암이나 동맥경화 예방에도 효과적이다. 또한 토코페롤이 함유되어 노화방지 효과가 탁월하다.

② ORANGE

빨간색과 노란색의 중간색인 주황색 컬러푸드는 베타, 알파카로틴, 크립토잔틴 등이 함유되어 식욕을 왕성하게 하여 주고, 소화작용을 돕고 비타민 C가 풍부해 면역력에도 좋으며, 환경오염으로부터 독성을 없애준다. 주황색 과일들은 햇빛에 노출된 피부회복에도 큰 도움을 주며, 카로티노이드의 일종인 지아잔틴은 눈의 망막보호, 노화와 함께 동반되는 백내장 예방, 눈의 피로를 방지하는 데도 효과적이다.

③ YELLOW

옐로푸드는 베타카로틴, 루테인의 영향으로 면역력을 높이며, 암 예방에도 좋으며, 모세혈관 벽을 보강하고 혈액순환 개선에 도움을 주며, 기름에 옐로 푸드를 볶아서 섭취하면 60~70% 베타카로틴 흡수율이 생으로 섭취할 때보다 높아진다.

④ GREEN

눈으로 보는 것만으로도 안정감을 주며, 초록색 채소는 클로로필 성분이 체내의 중금속 같은 유해물질을 흡착해서 체외로 배출해 디톡스 효과를 볼 수 있고, 베타카로틴이 간의 피로를 풀어주며, 폐의 노폐물을 배출하는 데 도움을 주며, 술, 담배를 많이 하는 사람들은 그린색의 푸드를 많

이 섭취하는 것이 좋으며, 쌈이나 주스로 섭취하거나 끓는 물에 살짝 대쳐서 먹으면 클로로필의 변화를 막을 수 있다.

⑤ PURPLE

폴리페놀 폴라보노이드의 일종은 안토시아닌은 보라색 계통의 색소 성분으로 항산화 작용이 뛰어나 심장질환, 뇌졸중의 위험을 감소시키고, 혈액순환을 개선하며, 암세포 증식 억제, 폴리페놀 성분과 바이러스나 세균을 죽이는 화합물이 다량 함유되어 보는 즐거움과 건강을 동시에 얻을 수 있으며, 식욕을 감소시키는 효과가 있어 다이어트에도 도움이 되며 특히, 우울증 개선, 콜레스테롤 저하에 효과적이다.

⑥ BLACK

시력 개선, 항암효과에 좋으며, 신장기능, 생식기 계통의 기능을 원활하게 도와주며, 안토시아닌은 우리 몸에 항산화 능력을 길러주며, 면역력을 향상시키고, 활성산소 억제, 콜레스테롤 수치를 낮추어 주며, 비타민 B군, 무기류 등이 함유되어 탈모 환자에게도 좋다. 신장기능 강화, 허약체질에도 검은색 컬러 푸드를 활용한다.

⑦ WHITE

저항력을 키우는 음식으로, 화이트 푸드는 대부분 햇볕을 받지 못해 광합성이 이루어지지 않는 뿌리 채소들로 흙 속에 묻혀있는 부분은 하얗고 독특한 향과 매운맛을 가진 것이 많다. 흰색을 내는 색소인 플라보노이드 계열의 안토크산틴이 함유되어 체내 유해물질 배출, 저향력을 길러주어 감기는 물론 각종 호흡기 질환에 효과적이다.

미용색채학
BEAUTY CHROMATOLOGY

CHAPTER 12

컬러 심리 생활 코디네이션

01강 배색의 중요성

02강 배색심리

제 01 강 배색의 중요성

① 일상생활 즉, 생활 코디네이션에 있어서 배색의 필요성은 연상 이미지 또는 심리적인 요인이 작용하여 몇 초 만에도 강한 인상을 주고 긍정적인 효과 또는 부정적인 효과를 주기 때문에 톤을 조절하여 배색하는 것이 매우 중요하다.

② 좋은 효과를 낼 수 있는 배색의 경우 센스가 좋고, 접촉감이 풍부하여야 하며, 역동감과 신뢰감이 있어야 좋은 효과를 얻을 수 있다.

③ 인상력을 높이는 배색, 주위의 시선을 끌기 위한 배색, 친근하게 다가올 수 있는 배색을 하여야 한다.

④ 복식(Fashion)이나 제품(Product or Item)의 경우 감각과 접촉감, 품질감, 소유감을 높이는 배색이 되어야 한다.

⑤ 저드의 색채조화론에서는 배색을 할 때 매우 중요한 것이 규칙적으로 선정된 명도, 채도, 색상의 요소가 질서정연하게 일정하면 조화롭게 보이며, 자연의 색과 같이 사람들에게 익숙하고 친근한 색상의 배색이 조화로우며, 공통성이 있는 색채의 배색은 일정하며 조화롭게 보이며, 색상, 명도, 채도가 애매하지 않고 명쾌한 배색이 조화롭다고 정의하였다.

제 02 강 배색심리

1 톤을 강조한 배색 심리

① 톤을 강조한 배색은 같은 톤이나 비슷한 톤으로 정돈해서 진열하면 혼란스러웠던 상품 진열에 통일감이 생기고 판매점도 차분한 분위기를 연출할 수 있다.

② 동일 톤의 진열하든 유사 톤의 진열을 하든 그 톤을 어떻게 배색하고 강조하느냐에 따라 분위기가 달라질 수 있는 것이다.

③ 톤을 강조한 배색심리에서 가장 중요한 것은 색채 조절인데 어떤 목적에 의한 색의 기능적 사용과 환경에 따른 계획적인 채색을 하는 것을 색채 조절이라고 한다.

④ 색채 조절은 심리학·생리학·색채학·조명학·미학 등에 근거를 두고 색을 과학적으로 선택하여 짜맞추는 것이므로, 미적 효과나 선전 효과를 겨냥하여 감각적으로 배색하는 장식과는 뜻이 다르다. 장식에서의 색의 선택은 개인의 취미로 결정하지만 색채 조절에 의한 기능적인 색의 선택은 객관적으로 정하며 개인 취향은 거의 필요하지 않다.

- 배색심리

- **동일 색상의 배색** : 차분함, 시원함, 솔직함, 정적임, 간결함
- **동일 색조(톤)의 배색** : 차분함, 시원함, 통일성, 일관성
- **유사 색상의 배색** : 협조적, 온화함, 화합적, 상냥함, 건전함
- **유사 색조(톤)의 배색** : 화합적, 평화적, 안정감, 차분함
- **반대 색상의 배색** : 강함, 똑똑함, 생생함, 동적임, 화려함
- **반대 색조(톤)의 배색** : 강함, 생생함, 예리함, 동적, 자극적

- 배색 방법(색채의 배색)

- 배색을 생각할 때, 색의 삼속성 차이에 의한 배색, 즉 동일 유사 대조의 적당한 균형을 고려하여 배치하는 것이 기본이 되어야 한다.
- 컬러 배색을 하기 위해서는 색의 3속성 즉, 색상(Hue), 명도(Value), 채도(Chroma)의 3속성으로 이루어져 있고 이들의 상호관계를 계통적으로 배열한 것이 컬러 배색 즉, 컬러 시스템이라고 할 수 있다. 색채에 있어서 미용 분야를 비롯 모든 패션 전문 분야, 실내인테리어의 색채 계획에 모두 배색에 의한 컬러시스템이 적용된다.

- 먼셀, 오스트발트, NCS 컬러 시스템 등이 있다.

[그림 12-1] 배색

톤을 강조한 배색에서 왼쪽부터 빨강은 생명력과 에너지를 나타내고 있으며, 기분을 높이는 데 활용되며, 두 번째 사진도 노랑색 톤을 강조한 선명한 색으로 밝고 즐거운 기분을 만들어 주며, 파란색은 시원한 기분과 차분한 기분을 동시에 느낄 수 있어서 집중력을 높여주기 위하여 학생들 방 배경색으로 많이 활용되며, 초록색은 상쾌하고 신선한 느낌과 편안함을 주는 대표 힐링 컬러이다

[그림 12-2] 미용 디자인 배색

[그림 12-3] 파스텔 톤을 강조한 네일 미용 디자인

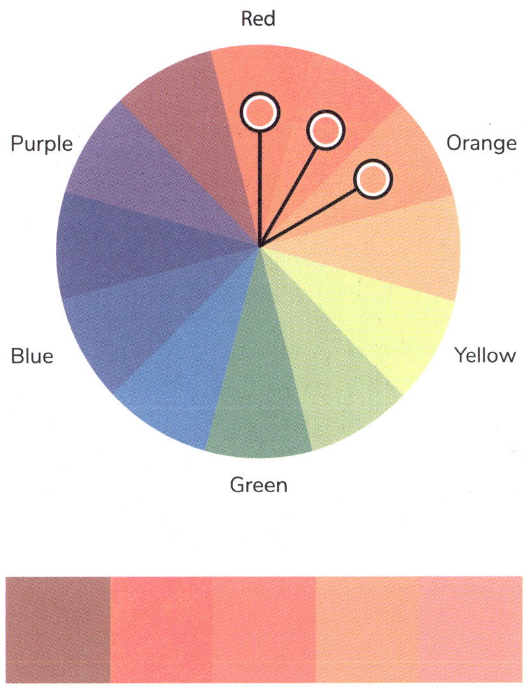

[그림 12-4] 유사색의 조화(화합적, 평화적, 안정감, 차분함)

[그림 12-5] 반대색의 조화(강함, 똑똑함, 생생함, 동적임, 화려함)

2 쇼윈도의 배색 심리

[그림 12-6] 쇼윈도

거리를 거닐다 보면 윈도우 쇼핑 즉 아이쇼핑을 할 때가 많다. 이때 쇼윈도를 통하여 보는 각 판매점의 상품 진열 방법에 따라서 그곳의 매출이 어떻게 달라질 수 있는지 상상해 볼 수 있다.

먼저 손님을 판매점으로 들어오게 하려면 판매점의 앞면이나 모서리 등 고객의 시선이 머물 수 있는 곳에 쇼윈도를 설치하고 눈에 잘 띄는 상품을 진열하여 손님의 이목을 끌어야 한다. 이때 가장 손쉬운 방법이 색을 이용하는 것이다.

즉, 주목성(색이나 빛에서 자극이 강하여 눈에 잘 띄는 정도)의 힘을 발휘하여야 한다. 색상 중 빨강이나 노랑은 주목성이 매우 높은 색으로 사람을 집중하게 하는 효과가 있다. 이러한 계통의 색을 사용하여 보행자가 잘 보이는 위치에 상품을 진열하면 평소에 관심이 있던 제품일 경우 한번쯤 들어가보고 싶은 충동을 느끼게 된다.

3 밝기를 달리한 배색 심리

각 매장에서 배색이 달라지면 같은 인테리어를 하였다고 하여도 그 이미지, 느낌은 크게 달라진다.

우리가 숍을 오픈할 때 그 매장의 분위기는 색의 밝기에 따라 그 매장의 느낌이 달라진다.

밝은 난색을 몇 가지 섞으면 더욱 캐주얼하고 대중적인 이미지가 강조될 수 있으며, 명도가 강조되고 무채색을 더 많이 사용하였을 때는 클래식하고 중후하면서도 깔끔한 분위기를 연출하게 된다.

캐주얼 한 분위기는 기본색 + 밝은 조명 + 밝은 난색으로 표현하며 클래식한 분위기는 기본색 + 어두운 조명 + 금색 + 갈색이 들어가면 좋다.

밝기를 달리한 배색 심리는 판매점의 실내 분위기 뿐만 아니라 취급하는 상품 또는 서비스 하는 상품에 따라 매우 큰 영향을 미치는 것이다. 그러므로 실내 인테리어가 그곳의 첫 이미지를 상징하는 것이 된다.

[그림 12-7] 매장의 인테리어

4 심리적 효과에 따른 배색

색은 심리적인 이미지 연상 작용뿐만 아니라 실제로 생리적 현상에도 영향을 미치는데 대표적인 것이 체감온도이다. 여기서 비롯된 것이 난색과 한색의 개념이 되는 것이다.

파란색에서는 따뜻함을 느낄 수 없고 빨간색에서는 시원함을 느낄 수 없다. 즉 색은 단순히 어떤 색인가를 인식시키는 것을 뛰어 넘어 사람의 심리에도 여러 가지 영향을 미치게 된다. 한색과 난색에는 차갑고 따뜻하다는 느낌 외에도 시간의 경과, 공간의 넓이나 후퇴, 진출 등에 영향을 주는 것이다.

난색계의 방에 있으면 시간이 느리게 가는 것처럼 느껴지고, 한색계의 방에 있으면 시간이 빨리 가는 것처럼 느껴진다. 한색계와 난색계의 방 사이에는 체감온도가 1.5-3도 정도의 차이가 나며 시간 경과의 속도도 다르게 느껴진다.

난색과 한색의 심리적 효과를 실생활 공간에서 활용해 볼 수 있는데 난색계의 공간은 실제 머물렀던 시간보다 더 길게 느껴지므로 상업공간, 페스트 푸드점 등에서 사용하는 것이 좋으며, 반면 한색계의 공간은 시간을 짧게 느끼게 하는 효과가 있으므로 사무실, 병원, 대기실 등에 사용하는 것이 좋다.

심리적 효과에 대한 배색을 보면 색의 커뮤니케이션이 느껴진다.

밝은 색은 가벼워 보이고 어두운 색은 무거워 보이며, 밝은 색은 팽창감을 주므로 같은 면적이라고 하여도 검정이나 짙은 회색보다 더 크게 느껴지며, 빨강, 주황, 노랑 등 따뜻한 색은 태양이나 불을, 파랑, 청록색 등 시원하고 차가운 느낌의 색은 하늘이나 물을 연상시키며, 색의 온도감에 따라 색상에서 강하게 느껴지고 명도에서도 고명도는 차갑게, 저명도는 따뜻하게 느껴진다.
노랑색은 난색으로 같은 위치에 있어도 더 가까이 느껴지는 진출색이며, 반대로 한색이나 어두운 색은 같은 위치에 있어도 더 멀리 있는 것처럼 느껴진다.
난색계로 채도가 높은 색은 흥분색으로, 채도가 낮은 색은 침착하게 만드는 색이다. 명도가 높은 밝은 색은 가볍게 느껴지고 명도가 낮은 어두운 색은 무겁게 느껴지며, 실제로 동일한 중량감이 있어도 밝은 색이 어두운 색보다 무게가 더 나가는 것처럼 느껴지기도 한다. 또한 어둡고 한색이 수축색, 따뜻한 난색이 팽창색이 된다.
채도가 높은 색은 화려한 인상을 채도가 낮은 색은 수수한 인상을 준다.
이러한 심리를 활용한 분야가 컬러테라피이다. 플라시보 효과라는 것이라 할 수 있다.
컬러테라피는 색채의 전달로 정서적 안정을 얻는 방법을 말한다. 색채의 자극은 시신경을 통해 대뇌에 전달돼 성장 조직으로 연결된다. 때문에 필요에 따라 자극과 생기, 휴식과 진정의 목적으로 심리적 안정을 준다. 또한 자신에게 어울리는 컬러 아이템을 착용하는 것만으로도 심리적인 안정감을 느낄 수 있다. 파란색은 신체를 이완시키고 차분하게 가라앉혀 불면증에 좋다. 집중력을 향상 시켜주는 색상이다. 초록색은 눈에 피로를 풀고 휴식이 필요하다고 생각될 때 적합하다. 동시에 긴장을 이완시키고 혈압을 낮춰줘 스트레스를 많이 받는 사람에게 효과적이다. 빨강색은 힘을 북돋아주는 색상이고 노란색은 강한 자아를 상징해 평소 자존감이 낮은 사람에게 좋다. 여성의 경우 심한 생리통에 꼭 진통제를 먹고 식사 후 속이 더부룩하고 힘들면 무조건 소화촉진제를 먹을 것을 권유한다. 컬러테라피는 약을 먹지 않고 자연스럽게 치료하고자 하는 대체요법의 하나로서 이러한 부분들이 활성화가 된다면 약에 의존하여 내성이 생겨 약에 대한 부작용이 생기는 것보다 심리적 효과를 이용하여 심리적 효과를 약효가 전혀 없는 거짓 약을 진짜 약으로 가장하여 환자에게 복용토록 했을 때 실제로 환자의 병세가 호전되는 현상을 가리켜 '플라시보 효과'라고 말한다. 선의의 거짓말이 가져다 준 놀라운 결과이며, 심리적 효과를 기대하는 의미를 지닌 플라시보(Placebo)와 처방전을 뜻하는 프리스크립션(Prescription)의 합성어인 플라스크립션(Pla-scription) 형태의 심리적 효과를 이용해서 직접적인 처방을 한다는 개념이다.

1) 이럴 때 이런 음악, 스무가지 클래식 처방전

일본 필하모닉 오케스트라와 광고 대행사에서 합작하여 진행한 JAPAN PILL-HARMONIC이라 불리는 프로젝트는 지루하고 어려울 수 있는 클래식 음악을 재미있는 방법으로 들려주기 위해 마련되었다. 많은 사람이 어렵고 지루하다고 느끼는 클래식 음악을 쉽게 이해할 수 있도록 아이디어를 모색한 것이다. 마치 약국에서 약을 처방 받듯이 원하는 기분이나 목적에 따라 각각의 클래식 음악을 처방되는데, 약 봉지 안에는 처방된 클래식 음악이 들어있는 작은 SD카드 혹은 USB가 포장되어 있다.

깨끗한 피부를 위해 비발디의 '사계-봄'을, 편안한 수면을 원하는 고객에게는 말러의 '교향곡 10번', 식욕부진으로 힘들어하는 환자에게는 로시니의 '세비야의 이발사'가 처방된다. 각각의 클래식 음악의 음률, 리듬에 따라 감정이나 증상과 연결한 것이 흥미롭다. 큰 질병을 낫게 할 순 없겠지만 작은 고통에도 약에 의존하는 일을 조금은 줄여 줄 수 있다.

단순히 음악을 들을 때와, "편안한 수면을 위한 말러의 교향곡 10번"을 처방 받아 들었을 때, 음악이 주는 효과는 분명히 다르다. 약봉지 안에서 조제된 약을 꺼내듯 USB를 꺼내 음악을 듣게 되면 평소보다 더 나른하고 편하게 숙면할 수 있을 것 같은 기분으로 감상하게 될 것이다. 심리적 효과를 이용한 색다른 처방, Pla-scription을 바로 보여주는 사례이다.

꼭 약을 먹어야만 증세가 호전되는 병도 있겠지만, 우리가 약국에서 쉽게 구매하는 약 가운데는 굳이 먹지 않아도 될 가벼운 증상을 위한 약이 꽤 많다. 쉽게는 두통, 생리통, 우울증 등이 그렇다. 환기를 자주 해라, 휴식을 취해라, 배를 따뜻하게 해라, 자기 전에 따뜻한 우유를 마셔라 등 전문가들도 자연적 치료를 권하는 가벼운 증상들이다.

가벼운 질병에도 약에 대한 의존도가 비교적 높은 대한민국에서 심리를 활용한 컬러와 클래식을 접목한 테라피 즉, 플라시보를 활용한 한 분야의 효과는 대체요법으로 매우 놀라운 결과를 가져다 주는 것이다.

[그림 12-8] 심리를 활용한 컬러

5 반대색을 이용한 배색 심리

색상환에서 서로 반대쪽에 위치한 색을 반대색이라고 한다. 강조와 역동의 이미지이다.
예를 들어 빨강의 반대색은 초록, 노랑과 보라, 주황과 남색은 서로의 색을 북 돋우어 주므로 더 아름답게 보이는 효과가 있다.
상품의 진열에도 이 방법을 이용하면 상승효과를 기대할 수 있다. 노랑의 옆에 보라가 있으면 보다 더 선명한 노랑으로 보이고, 반대로 보라 옆에 노랑이 있으면 보다 더 아름답게 보라로 보인다.
스포츠용품 디스플레이의 경우 공간과 디스플레이 된 제품에 적절히 반대색을 이용하면 이러한 효과 때문에 더욱 역동적으로 보인다.
제품 패키지의 경우에서도 반대색의 효과를 찾아 볼 수 있다. 내용물이 같더라도 포장 색이 다를 경우 크게 가격 부담이 없으면 덤으로 하나 더 구입하게 되는 것이다.
붉은 회의 생선회에 녹색 잎을 곁들이거나 녹색 접시를 이용하면 생선회가 더 붉게 보여 한층 더 맛있게 보인다.

[그림 12-9] 반대색을 이용한 배색 심리

유사색과 반대색이 주는 차이는 크다. 유사색은 전체적으로 색이 통일 되어 보이기 때문에 안정적이고 차분해 보여서 커피 광고나 은행 광고 등에 어울리고, 반대색은 강렬하며 강조하는 것이 확실히 보이기 때문에 활력적인 광고에 더 어울린다. 다만 반대색을 이용할 때는 비율을 적절히 사용하는 것이 눈이 피로해지는 것을 방지할 수 있다.

[그림 12-10] 색상을 이용한 놀이터

6 고급스러움이 느껴지는 배색 심리

고급스러운 느낌을 표현하는 색으로 검정, 금색, 은색이 대표적인 색이다.
검정은 딱딱한 색으로 알려져 있지만 검정과 금색은 하양과 은색의 조합과 함께 최고급의 이미지를 준다. 또한 검정은 금색과의 배색이 아니더라도 난색 계열의 짙은 색과 조합하면 고급스러운 느낌을 연출하기 쉽다. 고급스러운 느낌과 함께 호화로운 이미지를 연출할 수 있는 배색이기 때문이며, 값비싼 화장품의 경우 금색이나 은색의 조합으로 호화로운 이미지를 자아내고 있다. 특히 눈여겨 볼만한 것이 명품판매점의 색인데 대부분 짙은 배경색에 밝은 색의 브랜드 로고를 사용하며, 어둡고 밝은 명암 대비를 잘 활용하며, 벽면에 금색, 검정, 짙은 갈색의 나무 재료를 사용하여 한층 더 고급스럽게 느껴지며, 음식점의 경우 외관이나 내장에 검정을 너무 많이 쓰면 불결하다는 인상을 강조할 수도 있으므로 사용할 때 색상의 면적비나 포인트 컬러 등에 세심한 주의가 필요하다.

[그림 12-11] 명품판매점의 배색

미용색채학
BEAUTY CHROMATOLOGY

CHAPTER 13

미용색채학 실습

1. KS 표준색 색상환 – 실습(1)
2. 색상(Hue) – 실습(색종이)
3. 4계절 이미지

1 KS 표준색 색상환 - 실습(1)

1) KS표준색의 색상환

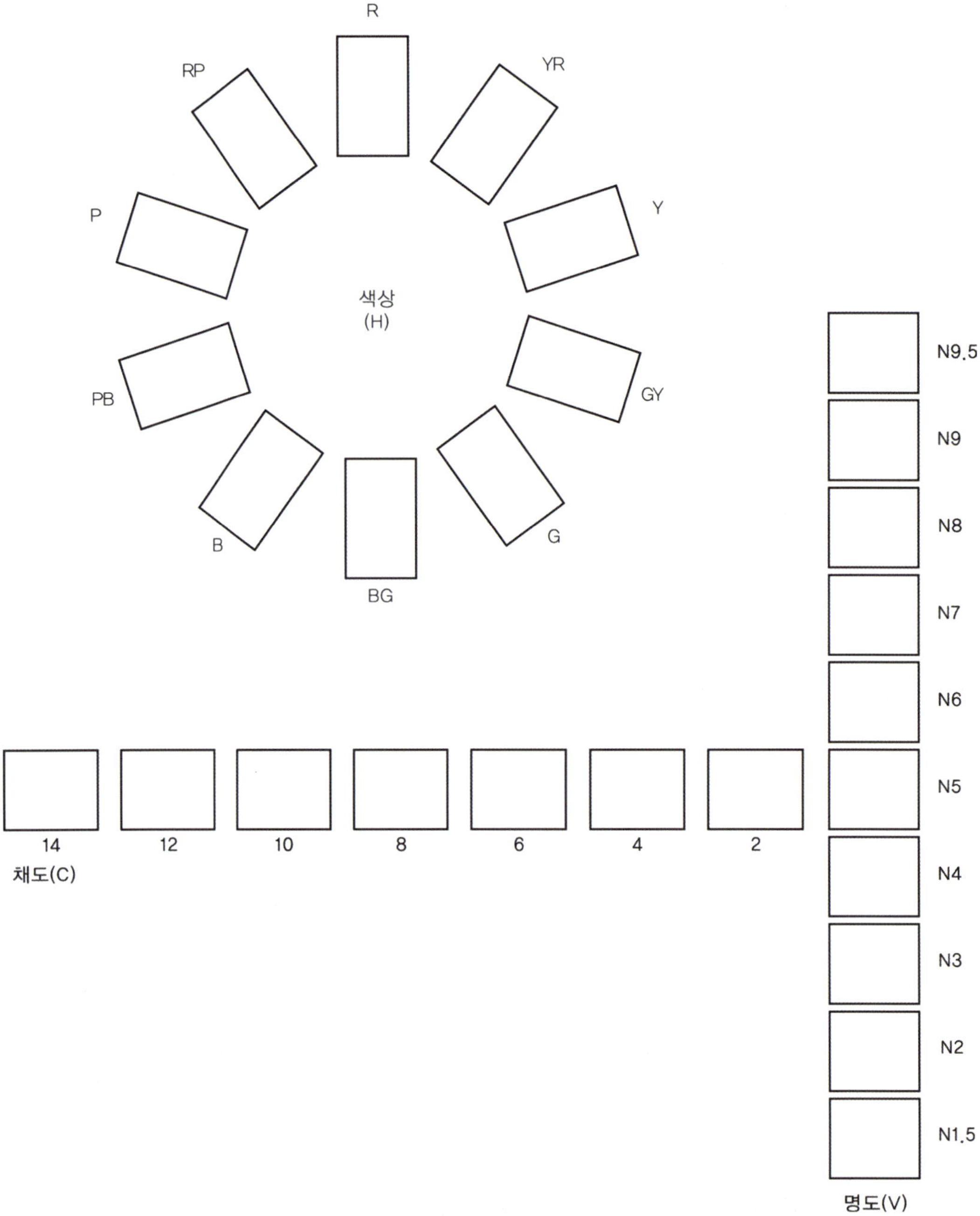

2 색상(Hue) – 실습(색종이)

1) KS표준색의 색상환

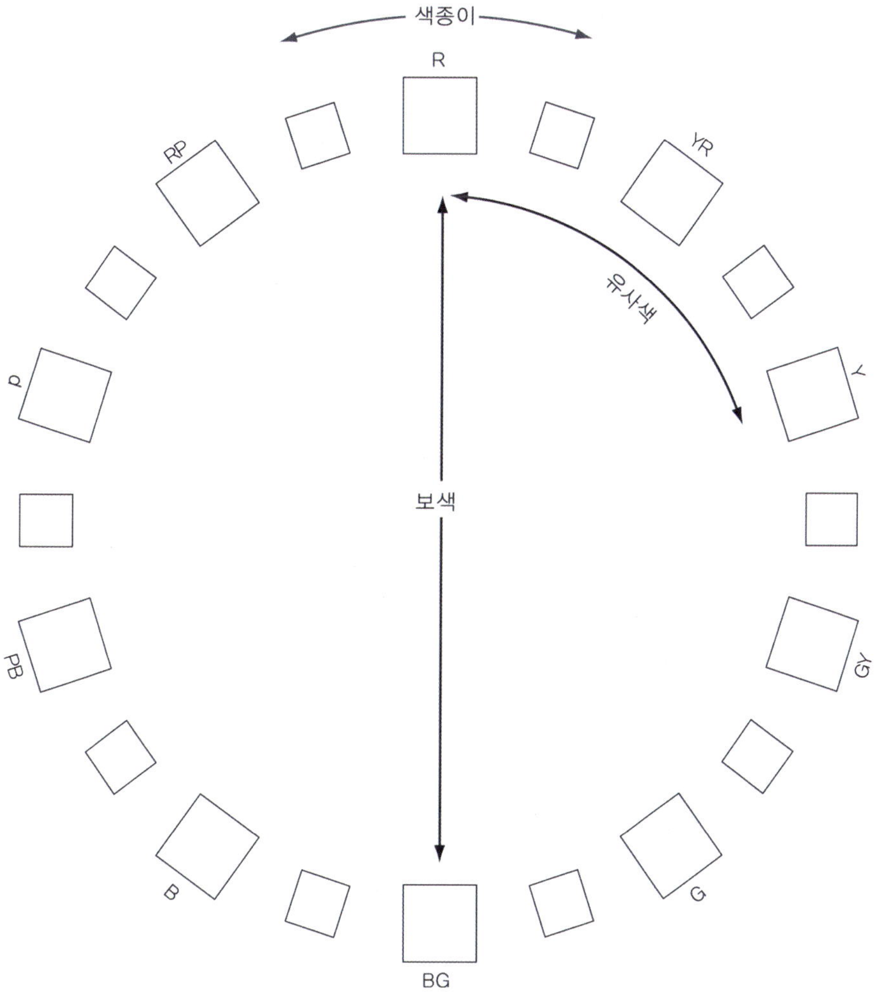

2) KS표준색 기본 15색

R	YR	Y	GY	G	BG	B	PB
빨강(적)	주황	노랑(황)	연두	초록(녹)	청록	파랑(청)	남색

P	RP	P	B	Wh	Gy	Bk
보라	자주	분홍	갈색	하양(백)	회색(회)	검정(흑)

1. 명도(Value)

	표기	색종이	물감
고명도	N9.5		
	N9		
	N8		
중명도	N7		
	N6		
	N5		
	N4		
저명도	N3		
	N2		
	N1.5		

2. KS표준색(Hue & Tone) 색체계 155

	R 빨강	YR 주황	Y 노랑	GY 연두	G 초록	BG 청록	B 파랑	PB 남색	P 보라	RP 자주
기본색										
vv 선명한										
dp 진한										
dk 어두운										
dl 탁한										
sf 흐린										
lt 밝은										
pl 연한										
Wh 흰										
ltgy 밝은회										
gy 회색										
dkgy 어두운회										
Bk 검은										

1) 「KS표준색 C&D 155」 Hue&Tone 155 색체계 – 실습(색종이)

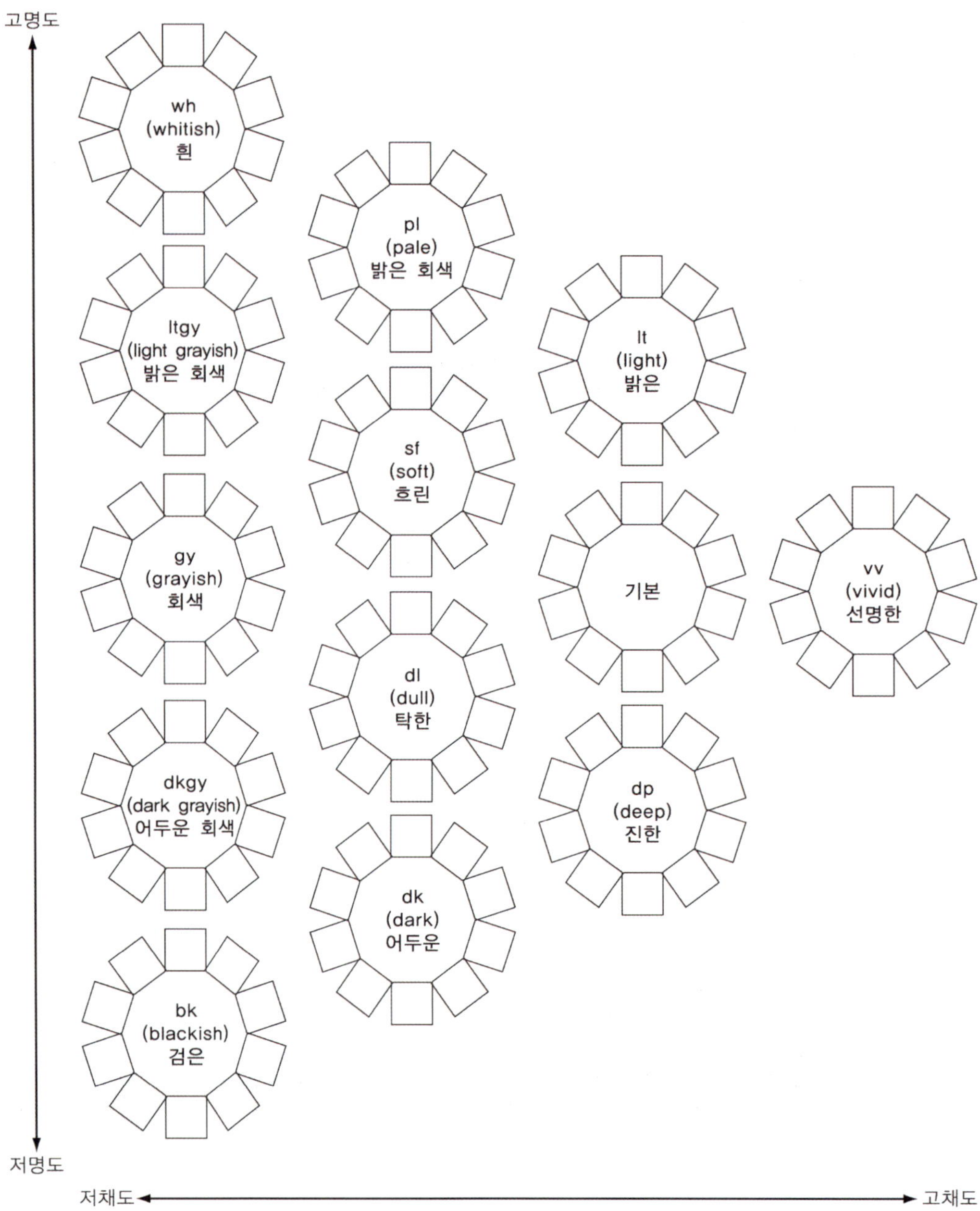

3. 기본 조색(1)

노랑	+	빨강	=	
하양	+	빨강	=	
검정	+	빨강	=	
노랑	+	초록	=	
파랑	+	빨강	=	
노랑	+	파랑	=	
하양	+	파랑	=	
하양	+	주황	=	
검정	+	주황	=	

4. 기본 조색(2)

1) Red 계열

R+Y	R+G	R+B	R+P	R+wh	R+bk

2) Yellow 계열

Y+Y	Y+G	Y+B	Y+P	Y+wh	Y+bk

3) Green 계열

G+Y	G+G	G+B	G+P	G+wh	G+bk

4) Blue 계열

B+Y	B+G	B+B	B+P	B+wh	B+bk

5) Purple 계열

P+Y	P+G	P+B	P+P	P+wh	P+bk

3 4계절 이미지

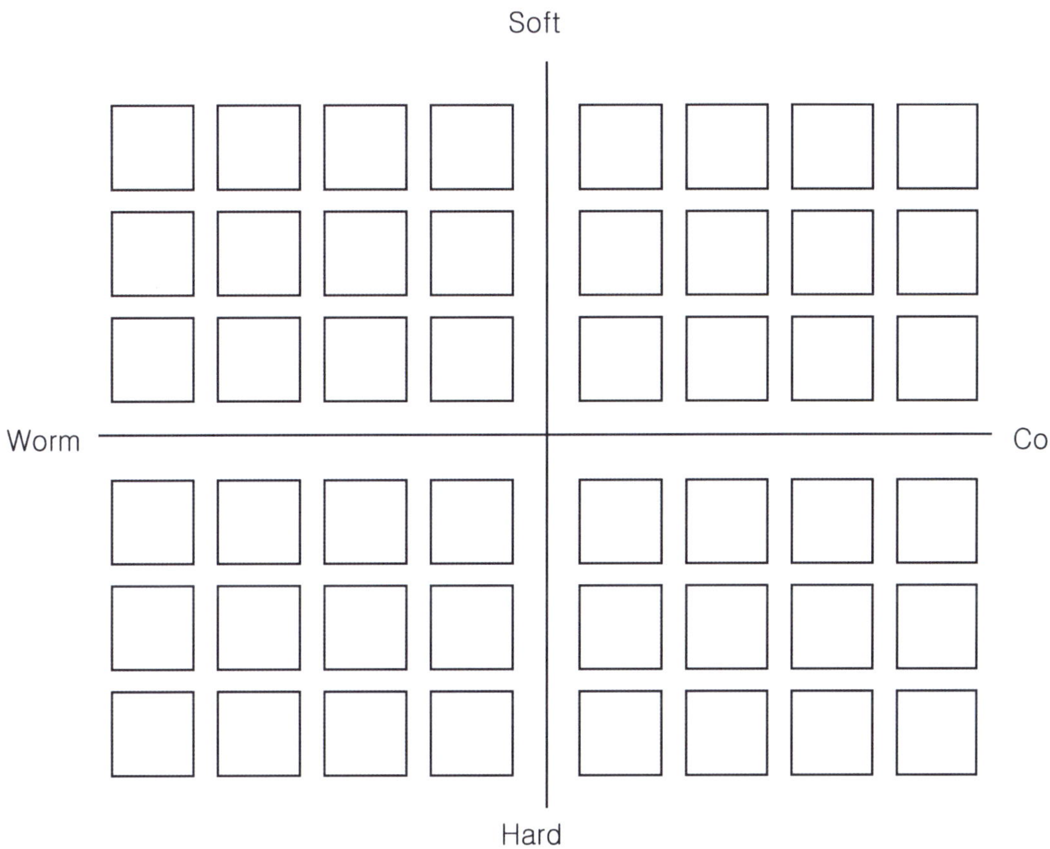

미용색채학

BEAUTY CHROMATOLOGY

CHAPTER 14

미용색채학 문제

1. 색지각의 원리
2. 색의 혼합
3. 색채 체계의 원리
4. 색명 체계 및 색채와 문화
5. 색채 조화와 배색
6. 색채관리의 이해
7. 색채 디자인의 이해
8. 색채 심리의 이해
9. 퍼스널 컬러 / 패션코디네이션 / 컬러 심리 생활코디네이션

미용색채학 문제

1. 색지각의 원리

01. **색채 지각의 3요소가 아닌 것은?**

① 가시광선(광원)
② 물체
③ 눈(시각)
④ 거리

해설 색은 빛을 발하는 광원과 빛의 반사 대상, 광선을 지각할 수 있는 인간의 눈이 있어야 한다.

02. **인간이 외부환경으로부터 얻은 여러가지 정보 중에서 색채를 파악하는 것은?**

① 색채 순응
② 색채 지각
③ 색채 조절
④ 색각 이상

해설 색은 빛이 인간의 눈에 자극될 때 생기는 시 감각의 일종으로 시 감각에 의해 인간은 색채를 지각한다.

03. **색채의 개념을 눈에서 대뇌로 연결하는 신경에서 일어나는 전기화학적 작용이라고 정의하는 색채 연구 분야는?**

① 화학 분야
② 생리학 분야
③ 심리학 분야
④ 물리학 분야

해설 화학 분야는 물질의 화학적 요소로 인해 반사 투과되어 색이 형성되는 것으로 설명한다. 심리학 분야는 색채를 인간의 감성, 연상, 기억 등으로 설명한다. 물리학 분야는 색을 물체에 닿는 빛 파장의 반사, 흡수, 투과로 인한 방사에너지의 자극으로 설명한다.

04. **빛에 대한 설명으로 적합하지 않은 것은?**

① 인간이 볼 수 있는 가시광선의 파장은 약 380~780nm이다.
② 가시광선 중 가장 밝게 느끼는 최대 시감도는 555nm의 황 초록이다.
③ 빛의 파장 단위는 ㎚(나노미터), ㎛(마이크로미터), Å (옹스트롬)이 있다.
④ 여러가지 파장의 빛이 모두 반사되면 흑색으로 지각된다.

해설 무대 조명과 같이 여러가지 파장의 빛이 모두 반사되면 흰색이 된다.

정답 01 ④ 02 ② 03 ② 04 ④

05. 여러가지 파장의 빛이 고르게 섞여 있을 때 지각되는 색은?

① 녹색 ② 파랑
③ 검정 ④ 백색

해설 빛의 삼원색(빨강, 파랑, 녹색)을 혼합하면 백색광이 되어 무색의 빛이 된다.

06. 아지랑이, 돋보기, 무지개 별의 반짝임 등과 같이 빛을 분광시키는 것은 빛의 어떤 성질을 이용한 것인가?

① 반사 ② 투과
③ 굴절 ④ 흡수

해설 굴절은 공기 속의 빛이 경계 면에서 방향을 바꾸는 현상으로 빛의 파장이 길면 굴절률이 작고, 파장이 짧으면 굴절률이 크다.

07. 빛의 특성과 작용에 대한 설명이 틀린 것은?

① 색채 지각 현상은 감마선에서 극 초단파인 라디오파까지 다양한 광선까지 가능하다.
② 산란과 간섭이 합해진 효과가 회절이다.
③ 굴절은 빛이 다른 매질로 들어가면서 파동의 진행방향이 바뀌는 것이다.
④ 반사, 흡수 등의 원리가 복합적으로 작용하여 물체색을 인식하게 된다.

해설 인간의 색채 지각은 가시광선 범위이다.

08. 대낮에 하늘이 파랗게 보이는 것은 빛의 어떤 현상에 의한 것인가?

① 굴절 ② 회절
③ 산란 ④ 간섭

해설 빛이 분산되어 퍼져나가는 현상으로 대낮의 푸른 하늘색, 저녁 노을, 먹구름 등은 빛의 산란 때문이다.

09. 비누 방울 등의 표면에 있는 색으로, 보는 각도에 따라 다르게 보이는 것은 빛의 어떤 원리를 이용한 것인가?

① 간섭 ② 반사
③ 굴절 ④ 흡수

해설 간섭은 빛의 파동이 백색광이 얇은 막에서 확산 또는 반사되어 나타나는 현상으로 진주조개, 비눗방울 등의 사례가 있다.

10. 색의 3속성에 관한 설명이 틀린 것은?

① 명도는 색의 밝고 어두운 정도를 나타낸다.
② 색상은 다른 색과 구별되는 색의 고유한 명칭이다.
③ 채도는 색의 선명하거나 맑고 탁한 정도를 의미한다.
④ 유채색은 색상과 채도의 속성만을 가지고 있다.

해설 유채색은 색상, 명도, 채도의 3속성을 모두 가지고 있다.

정답 05 ④ 06 ③ 07 ① 08 ③ 09 ① 10 ④

11. 색의 3속성 중 색상에 의한 영향이 가장 큰 감정 효과는?

① 무게감　② 온도감
③ 경연감　④ 강약감

해설 온도감이 색상에 가장 큰 영향을 주어, 따뜻한 느낌의 색상으로 빨강, 주황, 노랑색이 있고, 차가운 느낌의 색으로 파랑색이 있다.

12. 명도와 채도의 복합개념으로 다양한 이미지를 전달하는 것은?

① 색조　② 색상
③ 색도　④ 분위기

해설 색조는 명도와 채도를 동시에 고려한 색지각의 속성이며, 색도는 색상과 채도의 혼합 개념이다.

13. 보색에 대한 설명 중 틀린 것은?

① 보색에 해당하는 두 색광을 혼합하면 백색광이 된다.
② 보색에 해당하는 두 물감을 혼합하면 검은색에 가까운 무채색이 된다.
③ 색상환 속에서 서로 마주 보는 위치에 놓인 색은 모두 보색관계이다.
④ 감법 혼합에서 마젠타와 노랑은 보색관계이다.

해설 마젠타와 초록이 보색 관계이며, 노랑과 파랑이 보색관계이다.

14. 색의 물리적 분류에 따른 설명으로 틀린 것은?

① 광원색 : 전구나 불꽃에서 나오는 빛의 색
② 평면색 : 수영장의 물색과 같이 일정한 부피가 있는 공간에 나타나는 색
③ 표면색 : 물체의 표면에서 반사하는 빛이 나타내는 색
④ 경영색 : 거울에 비친 물체의 표면에 나타난 색

해설 평면색은 거리감, 입체감이 지각되지 않고 순수하게 색 자체만 보이는 원초적인 색이다.

15. 다음 중 공간색이란?

① 맑고 푸른 하늘과 같이 끝없이 들어 갈 수 있게 보이는 색
② 유리나 물의 색 등 일정한 부피가 쌓였을 때 보이는 색
③ 전구나 불꽃처럼 발광을 통해 보이는 색
④ 반사 물체의 표면에 보이는 색

해설 ① 평면색(개구색), ③ 광원색, ④ 표면색

정답 11 ② 12 ① 13 ④ 14 ② 15 ②

16. 빈칸에 들어갈 용어가 순서대로(A-B-C) 바르게 연결된 것은?

색의 물리적 분류에 따르면, (A)은 물체의 질감이나 상태를 지각할 수 있는 색을 말하며, (B)은 거리감이나 입체감이 지각되지 않는다. (C)은 완전 반사에 가까워 좌우가 바뀌어 보인다.

① 표면색 - 공간색 - 경영색
② 표면색 - 면색 - 경영색
③ 면색 - 공간색 - 표면색
④ 면색 - 표면색 - 공간색

해설 (A) 표면색 : 물체의 질감, 상태를 알 수 있도록 물체 표면에 반사되어 나타나는 색
(B) 면색 : 질감, 반사, 그림자의 영향을 받지 않는 색
(C) 경영색 : 거울의 표면에 나타나는 완전 반사에 가까운 색

17. 시세포 중 물체의 밝고 어두운 정도를 구별하는 것은?

① 추상체 ② 간상체
③ 홍체 ④ 수정체

해설 간상체는 색의 지각이 아닌 흑색, 회색, 백색 등의 명암 만을 인식한다.

18. 눈의 망막에 위치하는 광수용기 중 낮에 밝은 곳에서 주로 동작하는 것은?

① 간상체 ② 모양체
③ 추상체 ④ 수정체

해설 간상체는 밤에 어두운 곳에서 작용하며, 추상체는 낮에 밝은 곳에서 작용한다.

19. 눈의 구조와 기능에 관한 설명으로 틀린 것은?

① 빛은 각막, 동공, 수정체, 유리체를 통해 망막에 상을 맺게 된다.
② 홍채는 눈으로 들어오는 빛의 양을 조절한다.
③ 각막과 수정체는 빛을 굴절시킴으로써 망막에 선명한 상이 맺히도록 한다.
④ 눈에서 시신경 섬유가 나가는 부분은 중심와이다.

해설 눈에서 시신경 섬유가 나가는 부분은 맹점이다.

20. 눈의 가장 바깥부분에 위치하고 있어 공기와 직접 접촉하는 부분은?

① 각막
② 수정체
③ 망막
④ 홍채

해설 각막은 빛을 받아들이는 투명한 창문으로 공기와 직접 접촉하는 부분이다.

정답 16 ② 17 ② 18 ③ 19 ④ 20 ①

미용색채학 문제

2. 색의 혼합

01. **밝은 곳에서 어두운 곳으로 들어갔을 때 처음에는 주위가 제대로 보이지 않다가 시간이 지남에 따라 보이게 되는 현상은?**

① 색의 항상성
② 박명시
③ 명순응
④ 암순응

해설 암순응은 어두운 곳으로 갑자기 들어 갔을 때 어두운 빛에 적응하는 시각의 상태를 말한다.

02. **다음 중 푸르킨예 현상이 발생하는 박명시의 최대 시감도에 해당하는 파장의 범위는?**

① 577~650nm
② 507~555nm
③ 455~555nm
④ 300~450nm

해설 가시광선의 파장은 380~780nm이며, 추상체와 간상체가 모두 활동하는 시기로 암소시 최대시감도 507nm에서 명소시 최대시감도 555nm이다.

03. **파란색 선글라스를 끼고 보면 잠시 물체가 푸르게 보이던 것이 곧 익숙해져 본래의 물체색으로 보이는 것과 관련한 것은?**

① 명암순응
② 연색성
③ 항상성
④ 색순응

해설 광원에 따라 물체색이 순간적으로 변했다가 다시 원래 색으로 돌아오는 현상은 색순응이다.

04. **어두운 곳에서 명시도를 높이기 위해서 초록색을 비상 표시에 사용하는 이유와 관련 깊은 현상은?**

① 명순응 현상
② 푸르킨예 현상
③ 주관색 현상
④ 베졸드 현상

해설 푸르킨예 현상은 명소시에서 암소시로 이동할 때 빨간색은 어둡게 파란색은 밝게 보이는 현상으로 비상구의 초록색이 이에 해당한다.

정답 01 ④ 02 ② 03 ④ 04 ②

05. **영화나 TV의 각 장면이 규칙적으로 연결되어 상이 지속되어 보이는 것은 무엇과 관련이 있는가?**

① 정의 잔상 ② 부의 잔상
③ 동화 효과 ④ 주목 효과

해설 자극이 사라진 뒤에도 망막의 흥분상태가 계속 남아 있는 것은 정의 잔상이다.

06. **빨간색 원을 보다가 흰 벽을 보면 청록색 원이 보이는 현상은?**

① 양성 잔상
② 음성 잔상
③ 색채의 항상성
④ 페흐너 효과

해설 부의 잔상은 원래 감각과 반대되는 밝기나 색상을 띤 잔상을 말하여 소극적 잔상, 보색 잔상, 음성 잔상이라고도 한다.

07. **작은 면적의 회색을 채도가 높은 유채색으로 둘러쌀 때 회색이 유채색의 보색 색조를 띠어 보이는 현상은?**

① 푸르킨예 현상
② 색음현상
③ 페흐너-벤함 효과
④ 멕켈로 효과

해설 색음현상은 그림자 부분의 색과 보색 잔상의 영향으로 보색과 같이 보이는 그림자 현상이며, 양초의 빛에 의해 생기는 그림자가 청록으로 보이는 현상이다.

08. **영-헬름홀츠의 3원색설이 아닌 것은?**

① 3원색설의 세개의 기본색은 빛의 혼합인 3원색과 동일하다.
② 색의 잔상효과와 보색 현상을 설명하는 이론적 근거가 되는 학설이다.
③ 세 종류의 시신경 세포가 세개의 기본색에 대응함으로써 색채 지각이 일어난다는 학설이다.
④ 인체 해부학적으로 R.G.B 의 색 식별 요소는 증명하지 못하였다.

해설 색의 잔상 효과와 보색 대비 현상의 근거가 되는 학설은 헤링의 4원색설이다.

09. **헤링의 4원색설에서 4원색에 해당되지 않는 것은?**

① 빨강 ② 노랑
③ 초록 ④ 보라

해설 헤링은 빨강-초록, 파랑-노랑, 검정-하양의 서로 대립하는 세 가지 유형의 시세포가 있어 망막에서 색을 지각할 수 있다고 주장하였다.

10. **빨간색에 대한 잔상이 녹색이고, 녹색에 대한 잔상은 빨간색이며, 노란색과 파란색 사이에도 상응하는 결과가 관찰된다는 현상학적 사실에 근거하여 색채 지각 이론을 제안한 사람은?**

① 헤링 ② 헬름홀츠
③ 먼셀 ④ 에드워드 맥니콜

해설 헤링은 색을 본 후 반대 잔상의 파장을 합성 분해하여 색 지각을 한다고 설명한다.

정답 05 ① 06 ② 07 ② 08 ② 09 ④ 10 ①

11. **색료의 3원색과 색광의 3원색이 올바르게 연결된 것은?**

① 색료의 3원색 : 빨강, 초록, 파랑
색광의 3원색 : 마젠타, 시안, 노랑
② 색료의 3원색 : 마젠타, 파랑, 검정
색광의 3원색 : 빨강, 초록, 노랑
③ 색료의 3원색 : 마젠타, 시안, 초록
색광의 3원색 : 빨강, 노랑, 파랑
④ 색료의 3원색 : 마젠타, 시안, 노랑
색광의 3원색 : 빨강, 초록, 파랑

해설 색광(빛)의 3원색 : 빨강, 초록, 파랑
색료의 3원색 : 마젠타, 시안, 노랑

12. **감법 혼합에 대한 설명 중 틀린 것은?**

① 물감, 안료의 혼합이다.
② 감법 혼합의 3원색은 Cyan, Magenta, Yellow이다.
③ 시안과 노랑을 혼합하면 녹색이 된다.
④ 혼합색이 원래의 색보다 명도는 낮고 채도는 변하지 않는다.

해설 감법혼합은 색을 혼합하면 할수록 명도와 채도가 떨어져 어두워지고 탁해진다. 컬러인쇄, 사진, 안료, 물감 등에 사용된다.

13. **다음 중 Magenta와 Yellow의 감법혼합으로 얻어지는 색은?**

① Red ② Green
③ Blue ④ Cyan

해설 Cyan + Magenta + Yellow = Black
Cyan + Magenta = Blue
Magenta + Yellow = Red
Cyan + Yellow = Green

14. **가산혼합에 관한 설명 중 틀린 것은?**

① 3원색을 모두 합하면 흰색이 된다.
② 혼합할수록 명도와 채도가 높아진다.
③ Red와 Green을 혼합하면 Yellow가 된다.
④ Green과 Blue를 혼합하면 Cyan이 된다.

해설 Red + Green+ Blue= White
Red + Green =Yellow
Green + Blue = Cyan
Blue + Red =Magenta

15. **중간혼합에 대한 설명으로 틀린 것은?**

① 중간혼합에는 회전혼합과 병치혼합이 있다.
② 병치 혼합은 팽이나 레코드 플레이어를 회전시키면 하나의 색으로 보이는 현상이다.
③ 회전혼합 예로 점묘법, 모자이크, 직물의 색을 들 수 있다.
④ 병치혼합에서 허먼그리드 현상이 나타난다.

해설 허먼 그리드 효과는 검은색과 흰색 선이 교차되는 지점에서 회색 점이 보이는 현상으로 병치혼합과는 무관하다.

정답 11 ④ 12 ④ 13 ① 14 ③ 15 ④

16. 둘 이상의 색을 시간적인 차이를 두고서 차례차례 볼 때 주로 일어나는 색채 대비는?

① 동시대비　② 계시대비
③ 병치대비　④ 동화대비

해설 어떤 색을 보다가 다른 색을 보면 먼저 본색의 잔상의 영향을 보는 효과는 계시대비이다.

17. 계시대비에 대한 설명이 틀린 것은?

① 잔상과 구별하기 힘들다.
② 순간 다른 색상으로 보였다고 할지라도 일시적인 것이고 시간이 지나면 원래 색으로 보인다.
③ 인접되는 색의 차이가 클수록 강해진다.
④ 먼저 본색의 영향으로 다음에 본 색이 다르게 보이는 현상을 말한다.

해설 인접되는 색상과의 영향은 동시대비와 관련된다.

18. 인접한 두 색의 경계 면에서 일어나는 대비 현상은?

① 보색 대비　② 한난 대비
③ 계시 대비　④ 연변 대비

해설 연변대비는 색과 색이 접해 있는 부분의 대비가 더욱 뚜렷해지는 현상으로 마하밴드 효과라고도 한다.

19. 색채의 대비 현상에 관한 내용 중 종류가 다른 하나는?

① 계시대비　② 명도대비
③ 면적대비　④ 연변대비

해설 명도대비, 면적대비, 연변대비는 동시대비에 속한다.

20. 어떤 색을 검은 바탕 위에 놓았을 때 밝게 보이고, 흰 바탕 위에 놓았을 때 어둡게 보이는 것과 관련된 현상은?

① 동시 대비　② 명도 대비
③ 색상 대비　④ 채도 대비

해설 명도 대비는 명도가 다른 두 색이 서로의 영향으로 밝은 색은 더 밝게 보이고 어두운 색은 더욱 어둡게 보이는 현상이다.

21. 색상 대비에 대한 설명이 옳은 것은?

① 빨강 위에 주황색은 노란색에 가까워 보인다.
② 색상 대비가 일어나면 배경색의 유사색으로 보인다.
③ 어두운 부분의 경계는 더 어둡게, 밝은 부분의 경계는 더 밝게 보인다.
④ 검은색 위의 노랑은 명도가 더 높아 보인다.

해설 색상 대비가 일어나면 배경색의 유사색보다는 반대색으로 보이고 어두운 부분의 경계는 더 어둡게, 밝은 부분의 경계는 더 밝게 보인다. 검은색 위의 노랑이 명도가 더 높아 보이는 것은 명도 대비이다.

정답 16 ② 17 ③ 18 ④ 19 ① 20 ② 21 ①

22. **문양이나 선의 색이 배경색에 영향을 주어 원래의 색과 다르게 보이는 현상은?**

① 잔상
② 푸르킨예 현상
③ 베졸트 동화효과
④ 할레이션

해설 멀리서 보면 색들이 섞여서 하나의 색으로 보이는 효과는 베졸트 동화효과이다.

23. **팽창색과 수축색에 대한 설명으로 틀린 것은?**

① 따뜻한 색은 외부로 확산하려는 팽창색이다.
② 차가운 색은 내부로 위축되려는 수축색이다.
③ 색채가 실제의 면적보다 작게 느껴질 때 수축색이다.
④ 진출색은 수축색이고, 후퇴색은 팽창색이다.

해설 진출색은 팽창색이고, 후퇴색은 수축색이다.

24. **색의 진출, 후퇴 효과를 일으키는 색채 특성이 바르게 연결된 것은?**

① 진출색 : 난색계, 고명도, 고채도
② 진출색 : 한색계, 저명도, 저채도
③ 후퇴색 : 난색계, 고명도, 고채도
④ 후퇴색 : 한색계, 고명도, 고채도

해설 진출색은 난색, 고명도, 고채도, 유채색이고, 후퇴색은 한색, 저명도, 저채도, 무채색 등이다.

25. **두 색 이상의 색을 보게 될 때 때로는 색들끼리 서로 영향을 주어 인접색에 가까운 것으로 느껴지는 경우와 관련이 없는 것은?**

① 매스효과 ② 전파효과
③ 줄눈효과 ④ 동화효과

해설 색의 동화현상은 전파효과, 혼색효과, 줄눈효과라고도 한다.

정답 22 ③ 23 ④ 24 ① 25 ①

미용색채학 문제

3. 색체 체계의 원리

01. 색채 표준의 필요성으로 가장 거리가 먼 것은?

① 인간 감성의 변화
② 색의 정확한 측정과 기호화
③ 색채 관리
④ 색채 정보의 저장, 전달, 재현의 효과

해설 색채 표준을 통해 원활한 소통과 색채 정보의 저장 전달 재현의 효과를 얻을 수 있다.

02. 표준 색체계가 갖추어야 할 조건이 아닌 것은?

① 특수 안료를 이용한 실용화 및 재현 가능성
② 색표들의 동일한 간격(동보성) 유지
③ 색채 속성 배열의 과학적 근거
④ 색채 표기의 국제적 기호화

해설 특수 안료가 아닌 일반 안료로도 재현이 가능하여야 한다.

03. 현색계에 대한 설명 중 잘못된 것은?

① 실제 눈에 보이는 시감각에 의한 색체계이다.
② 눈으로 비교, 검색되어 측색기가 필요 없다.
③ 종류로는 NCS, 먼셀표색계, PCCS 등이 있다.
④ 좌표나 수치를 이용하여 정확하게 표현할 수 있는 색체계이다.

해설 눈으로 구분하기 어려운 색을 측색기를 이용하여 좌표나 수치로 정확하게 표현하는 색체계는 혼색계이다.

04. 다음 중 혼색계의 색체계는?

① XYZ 색체계
② NCS 색체계
③ DIN 색체계
④ Munsell 색체계

해설 혼색계 : 먼셀, NCS, PCCS, DIN
현색계 : CIE, XYZ, Yxy

정답 01 ① 02 ① 03 ④ 04 ①

05. 혼색계(Color Mixing System) 색체계의 특징이 아닌 것은?

① 정확한 색의 측정이 가능하다.
② 빛의 가산 혼합의 원리에 기초하고 있다.
③ 수치로 표시되어 수학적 변환이 쉽다.
④ 감각적인 색의 연상이 가능하다.

해설 인간의 시감각에 의존하여 감각적인 색의 연상이 가능한 것은 현색계이다.

06. 광원의 색이름을 수량화 하여 나타내기 위해 가장 적합한 색체계는?

① Yxy ② L*a*b*
③ XYZ ④ L*c*h*

해설 Yxy 표색계에서 Y는 반사율로 색의 밝기와 양, xy는 색상과 채도를 표시하는 색도 좌표로 광원의 색 이름을 수량화하여 나타내는 데 적합하다.

07. 다음 중 L*a*b* 색체계에서 빨간색의 채도가 가장 높은 색도 좌표는?

① +a*=40 ② -a*=20
③ +b*=20 ④ -b*=40

해설 L*a*b* 색체계에서 +a*는 빨강, -a*는 초록을 나타내며, +b*는 노랑, -b*는 파랑을 의미한다. 빨강의 채도가 높은 것은 +a*의 수치가 높은 것을 고르면 된다.

08. CIE 색체계의 색 공간 읽는 법에 대한 설명이 틀린 것은?

① Yxy에서 Y는 색의 밝기를 의미한다.
② L*a*b*에서 L*은 인간의 시감과 같은 명도를 의미한다.
③ L*c*h*에서 c*는 색상의 종류, 즉 color를 의미한다.
④ L*u*v*에서 u*와 v*는 두 개의 채도 축을 표현한다.

해설 L*c*h*에서 L*은 명도, c*는 채도, h*는 색상을 나타낸다.

09. 먼셀 색체계의 설명으로 틀린 것은?

① 먼셀의 색체계는 색상, 명도, 채도의 3속성을 근거로 작성되었다.
② 색상의 색상 기호 없이 수치로도 기록되며 색상 기호 앞에 5가 붙으면 기준이 되는 기본색상이다.
③ 색표를 원 안에 둥글게 배열한 것을 색상환이라고 하며 통상 20 색상환을 사용한다.
④ 헤링의 이론을 바탕으로 색상을 주파장으로 정의하고 24색상으로 분할하여 색상을 구성하였다.

해설 ④는 오스트발트 표색계이다.

정답 05 ④ 06 ① 07 ① 08 ③ 09 ④

10. 먼셀의 명도 범위는?

① 0~9　② 0~10
③ 0~15　④ 0~20

해설 명도 단계를 0~10 단계까지 총 11단계로 표현하여 0을 완전한 검정, 10을 완전한 흰색으로 구분하였다.

11. 먼셀은 무채색 축을 기준으로 한 자신의 입체를 무엇이라 하였는가?

① Color tree
② Color solid
③ Color triangle
④ Color body

해설 먼셀은 색채를 3차원적인 공간에 계통적으로 배치한 color tree를 색입체 모형으로 발표하였다.

12. 먼셀 색입체의 특성으로 틀린 것은?

① 색감각의 3속성으로 구별하였다.
② 색상은 둥근 모양의 색상환으로 배치하였다.
③ 세로축에는 채도를 둔다.
④ 색입체가 되도록 3차원으로 만들어져 있다.

해설 세로축에는 채도가 아닌 명도이다.

13. 먼셀의 색입체를 수직으로 자른 단면의 설명으로 옳은 것은?

① 대칭인 마름모 모양이다.
② 명도가 높은 어두운 색이 상부에 위치한다.
③ 보색관계의 색상면을 볼 수 있다.
④ 동일 명도만이 나온다.

해설 먼셀 색입체를 수직으로 절단하면 동일 색상 면이 보이므로 보색관계의 색상 면을 볼 수 있다. 수평으로 절단하면 동일 명도가 나타난다.

14. 먼셀의 색채표시법 기호로 옳은 것은?

① H V/C　② H C/V
③ V H/C　④ C V/H

해설 H는 색상, V는 명도, C는 채도이며 H V/C로 표기한다.

15. 먼셀의 표기 방법에 대한 설명으로 가장 올바른 것은?

① 5G 5/11 : 채도 5, 명도 11을 나타내고 매우 선명한 녹색이다
② 7.5Y 9/1 : 명도가 9로서 매우 어두운 단계이며, 채도가 1단계로서 매우 탁한 색이다.
③ 2.5PB 9/2 : 선명한 파랑색이다.
④ 2.5YR 4/8 : 채도 4, 명도 8을 나타내고 있으며 연두색이다.

해설 먼셀 표기법은 H V/C 이고, PB는 남색이고, YR은 주황색이다.

정답 10 ② 11 ① 12 ③ 13 ③ 14 ① 15 ②

16. 지각색을 체계화하여 표시하는 방법으로 한국, 일본, 미국 등에서 표준체계로 사용되고 있는 것은?

① 먼셀 색체계
② NCS 색체계
③ PCCS 색체계
④ 오스트발트 색체계

해설 먼셀 색체계는 현색계로 우리나라는 한국공업규격 KS A 0062에서 채택하여 사용하고 있다.

17. NCS 색체계의 설명 중 틀린 것은?

① NCS, 표기법으로 모든 가능한 물체의 표면색을 표시할 수 있다.
② 색상 삼각형의 한 색상은 섬세한 차이의 다른 검은색도와 유채색도에 의하여 변화된다.
③ 노르웨이, 스웨덴, 스페인의 국가 표준색을 제정하는 데 기여하였다.
④ 업계 간 원활한 컬러 커뮤니케이션을 위해 trend color를 포함한다.

해설 NCS 색체계는 스웨덴 색채연구소가 발표한 표색계로서 색체의 표준을 제시하여 업체간 컬러커뮤니케이션에 기여하였지만 유행컬러(trend color)가 아닌 보편적인 자연색을 기본으로 인간의 색채지각을 기초로 만든 표색계이다.

18. NCS 색체계에서 W, S, C에 대한 설명으로 옳은 것은?

① W : 흰색도, S : 검은색도, C : 순색도
② W : 검은색도, S : 순색도, C : 흰색도
③ W : 흰색도, S : 순색도, C : 검은색도
④ W : 검은색도, S : 흰색도, C : 순색도

해설 NCS 표기는 W(흰색량) + S(검정량) + C(유채색량)의 혼합비 100%로 표기한다.

19. NCS색상환에 배열된 색상의 수는?

① 10색 ② 20색
③ 24색 ④ 40색

해설 NCS에서는 헤링의 기본 4색상을 10단계로 구분하여 4X10=40 색상으로 구분하여 사용한다.

20. 오스트발트의 색체계의 설명으로 틀린 것은?

① 헤링의 4원색설을 기본으로 채택하였다.
② 명도를 수치가 아닌 알파벳으로 8단계로 만들었다.
③ 색 입체 모양은 원추체(마름모) 형태이다.
④ 한국 산업표준에서 채택하고 있는 색체계이다.

해설 한국산업표준에서는 먼셀 색체계를 채택하여 사용하고 있다.

정답 16 ① 17 ④ 18 ① 19 ④ 20 ④

21. PCCS 색체계의 주요 4색상이 아닌 것은?

① 빨강 ② 노랑
③ 파랑 ④ 보라

해설 PCCS 색체계는 헤링의 4색설을 바탕으로 빨강, 노랑, 녹색, 파랑의 색상을 기본 색으로 사용한다.

22. PCCS 색체계의 기본 색상 수는?

① 8색 ② 12색
③ 24색 ④ 36색

해설 PCCS에서 색상은 24색, 명도는 17단계, 채도는 9단계로 구분해 사용한다.

23. PCCS 색체계에 관한 설명으로 틀린 것은?

① 톤의 개념을 이해하는 데 적합한 구조로 구성되어 있다.
② 색채관리 및 조색, 색좌표의 전달에 적합한 색체계이다.
③ 일본 색체 연구소가 발표한 색체계이다.
④ 명도는 1.5~9.5 단계로 세분화하였다.

해설 ② 는 혼색계에 대한 설명이며, PCCS는 현색계이다.

24. 오스트발트 색체계를 기본으로 실용화에 주안점을 두고 개발한 독일공업규격의 색체계는?

① DIN ② JIS
③ Panton ④ KS

해설 DIN은 독일공업규격에서 채택한 색체계이다.

25. DIN 색체계에 대한 설명으로 틀린 것은?

① 색상(T) : 암도(D) : 포화도(S)의 순으로 표기한다
② 색상을 24색으로 분할하였다.
③ 암도는 D(Dunkelstufe)로 표기한다.
④ 포화도는 S로 표기하며 0~15의 수로 표현한다.

해설 DIN은 오스트발트 색체계를 기본으로 한 독일공업규격이며 24색을 기준으로 색상-포화도-암도 순으로 표기한다.

정답 21 ④ 22 ③ 23 ② 24 ① 25 ①

미용색채학 문제

4. 색명 체계 및 색채와 문화

01. 다음 중 색명의 의한 분류에 속하지 않는 것은?

① 기본색명 ② 관용색명
③ 계통색명 ④ 전통색명

해설 색을 표시하는 색명법에는 기본색명, 관용색명, 계통색명(일반색명)이 있다.

02. 색명법에 대한 설명 중 적절하지 않은 것은?

① 기본색명은 한국 산업규격에서 먼셀 표색계를 기본으로 유채색 12색과 무채색 15개를 기본색명으로 정하여 사용하고 있다.
② 관용색명은 관습적으로 전해지는 식물, 동물, 지명 등의 색을 표시한다.
③ 계통색명은 색상을 나타내는 기본색이름, 톤의 수식어, 무채색의 수식어를 조합하여 나타낸다.
④ 일반색명은 빨강, 주황, 노랑 등 유채색을 나타낸다.

해설 유채색 12색(빨강, 주황, 노랑, 연두, 초록, 청록, 파랑, 남색, 보라, 자주, 분홍, 갈색)은 기본색명이다.

03. 색상, 명도, 채도를 나타내는 수식어를 특별히 정하여 표시하는 색이름은?

① 일반색명 ② 관용색명
③ 연상색명 ④ 기억색명

해설 계통색명(일반색명)은 색상, 명도, 채도에 관한 수식어를 일정한 규칙에 따라 정리한 색명법이다.

04. KS A0011(물체색의 색이름)의 유채색 기본색이름 – 대응영어 – 약호의 연결이 적절하지 않은 것은?

① 청록 - Blue Green - BG
② 연두 - Green Yellow - GY
③ 남색 - Purple Blue - PB
④ 자주 - Reddish Purple - RP

해설 자주-Red Purple-RP로 표기한다.

05. KS A 0011(물체색의 색이름)의 톤을 표현하는 수식형용사가 잘못 짝지어진 것은?

① dull - 아주 연한
② dark - 어두운
③ light - 밝은
④ deep - 진한

해설 dull은 탁한의 의미로 사용하는 수식형용사이다.

정답 01 ④ 02 ④ 03 ① 04 ④ 05 ①

06. KS A0011에서 사용하는 유채색의 수식형용사에 속하지 않는 것은?

① soft ② dull
③ strong ④ dark

해설 Strong은 사용하지 않는 형용사이다.

07. ISCC-NIST의 설명 중 틀린 것은?

① 1955년 미국 국립표준기술연구소(NIST)에 의해 발표되었다.
② 색채의 전달과 사용상 편의를 목적으로 색이름 사전과 색채의 계통색 분류법을 개발하였다.
③ v-PK는 vivid pink의 약자이다.
④ bk는 black이다.

해설 BK는 black이고 bk는 blackish로 표시한다.

08. 한국의 오방색은?

① 청(靑), 백(白), 적(赤), 흑(黑), 황(黃)
② 화(火), 수(水), 목(木), 금(金), 토(土)
③ 인(仁), 예(禮), 신(信), 의(義), 지(知)
④ 녹(祿), 벽(碧), 류황(瘤黃), 홍(紅), 자(紫)

해설 오방색은 청, 백, 적, 흑, 황이다.

09. 오방색 - 색채상징(오행, 계절, 방위)의 연결이 틀린 것은?

① 청 - 나무, 봄, 동쪽
② 백 - 쇠, 가을, 서쪽
③ 황 - 봄, 여름, 남쪽
④ 흑 - 물, 겨울, 북쪽

해설 황색은 흙, 사계절, 중앙에 해당한다.

10. 오정색의 방위와 오륜(五倫)이 잘못 연결된 것은?

① 청색 - 동쪽 - 인(仁)
② 적색 - 남쪽 - 예(禮)
③ 백색 - 서쪽 - 신(信)
④ 흑색 - 북쪽 - 의(義)

해설 흑색은 북쪽, 지(知)와 연결된다.

11. 한국의 오방색과 오간색에 대한 설명이 옳은 것은?

① 동방 청색과 서방 백색의 간색은 벽색이다.
② 적색은 북방의 정색으로 화성에 속한다.
③ 남방 적색과 서방 적색의 간색은 유황색이다.
④ 오간색은 홍색, 벽색, 옥색, 유황색, 자색이다.

해설 적색은 남방의 정색으로 화에 해당한다.
남방적색과 서방 백색의 간색은 홍색이다.
오간색은 녹색 ,벽색, 홍색, 유황색, 자색이다.

정답 06 ③ 07 ④ 08 ① 09 ③ 10 ④ 11 ①

12. **단청에 사용된 색으로 생동감이 넘치는 주황빛의 붉은 색이 사용된 부위는?**

① 외부 기둥, 난간
② 천정
③ 문틀
④ 벽면

해설 외부 기둥, 난간은 붉은 색, 천정은 녹색을 사용하였다.

13. **전통색 이름과 설명이 잘못 연결된 것은?**

① 지황색 : 누런 황색
② 휴색 : 옻으로 물들인 천의 색
③ 감색 : 쪽님으로 짙게 물들인 어두운 남색
④ 치색 : 비둘기 깃털 색

해설 치색은 비둘기의 깃털색이 아니라 스님의 옷 색이다.

14. **한국의 전통색채 및 색채의식에 관한 설명이 아닌것은?**

① 음양오행 사상을 표현하는 상징적 의미의 표현수단으로서 이용되어 왔다.
② 한국의 전통색채는 오방색과 오간색의 구조로 이루어진다.
③ 색채의 기능적 실용성보다는 상징성에 큰 의미를 두었다.
④ 계급서열에 상관없이 서민들에게도 모든 색채의 사용이 허용되었다.

해설 황색은 중앙을 상징하고 또 황제가 황색의 복색을 착용하였고 조정의 품계에 따라 지정된 색상을 사용하였다.

15. **국가별, 문화별 선호색과 상징에 대한 설명 중 틀린 것은?**

① 중국인들의 붉은 색 선호 사상은 흙에 대한 숭배와 애착에서 기인되었다고 전해진다.
② 일본인들은 섬나라의 특성으로 파란색을 선호한다.
③ 우리나라에서 소복의 흰색은 죽음을 상징한다.
④ 국가와 문화에 상관없이 선호색은 같은 상징을 담고 있다.

해설 각 나라의 문화에 따라 선호색에 대한 상징은 서로 다른 해당 나라의 고유한 의미를 담고 있다.

정답 12 ① 13 ④ 14 ④ 15 ④

미용색채학 문제

5. 색채 조화와 배색

01. 색채조화의 목적으로 거리가 먼 것은?

① 색채 사이에 관계성 속에 질서를 부여하기 위하여
② 목직과 기능에 적합한 미적 효과를 얻기 위하여
③ 질서 있는 환경을 구축하여 인간의 삶을 풍요롭게 하기 위하여
④ 미에 대한 인간의 창조적 본능을 통제하기 위하여

해설 색채조화는 질서와 조화를 이루기 위해 색을 적절하게 사용하는 색채조합이다.

02. 먼셀의 색채조화론에 관한 설명 중 틀린 것은?

① 균형의 원리가 색채조화의 기본으로 설명한다.
② 다양한 무채색의 평균 명도가 N7일 때 조화롭다.
③ 명도와 채도가 모두 반대색끼리는 회색 척도에 준하여 정연한 간격으로 하면 조화롭다.
④ 같은 명도와 채도를 가지는 색들은 자동적으로 눈을 즐겁게 한다.

해설 먼셀은 무채색의 평균 명도가 N5에 가까울 때 조화와 균형을 이룬다고 설명한다.

03. 먼셀의 색채조화에 있어서 가장 중요하게 생각하였던 원리는?

① 균형의 원리
② 대비의 원리
③ 보색의 원리
④ 동일성의 원리

해설 먼셀은 균형의 원리를 기본으로 두었고, N5인 것이 가장 조화로운 배색이 된다고 설명하였다.

04. 오스트발트 색채 조화이론의 기본 개념은?

① 대비 ② 질서
③ 감성 ④ 색조

해설 오스트발트는 '조화란 질서와 같다'라고 주장하며 2개 이상의 색상이 질서를 가질 때 조화롭다고 설명한다.

05. 오스트발트의 색채조화론과 관련이 없는 것은?

① 무채색의 조화
② 단색상의 조화
③ 등가 색환의 조화
④ 음영계열의 조화

해설 오스트발트의 색채조화론은 무채색의 조화, 단색상의 조화, 등가색환의 조화, 보색마름모꼴의 조화, 다색조화가 있다.

정답 01 ④ 02 ② 03 ① 04 ② 05 ④

06. 다음 중 비렌의 색채 조화론을 설명하기 위한 기본 요소가 아닌 것은?

① 톤(tone) ② 검정(black)
③ 명색조(tint) ④ 명도(value)

해설 파버 비렌은 색 삼각형의 개념도를 통해 조화론을 설명하였고, 7가지 요소로 톤, 흰색, 검은색, 회색, 순색, 밝은 색조, 어두운 색조를 들어 설명하였다.

07. 파버 비렌(faver Birren)의 색채 조화 원리 중 색채의 깊이와 풍부함이 있어 램브란트가 작품에 시도한 조화는?

① Color - shade - black
② Tint - tone - shade
③ Color - tint - white
④ White - gray - black

해설 color-shade-black은 색채의 깊이와 풍부함과 관련한 배색 조화법으로 램브란트 그림에서 시도되었다.

08. 파버 비렌의 색채조화 중 가장 밝고 깨끗하고 신선하게 보이는 조합은?

① tint - tone - shade
② color - tint - white
③ color - shade - black
④ white - gray - black

해설 Color - tint - white는 인상주의 화법과 같이 밝고 깨끗한 느낌의 배색조화법이다.

09. 슈브릘의 색채조화론에 대한 설명으로 틀린 것은?

① 염색, 직물 연구를 통해 동시대비의 다양한 원리를 발견하였다.
② 색의 3속성에 근거하여 독자적인 색채 체계를 확립하여 현대 색채조화론의 출발점이 되었다.
③ 보색 배색 조화란 두색의 원색의 강한 대비로 성격을 강하게 표현하면 조화롭다고 설명하였다.
④ 동시대비의 원리는 명도가 비슷한 인접 색상을 동시에 배색 조화하는 것을 말한다.

해설 보색 배색 조화는 부조화를 이루는 두 색 사이에 흰색 또는 검은색을 더하면 조화롭다는 것이다.

10. 미국 색채학자인 저드(D.B. Judd)의 색채조화론의 원칙이 아닌 것은?

① 질서의 원리
② 친근감의 원리
③ 비 모호성의 원리
④ 이질성의 원리

해설 이질성의 원리가 아닌 유사의 원리이다.

정답 06 ④ 07 ① 08 ② 09 ③ 10 ④

11. 저드의 색채조화론 중 규칙적으로 선정된 색상, 명도, 채도의 요소가 일정하면 조화를 얻을 수 있다는 원리는?

① 친근감의 원리
② 명료성의 원리
③ 합리의 원리
④ 질서의 원리

해설 질서의 원리는 색과 색 사이의 질서, 색상이나 톤의 일정한 질서와 규칙이 있을 때 조화가 발생한다는 설명이다.

12. 요하네스 이텐의 색채조화론과 거리가 먼 것은?

① 2색 조화 ② 4색 조화
③ 6색 조화 ④ 8색 조화

해설 스위스의 화가이자 색채가인 요하네스 이텐은 12색상환을 기본으로 2색 조화, 3색 조화, 4색 조화, 5색 조화, 6색 조화의 이론을 발표하였다.

13. 문-스펜서의 색채조화론에 대한 설명에 해당하지 않는 것은?

① 오메가 공간을 설정
② 먼셀 색체계의 H.V.C의 단위로 설명
③ 정성적인 색채조화론
④ 미도의 개념을 적용

해설 문스펜서의 색채조화론은 과학적이고 정량적인 색채조화론이다.

14. 가상의 오메가 공간을 통해 기존의 정성적인 색채 조화이론보다 정량적으로 다룬 색채 조화 이론은?

① 문-스펜서 색채조화론
② 저드 색채조화론
③ 쉐브럴 색채조화론
④ 루드 색채조화론

해설 최근 색채조화론 중에서 가장 과학적인 이론이고 정량적인 색채조화론은 문-스펜서의 조화론이다.

15. 색채조화론과 그 설명이 잘못 짝지어진 것은?

① 비렌 : 7가지 용어를 사용한 색 삼각형을 만들어 조화론을 설명
② 먼셀 : 조화는 균형이라고 주장
③ 오스트발트 : 조화는 질서라고 주장
④ 저드 : 조화를 정량적으로 계산함

해설 정량적인 색채조화설은 문-스펜서이다.

16. 색채 배색을 할 때 가장 큰 면적을 차지하고 주된 이미지를 나타내는 색은?

① 주조색 ② 강조색
③ 보조색 ④ 바탕색

해설 배색에서 주조색은 전체 면적의 70%, 보조색은 전체면적의 20~25%, 강조색은 전체면적의 5~10%를 사용하면 효과적이다.

정답 11 ④ 12 ④ 13 ③ 14 ① 15 ④ 16 ①

17. **색채 배색에 대한 설명으로 틀린 것은?**

① 동일한 화면 내에 소구력이 같은 대비색이 두 쌍이면 혼란을 초래한다.
② 고명도의 색은 전체적으로 경쾌한 인상을 준다.
③ 채도대비, 명도대비, 보색대비 순으로 강한 주목성을 지닌다.
④ 난색의 넓은 면적은 따뜻한 인상을 준다.

해설 채도대비는 명도대비, 보색대비에 비하여 대비 효과가 낮다.

18. **연속 배색에 대한 설명 중 옳은 것은?**

① 애매한 색과 색 사이에 뚜렷한 한 가지 색을 삽입하는 배색
② 색상이나 명도, 채도, 톤 등이 단계적으로 변화되는 배색
③ 2색 이상을 사용하여 되풀이하고 반복함으로써 융화성을 높이는 배색
④ 단조로운 배색에 대조색을 추가함으로써 전체의 상태를 돋보이게 하는 배색

해설 ① 은 세퍼레이션 배색에 대한 설명이다.
③ 은 반복배색에 대한 설명이다
④ 는 강조배색에 대한 설명이다.

19. **톤은 같지만 색상이 다른 배색은?**

① 톤온톤 배색
② 톤인톤 배색
③ 세퍼레이션 배색
④ 그라데이션 배색

해설 톤인톤 배색은 유사한 톤으로 배색하여 명도 차이가 적도록 배색하는 방법이다.

20. **연속배색을 색 속성별로 4가지로 분류할 때 해당되지 않는 것은?**

① 색상의 그라데이션
② 톤의 그라데이션
③ 명도의 그라데이션
④ 보색의 그라데이션

해설 그라데이션 배색은 색상, 명도, 채도, 톤의 효과로 색이 연속으로 이어지는 느낌의 배색법을 말한다.

21. **밝은 베이지, 어두운 브라운의 배색 방법은?**

① 도미넌트 톤 배색
② 세퍼레이션 배색
③ 톤온톤 배색
④ 액센트 배색

해설 톤온톤 배색은 동일색상에서 톤의 차이를 둔 배색법이다. 밝은 베이지와 어두운 브라운은 동일 노란색계이다.

정답 17 ③ 18 ② 19 ② 20 ④ 21 ③

22. 토널배색으로 나타낼 수 있는 배색 이미지는?

① 단단한, 선명한
② 동적인, 화려한
③ 깨끗한, 맑은
④ 절제된, 수수한

해설 토널배색은 중명도 중채도인 덜(dull) 톤을 사용한 배색으로 절제되고 편안한 이미지 배색이다. 다양한 색상을 배색하는 점에서 톤인톤 배색과는 다르다.

23. 다양한 배색효과에 대한 설명 중 틀린 것은?

① 색의 명암, 농담, 강약의 변화를 반복하면 리듬감이 생긴다.
② 면적의 변화에 상관없이 배색 효과는 달라지지 않는다.
③ 보색의 채도 차이를 뚜렷하게 하면 눈에 잘 띄는 배색이 된다.
④ 탁색끼리, 순색끼리의 배색은 통일감이 있어 비교적 안정감이 느껴진다.

해설 색상의 면적에 따라 색이 다르게 보인다.

24. 톤(tone)을 위주로 한 배색이 주는 느낌 중 적절하지 않은 것은?

① light tone : 즐거운, 밝은 맑은
② deep tone : 눈에 띄는, 선명한, 진한
③ soft tone : 어렴풋한, 부드러운, 온화한
④ grayish tone : 쓸쓸한, 칙칙한, 낡은

해설 Deep tone은 어둡고, 진한 느낌의 톤이다.

25. 동일 색상 배색이 주는 느낌으로 옳은 것은?

① 부드럽고, 온화한 느낌
② 유쾌하고 역동적인 느낌
③ 화려하고 자극적인 느낌
④ 차분하고 엄숙한 느낌

해설 동일색상 배색은 부드럽고 안정적이고 차분한 느낌을 준다.

정답 22 ④ 23 ② 24 ② 25 ①

미용색채학 문제

6. 색채관리의 이해

01. 다음 중 일반적인 색료에 관한 설명 중 틀린 것은?

① 색료는 가시광선을 흡수하는 성질을 갖고 있다.
② 안료는 유기안료와 무기안료로 나눌 수 있다.
③ 안료는 착색하고자 하는 매질에 모두 융해된다.
④ 염료는 섬유류 염색에 사용되는 착색제이다.

해설 안료는 물, 기름, 용제에 잘 녹지 않는 색소이다.

02. 도료의 4대 기본 구성성분과 거리가 먼 것은?

① 안료(Pigment)
② 수지(Resin)
③ 용제(Solvent)
④ 염료(Dye)

해설 도료는 전착제, 용제, 건조제, 첨가제와 안료로 구성된다.

03. 염료의 설명으로 적절하지 않은 것은?

① 최초의 합성염료는 1856년 W.H Perkin이 콜타르에서 보라 염료의 합성법을 찾아 Mauve라고 불렀다.
② 천연 염료는 대부분 견뢰도는 높지만 색조가 선명하지 않은 특성이 있다.
③ 복잡한 염색법으로 인해 점차 합성염료로 대체되어 오늘날 천연염료는 공예품 등 특수한 용도에만 사용된다.
④ 염료는 일반적으로 물에 잘 녹으며 섬유에 대한 흡착력이 우수하다.

해설 천연염료는 합성염료에 비해 색채가 선명하지 않고 견뢰도(내구성)가 낮다.

04. 도료에 대한 설명이 틀린 것은?

① 유성페인트, 유성에나멜, 주정도료는 대표적인 천연수지 도료이다.
② 합성수지 도료는 화기에 민감하고 광택을 얻기 힘든 결점이 있다.
③ 에멀션 도료와 수용성 베이킹 수지 도료는 대표적인 수성도료이다.
④ 플리스티졸 도료는 가소제에 희석제를 혼합한 것을 뜻한다.

해설 도료는 고체 물질의 표면에 칠하여 막을 만들어 표면을 보호하고 아름답게 하는 유동성 물질의 총칭이고, 플라스티졸 도료는 염화비닐수지에 가소제를 혼합하고 가열 용융하여 도막을 만드는 도료이다.

정답 01 ③ 02 ④ 03 ② 04 ④

05. 염색물의 일광견뢰도에 대한 설명으로 올바른 것은?

① 염색물이 태양광선 아래에서 얼마나 습도에 견디는지를 그래프로 나타낸 것
② 염색물이 자연광 아래에서 얼마나 변색되는가를 나타내는 척도
③ 염색물이 세탁에 의하여 얼마나 탈색되는가를 나타내는 정도
④ 염색물이 습기와 온도에 의하여 얼마나 변색되는가를 평가하는 척도

해설 견뢰도는 외적 조건에 대한 저항력 및 내구성의 정도를 의미한다.

06. 플라스틱 소재에 대한 설명으로 틀린 것은?

① 일반적으로 가열에 의한 성질에 따라 종류가 분류된다.
② 광택이 좋고 착색이 가능하여 고운 색채를 낼 수 있다.
③ 투명도가 높아 유리와 같은 용도로 사용할 수 있다.
④ 굴절률이 유리보다 높아서 반사가 크다.

해설 유리의 굴절률이 플라스틱보다 크다.

07. 측색의 궁극적인 목적과 거리가 먼 것은?

① 색을 정확하게 재현하기 위해
② 일정한 색체계로 해석하여 전달하기 위해
③ 색을 정확하게 파악하기 위해
④ 색의 선호도를 나타내기 위해

해설 측색은 색을 정확하게 파악, 전달, 재현하기 위해서이다.

08. 물체에 분광광사율, 분광투과율 등을 파장의 함수로 측정하는 계측기는?

① 광전 색체계
② 분광 광도계
③ 시감 색체계
④ 조도계

해설 광원에서 빛을 모노크로미터를 이용해 빛의 양, 강도를 검출하는 장치는 분광광도계이다.

09. 정량적이지 않고 주관적인 색채검사법은?

① 육안 검색
② 색차계
③ 분광측색
④ 분광광도계

해설 사람의 눈으로 시감 측정을 하는 육안 검색은 기계 측정이 어려운 외부공간 측정에 사용될 수 있으나 정확한 값의 구현에 한계가 있다.

10. 수은 램프에 금속 할로겐 화합물을 첨가하여 만든 고압수은등으로서 효율과 연색성이 높은 조명은?

① 나트륨등
② 메탈할로이드등
③ LED등

해설 메탈할로이드등은 금속화합물을 첨가하여 만든 고압수은등으로 운동장 조명으로 많이 사용된다.

정답 05 ② 06 ④ 07 ④ 08 ② 09 ① 10 ②

11. **분포 온도가 약 2,856k로 상대 분광분포를 가진 광이며, 백열전구로 조명되는 물체색을 표시할 경우에 사용하는 광원은?**

① 표준광 A　　② 표준광 B
③ 표준광 C　　④ 표준광 D

해설 표준광 A는 색온도가 2,856K로 텅스텐 램프나 백열등에 사용되는 광원이다.

12. **엷게 구름이 낀 상태에서의 한낮의 태양광 색온도는?**

① 2000k　　② 5000K
③ 6500K　　④ 8000K

해설

자연 광원	색온도	자연 광원	색온도
일출 일몰 시	2000K	정오	5000K
엷게 구름 낀 하늘	6500K	깨끗한 하늘	12000K

13. **조명방식에 대한 설명으로 틀린 것은?**

① 전반확산조명은 확산성 덮개를 사용하여 빛이 확산되도록 하는 방식이다.
② 간접조명은 효율은 나쁘지만 차분한 분위기가 된다.
③ 반직접조명은 확산성 덮개를 사용하여 광원 빛의 10~40%가 대상체에 직접 조사된다.
④ 직접조명은 빛이 거의 직접 작업 면에 조사되는 것으로 반사 갓으로 광원의 빛을 모아 비추는 방식이다.

해설 반직접조명은 반간접조명의 반대방식으로 반투명 유리나 플라스틱으로 하향으로 60~70%를 대상체에 직접 조사하는 방식이다.

14. **다음 중 디지털 컬러이미지의 저장 시 손실 압축방식으로 파일을 저장하는 포맷은?**

① JPEG　　② GIF
③ BMP　　④ PNG

해설 JPEG는 인터넷에서 주로 사용하며 컬러 이미지 사이즈를 줄이는 이미지 저장방식이다.

15. **다음 중 색을 육안으로 비교하여 판정할 때 기준이 되는 광원으로 가장 적당한 것은?**

① A 광원
② D65 광원
③ CWF 광원
④ B 광원

해설 육안 조색과 육안 조색 오차 판정의 기준광원은 D65 광원이다.

정답 11 ① 12 ③ 13 ③ 14 ① 15 ②

미용색채학 문제

7. 색채 디자인의 이해

01. **디자인의 용어는 라틴어 데시그나레(designare)에서 유래되었다. 다음 중 디자인의 핵심적인 의미를 가리키는 말 중 가장 적당한 것은?**

① 계획하다
② 색칠하다
③ 추구하다
④ 완성하다

해설 디자인은 '계획하다' '설계하다'라는 의미를 가지고 있으나, 현재는 인간과 관련된 모든 문제와 환경을 창의적으로 개선하고 해결하기 위한 복합적인 활동으로 의미가 확대 사용되고 있다.

02 **다음 중 디자인의 개념으로 가장 옳은 것은?**

① 유행에 따른 미를 추구하는 것
② 미적, 실용적 가치를 계획하고 표현하는 것
③ 경제적, 실용적 가치를 추구하는 것
④ 미적, 독창적 가치를 추구하는 것

해설 디자인은 인간 생활의 목적에 맞게 실용적이고 미적 조형을 계획하고 실현하는 과정이다.

03. **디자인의 요건에 대한 설명 중 틀린 것은?**

① 합목적성 : 실용성, 효용성이라고도 함
② 심미성 : 형태, 색채, 재질의 아름다움
③ 문화성 : 오랜 세월에 걸쳐 형태와 사용상의 개선이 이루어짐
④ 경제성 : 각 원리의 모든 조건을 하나의 통일체로 하는 것

해설 경제성은 대량생산을 위한 가공, 조립, 생산 공정을 고려하는 것이며, 각 요건을 하나의 통일체로 유지시키는 것은 질서성이다.

04. **빅터 파파넥의 디자인 복합기능에 대한 설명으로 가장 부적절한 것은?**

① 형태와 기능을 분리시키지 않고 좀 더 포괄적인 의미에서의 기능을 복합기능 이라고 규정지었다.
② 복합기능에는 방법, 용도, 필요성과 같은 합리적 요소들이 포함된다.
③ 복합기능에는 연상, 미학과 같은 감성적 요소들은 포함되지 않는다.
④ 특수한 목적을 달성하기 위한 자연과 사회에 대한 의도적인 실용화를 의미하는 것이 텔레시스이다.

해설 빅터 파파넥의 복합기능 6가지는 방법, 용도, 필요성, 텔레시스, 연상, 미학이 있다. 이중 텔레시스는 목적 달성으로 설명할 수 있다.

정답 01 ① 02 ② 03 ④ 04 ④

05. **다음 중 디자인 아이디어 발상법이 아닌 것은?**

① 브레인스토밍 기법
② 마인드맵 기법
③ 체크리스트 기법
④ 글래스 박스 기법

해설 글래스 박스 기법은 디자인 방법론으로 아이디어 발상법과는 무관한 개념이다.

06. **문제를 보는 관점을 완전히 달리하여 여기서 연상되는 점과 관련성을 찾아 아이디어를 발상하는 방법은?**

① 시네틱스(Synetics) 기법
② 체크리스트(Checklist) 기법
③ 브레인스토밍(Brainstorming) 기법
④ 마인드맵(Mindmap) 기법

해설 시네틱스는 서로 관련 없는 요소들 간의 결합을 의미하는 그리스어에서 유래하였고, 새로운 사고 방법으로 관련 없어 보이는 2개의 요소를 조립하는 과정으로 아이디어를 구하는 방법이다.

07. **서양 디자인사에 관한 설명으로 틀린 것은?**

① 중세 고딕양식에서는 수직적 상승감이 두드러진다.
② 르네상스 양식에서는 수평적 안정감이 두드러진다.
③ 19세기 영국에서 윌리엄 모리스가 미술공예운동을 주도하였다.
④ 20세기 독일에서 피에트 몬드리안이 바우하우스 운동을 주도하였다.

해설 바우하우스는 월터 그로피우스를 중심으로 바이마르에 설립된 조형학교로 제한 없는 새로움을 추구하였다.

08. **영국 산업혁명의 반작용으로 19세기에 출발한 미술공예운동의 창시자는?**

① 무테지우스 ② 윌리엄 모리스
③ 웨지우드 ④ 허버트 리드

해설 윌리엄 모리스는 산업혁명 시대의 기계에 의한 대량생산을 반대하고 수공예품 사용을 권장하는 미술공예운동을 주도하였다.

09. **19세기 중반에서 후반에 걸쳐 프랑스를 중심으로 전개된 예술사조로 부르주아의 대두, 과학의 발전, 기독교권의 추락 등과 밀접한 관계가 있는 사조는?**

① 바로코 ② 로코코
③ 사실주의 ④ 아르데코

해설 자연과 인생을 있는 그대로 묘사하려는 미술 사조는 사실주의이다.

정답 05 ④ 06 ① 07 ④ 08 ② 09 ③

10. **우수한 미적 기준을 표준화하여 대량생산과 품질을 향상시켜 디자인의 근대화를 추구한 사조는?**

① 미술공예운동
② 아르누보
③ 독일공작연맹
④ 다다이즘

해설 독일공작연맹은 독일의 미술, 공업, 수공예 전문가들이 협력하여 규격화된 기계생산품의 질적 향상, 표준화를 도모한 단체이다.

11. **1960년대 미국에서 일어난 추상미술의 한 동향으로 색채의 시지각원리에 근거를 두고 시각적 환영과 지각 등 심리적 효과를 적극적으로 활용한 사조는?**

① 포스트모던(Post-modern)
② 팝아트(Pop-art)
③ 옵아트(Op-art)
④ 구성주의(Constructivism)

해설 옵아트는 시각적 미술(Optical art)이라는 의미로서 1960년대 미국의 지나친 상업주의에 반기를 들고 일어난 추상미술운동이다. 인간의 착시현상을 활용하여 색의 진출과 후퇴, 중복에 의한 규칙 변화 등의 감각을 표현하였다.

12. **단순한 기하학적 형태를 사용하여 이미지와 조형 요소를 최소화하여 기본적인 구조로 환원시키고 단순함을 강조한 사조는?**

① 팝아트
② 옵아트
③ 포스트모더니즘
④ 미니멀리즘

해설 미니멀리즘은 1960년대 후반 미국에서 유행한 사조로서 최소한의 예술세계를 단순하고 간결한 색채를 사용하여 절제된 단아함과 극단적인 간결성을 표현하였다.

13. **일상생활 도구로서 실용 목적을 가진 디자인 행위와 관련이 있는 분야는?**

① 시각디자인 ② 환경디자인
③ 제품디자인 ④ 실내디자인

해설 제품디자인은 제품의 편의를 추구하는 디자인으로 디지털제품 색채 디자인, 생활가전 색채 디자인 등이 있다.

14. **관찰 거리 변화에 따라 원경색, 중경색, 근경색, 근접색으로 구분하는 색채계획 분야는?**

① 환경디자인 ② 제품디자인
③ 시각디자인 ④ 미용디자인

해설 환경디자인은 주변환경 및 공간을 아름답게 만드는 디자인으로 관찰거리에 따라 원경색, 중경색, 근경색, 근접색으로 분류된다.

정답 10 ③ 11 ③ 12 ④ 13 ③ 14 ①

15. **다음 중 미용색채 계획의 과정에서 가장 먼저 실시하는 단계는?**

① 주조색, 보조색, 강조색의 결정
② 대상의 위생 검증
③ 대상의 특징 분석
④ 이미지 맵 작성

해설 미용디자인 과정은 디자인 소재의 특성을 제일 먼저 분석하고, 미용의 목적, 선호하는 유행과 색채 파악의 과정으로 진행된다.

정답 15 ③

미용색채학 문제

8. 색채 심리의 이해

01. 머릿속에 고정관념으로 인식되어 있고 색의 연상과 상징에 의해서 나타나는 것은?

① 기억색
② 착시
③ 항상성
④ 대비색

해설 기억색은 물체의 표면색에 대하여 무의식적으로 깊게 생각하지 않아도 자연스럽게 말하게 되는 색을 의미한다.

02. 프랭크 만케(Frank Mahnke)가 정의한 색채 경험에 영향을 주는 6개의 색경험 피라미드에 해당하지 않는 것은?

① 개인적 관계
② 시대사조, 패션스타일의 영향
③ 문화적 영향과 매너리즘
④ 의식의 집단화

해설 프랭크 만케의 색채 경험 피라미드의 6단계
㉠ 색자극에 대한 생물학적 반응
㉡ 집단적 무의식
㉢ 의식적 상징화 → 연상
㉣ 문화적 영향과 매너리즘
㉤ 시대사조와 패션 스타일의 영향
㉥ 개인적 관계

03. 색채와 다른 감각 간의 교류 현상은?

① 색채의 공감각
② 색채의 연상
③ 시각적 언어
④ 공간지각

해설 공감각은 색채의 특성이 다른 감각으로 표현되는 것으로 감각에 자극을 주었을 때 다른 감각을 불러 일으키는 감각 간의 교류 현상을 의미한다.

04. 색채와 공감각에서 촉각과 관련된 색의 연결이 틀린 것은?

① 부드러움 : 밝은 핑크, 밝은 하늘색
② 촉촉함 : 한색 계열(파랑, 청록)
③ 건조함 : 어두운 회색
④ 딱딱함 : 저명도 저채도 색채

해설 건조한 느낌은 주황색에서 느끼는 촉감이며, 어두운 회색에서는 거친감을 느끼게 된다.

05. 맛을 대표하는 색채와 연결이 틀린 것은?

① 단맛 : 빨강 느낌의 주황
② 짠맛 : 연녹색, 청록색과 회색
③ 신맛 : 녹색 느낌의 황색
④ 쓴맛 : 오렌지색 계통

해설 쓴맛은 한색 계열의 청색, 올리브 그린 색이며, 오렌지색은 새콤한 맛과 연결된다.

정답 01 ① 02 ④ 03 ① 04 ③ 05 ④

06. 색채 연상 형태의 연결이 적절하지 않은 것은?

① 주황 : 직사각형
② 파랑 : 육각형
③ 보라 : 타원
④ 갈색 : 마름모

해설

빨강	정사각형
주황	직사각형
노랑	역삼각형
녹색	육각형
파랑	원
보라	타원형
갈색	마름모
흰색	반원형

07. 올림픽 오륜 마크의 색채에 사용되는 색채 심리는?

① 기억색 ② 상징색
③ 풍토색 ④ 고유색

해설 1913년 쿠베르탱에 의해 만들어진 오륜기는 청색(유럽), 황색(아시아), 적색(아메리카), 초록(오세아니아)을 사용하며 5대륙을 상징하여 형상화하였다.

08. 색채 연상의 역할과 관련이 없는 것은?

① 제품정보로서의 색 : 바나나 우유
② 사회 문화 정보로서의 색 : 붉은 악마 티셔츠
③ 국제언어로서의 색 : 안전 색채
④ 색채 표시 기호로서의 색 : 색체계

해설 색채 표시 기호는 연상이 아니고 원활한 의사소통을 위한 약속이다.

09. 색채의 심리적 효과를 다면적으로 분석하는 방법으로 반대어에 대한 스케일로 측정하는 색채 감정법은?

① SD법
② 이미지 연상법
③ 브레인스토밍
④ SG법

해설 SD법은 심리학자인 오스굿(Osgoods)에 의해 고안된 색채 미지 연구법이며 조사 대상자의 선호도를 비교분석하여 색채의 지각 효과와 감정 효과를 측정하는 방법이다.

10. 국가별, 문화별 선호색과 상징에 대한 설명 중 틀린 것은?

① 사우디아라비아, 이란 등은 초록을 신성시 한다.
② 국가나 지역에 관계없이 파랑에 대한 선호는 거의 일치하는 편이다.
③ 우리나라 소복의 흰색은 죽음을 상징한다.
④ 국가나 문화에 상관없이 선호색은 같은 상징을 담고 있다.

해설 국가와 민족의 문화의 차이에 따라 선호색은 다른 상징과 의미를 가지고 있다.

정답 06 ② 07 ② 08 ④ 09 ① 10 ④

11. 교통 표지, 안전 색채 등 국제적으로 공통적인 의미를 갖는 색채의 심리적 작용은?

① 감각 ② 연상
③ 상징 ④ 착시

해설 상징은 추상적인 개념으로 어떤 색을 보았을 때 특정한 형상 또는 의미로 형상화되는 것으로 오륜 마크, 국기, 관료의 복장 등이 있다.

12. 색채 조절을 통해 이루어지는 효과가 아닌 것은?

① 신체의 피로, 특히 눈의 피로를 막는다.
② 안전이 유지되며 사고가 줄어든다.
③ 색채의 적용으로 주위가 산만해질 수 있다.
④ 정리 정돈과 질서 있는 분위기가 연출된다.

해설 색채 조절은 고유의 색이 가지고 있는 심리적, 생리적 성질을 근거로 색을 선택하는 객관적인 방법으로, 색채 조절을 통해 능률, 안전, 쾌적성의 효과를 상승시킬 수 있다.

13. 안전색의 일반적 의미로 잘못 연결된 것은? (의미 : 안전색, 대비)

① 금지 : 빨강, 하양
② 지시 : 파랑, 하양
③ 안전 : 초록, 하양
④ 경고 : 보라, 하양

해설 경고의 안전색은 노랑이다. 보라는 방사능 표시로 사용된다.

14. 색채 치료 방법 중 색상과 그 치료효과가 적절하지 못한 것은?

① 파랑 : 불면증, 염증, 진정 효과
② 자주 : 우울증, 저혈압, 노이로제
③ 보라 : 피부질환 개선, 다이어트
④ 노랑 : 천식, 정신질환

해설 천식과 정신질환 개선에 도움을 주는 색상은 초록이다. 노랑은 위장장애, 우울증, 불안 회복에 도움을 준다.

15. 연령이 낮을수록 원색 계열과 밝은 톤을 선호하다가 성인이 되면서 파랑, 녹색을 점차 좋아하게 되는 색채 선호도 변화의 이유로 가장 적절한 것은?

① 자연환경의 차이
② 기술 습득의 증가
③ 사회적 일치감 증가
④ 인문 환경의 영향

해설 연령에 따른 색채 선호도의 변화 이유는 사회적 일치감 증가, 지적 능력의 증대, 연령에 따른 수정체의 변화 등의 복합적 요인으로 설명할 수 있다.

16. 눈의 긴장과 피로를 풀어주고 사고나 재해를 감소시켜 주는 데 적합한 색은?

① 산호색
② 감청색
③ 밝은 톤의 노랑
④ 부드러운 톤의 녹색

해설 녹색은 눈에 가장 편안한 색상으로 마음의 긴장을 풀어주고 병을 치료하는 효과가 있는 색상이다.

정답 11 ③ 12 ③ 13 ④ 14 ④ 15 ③ 16 ④

17. 주로 이완 효과를 주며 폭력적인 범죄자나 정신적인 안정을 필요로 하는 사람들의 방 내부에 이용되는 색상은?

① 흰색 ② 노랑
③ 갈색 ④ 파랑

해설 파랑은 이완, 진정효과를 주는 색상으로 흥분되거나 노여움 불안을 느낄 때 파란색의 옷을 입으면 침착해지고 냉정해진다.

18. 색상과 추상적 연상의 연결이 잘못된 것은?

① 빨강 : 강렬, 위험
② 주황 : 따뜻함, 쾌활
③ 초록 : 희망, 안전
④ 보라 : 진정, 침정

해설 보라는 외로움, 고귀함이다. 파랑은 진정, 침정과 연결된다.

19. 색채마케팅에 관한 설명 중 가장 옳은 것은?

① 색을 과학적, 심리적으로 이용하여 구매를 유도하는 기업 경영전략이다.
② 제품 판매를 위한 판매 전략이므로 색채마케팅이라고 할 수 없다.
③ 색채마케팅은 궁극적으로 경쟁제품의 가격을 낮추는 효과를 낸다.
④ 심미적인 역할을 강조하는 것이므로 품질향상효과와는 관련이 없다.

해설 색채마케팅은 색채를 제품에 반영하여 소비자에게 어필하는 마케팅 기법으로 현재에는 감성마케팅에서 컬러를 활용한 마케팅 기법은 점차 중요해지고 있다.

20. 색채 마케팅 전략은 (A) → (B) → (C) → (D)의 순으로 발전하여 왔다. 다음 중 각 ( )에 들어갈 내용으로 틀린 것은?

① A : 매스마케팅
② B : 표적 마케팅
③ C : 원원 마케팅
④ D : 맞춤 마케팅

해설 원원 마케팅이 아니라 틈새 마케팅이다.

정답 17 ④ 18 ④ 19 ① 20 ④

미용색채학 문제

9. 퍼스널 컬러 / 패션 코디네이션 / 컬러 심리 생활 코디네이션

01. 퍼스널 컬러의 개념과 거리가 먼 것은?

① 퍼스널 컬러는 개인의 피부색, 눈동자, 머리카락에 어울리는 색상을 개인의 생활환경에 선반에 활용하는 컬러 이미지 연출이다.
② 퍼스널 컬러 진단은 색채 조화를 활용하여 본인에 맞는 이미지 컬러를 찾는 작업이다.
③ 퍼스널 컬러는 개인과 사회의 선호도와 유행에 맞추어 개인을 표현하는 이미지 수단이다.
④ 퍼스널 컬러는 본인을 대변할 수 있는 총체적인 이미지 연출의 수단으로 색채를 활용하는 것이다.

해설 퍼스널 컬러는 본인의 인체색과 조화를 이룰 수 있는 컬러를 분석하여 개개인의 미용 분야나 생활환경에 활용하는 이미지 연출이지만 단순히 개인의 취미와 호기심 등의 개인 감정 연출 수단과는 거리가 멀다.

02. 퍼스널 컬러의 진단의 장점이 아닌 것은?

① 본인의 얼굴색과 얼굴형을 보완
② 유행 트랜드에 맞는 색상 연출 가능
③ 자신의 이미지 연출로 인한 자존감 고조
④ 젊고 건강한 외모 표현

해설 퍼스널 컬러는 색채 조화를 활용하여 개인에 맞는 이미지 컬러를 연출하기 위해 활용되며 유행 트랜드에 맞는 컬러 이미지 연출과는 상관이 없다.

03. 컬러 패밀리 유형 분석 중 적절하지 않은 것은?

① 웜톤 : 레드, 옐로, 오렌지, 그린, 브라운 등
② 쿨톤 : 블루, 그레이, 실버, 퍼플 등
③ 중성색 : 자주색, 보라색, 연두색, 초록색 등
④ 난색 : 마젠타, 블루그린, 그레이 등

해설 난색은 웜톤이다. 블루그린, 마젠타, 그레이는 쿨톤(한색)에 해당된다.

04. 4계절 유형 퍼스널 컬러로 적절하지 않은 것은?

① 봄 : 옐로, 오렌지, 아이보리
② 여름 : 블루 그레이, 바이올렛, 레몬 옐로
③ 가을 : 라이트 블루, 라이트 레드
④ 겨울 : 마젠타, 딥 바이올렛, 크리스마스 레드

해설 가을 컬러로는 깊고 풍부한 느낌은 스킨 핑크, 베이지 톤이 적합하다. 라이트 레드나 라이트 블루는 봄의 컬러이다.

정답 01 ③ 02 ② 03 ④ 04 ①

05. 퍼스널 컬러 진단 방법 중 컬러 천을 통해 진단하는 방법은?

① 컬러 드레이핑 ② 색채 심리
③ 신체 색상 분석 ④ 컬러 보드

해설 계절별, 색상 별로 구분된 진단 천을 통해 어울리는 색을 진단하는 방법은 컬러 드레이핑 분석이다.

06. 피부색, 머리카락 색, 눈동자 색이 인종에 따라 다르게 나타나도록 만드는 인체 내의 세포는?

① 멜라닌 세포
② 랑게르한스 세포
③ 메르켈 세포
④ 각질형성 세포

해설 피부색이나 머리카락의 색은 인체 내의 멜라닌 세포의 크기와 모양에 의해 결정된다.

07. 미용서비스업에서 요구되는 퍼스널 컬러 진단을 위한 소양으로 거리가 먼 것은?

① 색에 대한 고정관념과 선입견이 없어야 한다.
② 색채 정보 수집 능력과 응용 능력이 있어야 한다.
③ 사회적인 유행 흐름을 선도하는 안목이 있어야 한다.
④ 색에 대한 관심, 관찰력, 표현력이 있어야 한다.

해설 사회적인 흐름에 관심을 가지고 대응하는 능력이 요구되지만, 유행 흐름을 선도하는 것과는 차이가 있다.

08 색채 선호의 원리에 대한 설명 중 틀린 것은?

① 남성과 여성의 선호색이 다른 경우가 많다.
② 색채 선호도는 세월에 따라 변화한다.
③ 제품의 종류에 관계없이 선호색은 적용된다.
④ 색채 선호도는 연령에 따라 다르게 나타난다.

해설 색채 선호는 특정 색에 대한 기호도를 의미하는 것으로 성별, 연령, 문화 환경의 차이에 따라 다르게 나타나며, 시간의 흐름에 따라서 선호도가 변경되기도 한다.

09 패션 코디네이션 방법으로 틀린 것은?

① 보색 색상의 배색을 사용하기도 한다.
② 타 브랜드의 색채 경향을 분석해 본다.
③ 실제 소비자의 착용 실태를 조사하여 유행색 예측 자료로 활용한다.
④ 색조 배색은 되도록 배제하여 색상 배색을 위주로 한다.

해설 색조와 색상 배색을 적절하게 활용하는 것이 타당하다.

10. 다음 중 색상환의 반대쪽에 위치한 반대색의 이용한 배색 심리 효과로 적당한 것은?

① 생생하고 역동감
② 신선하고 편안함
③ 시원스럽고 간결함
④ 평화롭고 안정감

해설 반대 색상의 배색은 생생하고 동적이고 화려함을 느낄 수 있어 스포츠 상품 진열, 제품 패키지 디자인 등에 활용된다.

정답 05 ① 06 ① 07 ③ 08 ③ 09 ④ 10 ①